高等学校电子信息类系列教材

应用型网络与信息安全工程技术人才培养系列教材

网络设备安全配置与管理

林宏刚　何林波　唐远涛　编著

西安电子科技大学出版社

内 容 简 介

本书阐述了计算机网络基础知识，详细介绍了路由器和交换机的工作原理与基本配置，系统地讲解了路由器和交换机安全配置以及管理的相关知识和方法，并以配置操作为主详细讲解了相应操作步骤。

全书共 11 章，主要介绍了网络技术基础、以太网技术及交换机基本配置、虚拟局域网、交换机的安全配置、网络互联技术及路由器基本配置、路由协议及配置、三层交换机配置、路由器的安全配置、访问控制列表、网络地址转换等内容。

本书语言通俗易懂，内容丰富翔实，突出了以实践操作为中心的特点，理论与实践相结合，可操作性强。本书可作为高等院校信息安全、计算机科学与技术、通信工程等专业本科生的教材，也可供网络技术研究及开发人员参考。

图书在版编目(CIP)数据

网络设备安全配置与管理 / 林宏刚，何林波，唐远涛编著.
—西安：西安电子科技大学出版社，2019.1(2024.11 重印)
ISBN 978–7–5606–5219–1

Ⅰ. ①网… Ⅱ. ①林… ②何… ③唐… Ⅲ. ①计算机网络—安全技术 Ⅳ. ①TP393.08

中国版本图书馆 CIP 数据核字(2019)第 020237 号

策　　划　李惠萍
责任编辑　雷鸿俊
出版发行　西安电子科技大学出版社(西安市太白南路 2 号)
电　　话　(029)88202421　88201467　　邮　　编　710071
网　　址　www.xduph.com　　电子邮箱　xdupfxb001@163.com
经　　销　新华书店
印刷单位　咸阳华盛印务有限责任公司
版　　次　2019 年 1 月第 1 版　2024 年 11 月第 4 次印刷
开　　本　787 毫米×1092 毫米　1/16　印　张　14.25
字　　数　332 千字
定　　价　34.00 元
ISBN 978-7-5606-5219-1

XDUP 5521001-4

前　言

计算机网络是计算机技术和通信技术紧密结合的产物，它的诞生使计算机体系结构发生了巨大的变化。目前，计算机网络已广泛地应用于工业、商业、金融、政府、教育、科研及人们日常生活的各个领域，成为信息社会的基础设施，并在当今社会经济中起着非常重要的作用，对人类社会的进步做出了巨大的贡献。网络在给广大用户带来方便、快捷的同时其安全性却日益恶化。以病毒、木马、僵尸网络、间谍软件等为代表的恶意代码层出不穷，拒绝服务攻击、网络仿冒、垃圾邮件等安全事件仍十分猖獗。网络的安全以及对不良信息内容的有效控制和管理已是急需解决的问题。

在现代计算机网络中，无论是简单的小型局域网还是复杂的大型广域网，路由器、交换机都是网络中不可缺少的设备，因此网络安全就离不开路由器、交换机的各种安全机制与设备。

网络设备安全配置与管理是计算机科学与技术、信息安全等专业的一门专业必修课程。作为该课程的教材，本书阐述了计算机网络基础知识，系统地讲解了路由器和交换机的工作原理与主要配置，详细介绍了路由器和交换机安全配置以及管理的相关知识和方法。书中分章节深入阐述各种网络配置的原理，并以配置操作为重点详细讲解相应的操作步骤。本书对原理的介绍密切联系实际，力求避免枯燥的理论叙述，以实践动手操作为主，重点培养学生的实际动手能力。

本书对应课程的参考教学时间为40～50学时，可根据学生已掌握的知识及相关课程安排做适当裁减，建议以上机实验为主，理论讲解为辅，重点强调学生实际操作，有条件的话，可以全部在实验室完成本课程的学习。全书共11章，分三个部分。第一部分(第1章)介绍网络的基础知识，包括TCP/IP网络模型、IP地址的分类以及网络协议的相关知识。第二部分(第2～4章)在介绍交换机的相关知识和基本配置的基础上，系统地讲解了交换机安全配置和管理的相关知识与配置方法。第三部分(第5～11章)在介绍路由器的相关知识和基本配置的基础上，系统地讲解了路由器安全配置和管理的相关知识与配置方法。

本书注重理论与实践的紧密结合，内容通俗易懂，图文并茂，力求实用，努力解决理论学习与实践应用相脱节的问题。本书编写组成员长期从事教学和科研工作，在计算机学科建设、课程建设、网络规划和网络工程实践上具有丰富的实践经验。本书的编写做到了内容系统、简练，实用性强，结构安排合理，论述简明清晰，适用于课程教学和实践教学。

本书在编写过程中多次得到有关领导及兄弟院校、研究所的专家、同行的热情帮助和支持，西安电子科技大学出版社为本书的出版也做了大量的工作，在此一并表示衷心的感谢。

由于编者的水平有限，书中难免会有疏漏和不妥之处，恳请各位专家和读者批评指正。本书在编写过程中参考了许多资料，在此向有关作者致以衷心的感谢。

编 者

2018年12月1日

目　　录

第 1 章　网络技术基础 1
1.1　网络的基本概念 1
1.1.1　计算机网络的发展 1
1.1.2　数据交换方式 2
1.1.3　网络的体系结构 4
1.1.4　OSI/RM 模型 5
1.1.5　TCP/IP 模型 8
1.1.6　OSI 与 TCP/IP 模型的比较 9
1.1.7　数据的封装与解封 10
1.2　网络相关术语 10
1.2.1　网络的性能指标 10
1.2.2　网络的拓扑结构 12
1.2.3　局域网 15
1.2.4　广域网 17
1.2.5　城域网 18
1.3　网络的介质 19
1.3.1　铜介质 19
1.3.2　光缆 21
1.3.3　无线传输介质 23
习题一 25
实验一 26
第 2 章　以太网技术及交换机基本配置 27
2.1　以太网的技术基础 27
2.1.1　以太网的发展 27
2.1.2　IEEE 802.3 和 OSI 模型 28
2.1.3　以太网 MAC 地址 29
2.1.4　以太网帧结构 29
2.1.5　介质访问控制方法 31
2.1.6　冲突域与广播域 31
2.1.7　以太网类型 32
2.2　二层交换机简介 34
2.2.1　交换机的处理技术 34
2.2.2　交换机的工作模式 35
2.2.3　交换机的工作原理 36
2.2.4　交换机的主要指标 37
2.3　配置二层交换机 39
2.3.1　交换机的配置方式 39
2.3.2　使用命令行接口配置交换机 43
2.3.3　交换机的基本管理配置 46
2.3.4　交换机接口的基本配置 50
2.3.5　查看交换机的系统和配置信息 52
2.4　交换机链路聚合 53
2.4.1　链路聚合概述 53
2.4.2　交换机链路聚合配置 54
2.5　生成树协议 55
2.5.1　生成树协议概述 55
2.5.2　STP 与 RSTP 协议 57
2.5.3　生成树协议配置 58
2.6　系统日志管理 59
2.6.1　启用系统日志 59
2.6.2　配置系统日志信息的发送 60
2.6.3　配置日志消息的时间戳 60
2.6.4　配置消息严重性阈值 60
2.6.5　显示记录配置 60
习题二 61
实验二 61
第 3 章　虚拟局域网(VLAN) 62
3.1　VLAN 概述 62
3.2　VLAN 在交换机上的实现方法 63
3.3　VLAN 中继协议 64
3.3.1　IEEE 802.1Q 协议 65
3.3.2　Cisco ISL 协议 66
3.4　基于端口的 VLAN 配置 66
3.4.1　单交换机的 VLAN 配置 66
3.4.2　跨交换机的 VLAN 配置 68
3.5　Cisco VTP 的 VLAN 实现 72
3.5.1　VTP 概述 72
3.5.2　VTP 工作原理 73
3.5.3　在 Cisco 交换机上配置 VTP 75

习题三 77
实验三 77
第 4 章　交换机的安全配置 78
4.1　终端访问安全 78
4.1.1　配置控制台访问口令 78
4.1.2　配置虚拟终端访问口令 79
4.1.3　登录密码设置 79
4.1.4　配置和管理 SSH 80
4.1.5　终端访问限制 81
4.1.6　配置特权等级 82
4.2　基于交换机端口的安全控制 84
4.2.1　风暴控制 84
4.2.2　端口保护控制 85
4.2.3　端口阻塞控制 85
4.2.4　端口安全性 86
4.3　绑定 IP 和 MAC 地址 90
4.4　动态 ARP 检测 90
4.4.1　在 DHCP 环境下配置动态 ARP 检测 91
4.4.2　在无 DHCP 环境下配置动态 ARP 检测 91
4.5　基于 IEEE 802.1x 的 AAA 服务 92
4.5.1　概述 92
4.5.2　基于 IEEE 802.1x 的认证配置 94
4.6　交换机访问控制列表 99
习题四 99
实验四 99
第 5 章　网络互联技术及路由器基本配置 100
5.1　TCP/IP 协议与 IP 地址 100
5.1.1　TCP/IP 中的协议 100
5.1.2　IP 地址 102
5.1.3　IP 地址的子网划分 103
5.1.4　可变长子网掩码与无类域间路由 104
5.1.5　IPv6 协议 106
5.2　路由器简介 107
5.2.1　路由器的硬件构成 108
5.2.2　路由器的软件构成 109
5.2.3　路由器的接口 109
5.3　路由和数据包转发简介 113
5.3.1　路由选择 113
5.3.2　路由表 114
5.3.3　交换与路由的比较 114
5.3.4　路由器转发 IP 包流程 115
5.4　路由器的基本配置 117
5.4.1　命令行接口 120
5.4.2　路由器的命令模式 121
5.4.3　路由器的基本配置 122
5.4.4　路由器接口配置 131
5.4.5　路由器口令配置 134
5.5　VLAN 间路由 136
5.5.1　传统 VLAN 间路由 136
5.5.2　单臂路由器 VLAN 间路由 136
习题五 138
实验五 138
第 6 章　路由协议及配置 139
6.1　路由表简介 139
6.2　静态路由与配置 140
6.2.1　静态路由配置示例 141
6.2.2　缺省路由配置示例 142
6.3　动态路由 142
6.4　RIP 协议及其配置 143
6.4.1　配置 RIP v1 145
6.4.2　配置 RIP v2 145
6.4.3　关闭路由自动汇聚 146
6.4.4　验证配置 146
6.4.5　RIP 实例 147
6.5　OSPF 协议及其配置 148
6.5.1　通配符掩码 150
6.5.2　创建 OSPF 路由进程 150
6.5.3　配置 OSPF 接口参数 151
6.5.4　验证配置 152
6.5.5　OSPF 配置示例 154
6.6　EIGRP 协议及其配置 157
6.6.1　创建 EIGRP 路由进程 157
6.6.2　验证配置 158
6.6.3　EIGRP 实例 159

习题六 163
实验六 163
第 7 章　三层交换机配置 164
7.1　三层交换机交换原理 164
7.1.1　交换原理 164
7.1.2　三层交换机与路由器 166
7.1.3　三层交换的特点 168
7.1.4　高层交换机及其发展 168
7.2　三层交换机的配置 169
7.2.1　三层交换机的基本配置 169
7.2.2　三层交换机的端口配置 171
7.3　利用三层交换机实现 VLAN 通信 172
7.3.1　VLAN 互通原理 172
7.3.2　三层交换机实现 VLAN 互通示例 173
7.4　三层交换机的路由配置 175
7.4.1　静态路由配置 175
7.4.2　RIP 协议配置 176
7.4.3　OSPF 协议配置 179
习题七 180
实验七 180
第 8 章　路由器的安全配置 181
8.1　终端访问安全配置 181
8.2　网络服务管理 181
8.3　路由协议安全 184
8.3.1　启用 RIP v2 身份验证 184
8.3.2　启用 OSPF 身份验证 186
8.3.3　启用 EIGRP 身份验证 187
8.4　使用网络加密 189
8.4.1　IPsec 协议简介 189
8.4.2　IPsec site-to-site VPN 配置 190
8.5　其他的安全配置 191
8.5.1　禁用 AUX 端口 191
8.5.2　禁止从网络启动和自动从网络下载初始配置文件 191
8.5.3　禁止未使用或空闲的端口 191
习题八 191
实验八 191
第 9 章　访问控制列表 193
9.1　访问控制列表概念 193
9.2　IP 访问控制列表 195
9.2.1　标准编号 ACL 196
9.2.2　标准命名 ACL 197
9.2.3　扩展编号 ACL 199
9.2.4　扩展命名 ACL 200
9.2.5　限制远程登录的范围 200
9.3　MAC 扩展访问控制列表 201
9.4　基于时间的访问控制列表 202
9.5　显示 ACL 配置 203
习题九 204
实验九 204
第 10 章　网络地址转换 205
10.1　网络地址转换(NAT)概述 205
10.1.1　私有地址和公有地址 205
10.1.2　相关术语 205
10.1.3　NAT 工作原理 207
10.1.4　NAT 应用 207
10.1.5　NAT 优缺点 208
10.2　静态 NAT 209
10.3　动态 NAT 209
10.4　PAT 技术 211
习题十 213
实验十 213
第 11 章　综合实例 214
11.1　案例背景 214
11.2　技术需求分析 215
11.3　实验拓扑及地址规划 215
11.4　实验设备说明 216
11.5　实验步骤与配置参考 216

第 1 章　网络技术基础

计算机网络是计算机技术与通信技术相结合的产物，随着计算机技术和通信技术的不断发展，计算机网络也经历了从简单到复杂，从单机到多机的发展历程。本章主要向读者介绍计算机网络和网络协议的基本概念。

1.1　网络的基本概念

1.1.1　计算机网络的发展

现代意义上的计算机网络是从 1969 年美国国防部高级研究计划局(DARPA)建成 ARPAnet 实验网开始的。该网络当时只有 4 个节点，以电话线路为主干网络，两年后，建成 15 个节点，进入工作阶段，此后规模不断扩大，20 世纪 70 年代后期，网络节点超过 60 个，主机 100 多台，地理范围跨越美洲大陆，连通了美国东部和西部的许多大学和研究机构，而且通过通信卫星与夏威夷和欧洲地区的计算机网络相互连通。

20 世纪 70 年代后期是通信网大发展的时期，各个发达国家的政府部门、研究机构和电报电话公司都在发展分组交换网络。这些网络都以实现计算机之间的远程数据传输和信息共享为主要目的，通信线路大多采用租用的电话线路，少数铺设了专用线路，这一时期的网络称为第二代网络，以远程大规模互联为其主要特点。

随着计算机网络技术的不断成熟，网络应用越来越广泛，网络规模增大，通信变得复杂。各大计算机公司纷纷制定了自己的网络技术标准。IBM 于 1974 年推出了系统网络结构(System Network Architecture，SNA)，为用户提供能够互联的成套通信产品；1975 年 DEC 公司宣布了自己的数字网络体系结构(Digital Network Architecture，DNA)；1976 年 UNIVAC 宣布了该公司的分布式通信体系结构(Distributed Communication Architecture，DCA)。这些网络技术标准仅在一个公司范围内有效，符合这些标准的网络通信产品能够互联，它们只是同一公司生产的系列设备。网络通信市场这种各自为政的状况使得用户在投资方向上无所适从，也不利于多厂商之间的公平竞争。针对这种情况，1977 年 ISO 组织的 TC97 信息处理系统技术委员会 SC16 分技术委员会开始着手制定开放系统互联参考模型(OSI/RM)。

OSI/RM 的出现标志着第三代计算机网络的诞生。此时的计算机网络在共同遵循 OSI 标准的基础上，形成了一个具有统一网络体系结构，并遵循国际标准的开放式和标准化的网络。OSI/RM 参考模型把网络划分为七个层次，并规定计算机之间只能在对应层之间进行通信，大大简化了网络通信原理。因此，它是公认的新一代计算机网络体系结构的基础，为普及局域网做出了贡献。

20 世纪 80 年代末，局域网技术发展日趋成熟，随着光纤及高速网络技术的发展，整个网络发展成以 Internet 为代表的因特网，就像一个对用户透明的、大的计算机系统，这就是直至现在的第四代计算机网络时期。此时计算机网络定义为“将多个具有独立工作能力的计算机系统通过通信设备和线路由功能完善的网络软件实现资源共享和数据通信的系统”。事实上，时至今日对于计算机网络也从未有过一个标准的定义。

1972 年，Xerox 公司发明了以太网，1980 年 2 月 IEEE 组织了 802 委员会，开始制定局域网标准。1985 年美国国家科学基金会(National Science Foundation)利用 ARPAnet 协议建立了用于科学研究和教育的骨干网络 NSFnet，1990 年 NSFnet 取代 ARPAnet 成为国家骨干网，并且走出了大学和研究机构，进入社会，从此网上的电子邮件、文件下载和信息传输受到人们的欢迎和广泛使用。1992 年，Internet 学会成立，该学会把 Internet 定义为“组织松散的，独立的国际合作互联网络”，“通过自主遵守计算协议和过程支持主机对主机的通信”。1993 年，伊利诺伊大学国家超级计算中心成功开发网上浏览工具 Mosaic(后来发展为 Netscape)，同年美国总统克林顿宣布正式实施国家信息基础设施(National Information Infrastructure)计划，从此在世界范围内开展了争夺信息化社会领导权和制高点的竞争。与此同时，NSF 不再向 Internet 注入资金，完全使其进入商业化运作。20 世纪 90 年代后期，Internet 以惊人的速度发展。

未来的计算机网络，即下一代计算机网络(NGN)，普遍被认为是因特网、移动通信网络、固定电话通信网络的融合，是 IP 网络和光网络的融合；是可以提供包括语音、数据和多媒体等各种业务的综合开放的网络构架；是业务驱动、业务与呼叫控制分离、呼叫与承载分离的网络；是基于统一协议的、基于分组的网络。在功能上，NGN 分为四层，即接入和传输层、媒体层、控制层、网络服务层，涉及软交换、MPLS、E-NUM 等技术。

1.1.2　数据交换方式

在通信系统中，通信大多是在多点之间进行的，数据通信时需要利用中间节点将通信双方连接起来。因此，在设计网络结构时，必须考虑采用的数据“交换”方式。所谓交换技术，就是动态地分配传输线路资源的通信技术。

常用的数据交换技术有电路交换、报文交换和分组交换三种方式。

1. 电路交换

电路交换也称为线路交换，它类似于电话系统，希望通信的计算机之间必须事先建立物理电路。整个电路交换的过程包括电路建立、数据传输和电路拆除三个阶段。

(1) 电路建立：在传输任何数据之前，要先经过呼叫过程建立一条端到端的电路。如图 1-1 所示，若 H1 站要与 H3 站连接，典型的做法是：H1 站先向与其相连的 A 节点提出请求，然后 A 节点在通向 C 节点的路径中找到下一个支路。比如 A 节点选择经 B 节点的电路，在此电路上分配一个未用的通道，并告诉 B 节点它还要连接 C 节点；B 再呼叫 C，建立电路 BC，最后，节点 C 完成到 H3 站的连接。这样

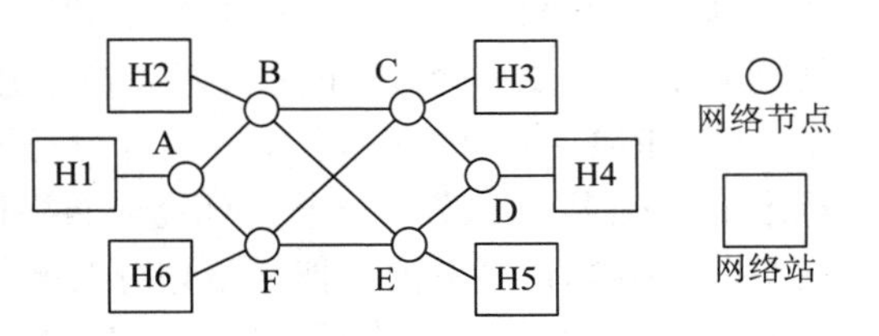

图 1-1　交换网络的拓扑结构

A 节点与 C 节点之间就有一条专用电路 ABC，用于 H1 站与 H3 站之间的数据传输。

(2) 数据传输：电路 ABC 建立以后，数据就可以从 A 节点发送到 B 节点，再由 B 节点交换到 C 节点；C 节点也可以经 B 节点向 A 节点发送数据。在整个数据传输过程中，所建立的电路必须始终保持连接状态。

(3) 电路拆除：数据传输结束后，由某一方(A 节点或 C 节点)发出拆除请求，然后逐节拆除到对方节点。

电路交换在数据传送开始之前必须先设置一条专用的通路。在线路释放之前，该通路由一对用户完全占用。其优点在于数据传输可靠、迅速，数据不会丢失且保持原来的序列。但对于猝发式的通信，电路交换效率不高。在某些情况下，电路空闲时的信道容易被浪费；在短时间数据传输时电路建立和拆除所用的时间得不偿失。因此，电路交换适用于系统间要求高质量的大量数据传输的情况。

2. 报文交换

报文交换的数据传输单位是报文，报文就是站点一次性要发送的数据块，其长度不限且可变。当某个站点要发送报文时，它将一个目的地址附加到报文上，网络节点根据报文上的目的地址信息，把报文发送到下一个节点，一直逐个节点地转送到目的节点。

每个节点在收到整个报文并检查无误后，就暂存这个报文，然后利用路由信息找出下一个节点的地址，再把整个报文传送给下一个节点。因此，端与端之间无需先通过呼叫建立连接。

一个报文在每个节点的延迟时间，等于接收报文所需的时间加上向下一个节点转发报文所需的排队延迟时间之和。

报文从源点传送到目的地采用“存储—转发”方式，在传送报文时，一个时刻仅占用一段通道。其优点如下：

(1) 线路效率较高，这是因为许多报文可以用分时方式共享一条节点到节点的通道。

(2) 不需要同时使用发送器和接收器来传输数据，网络可以在接收器可用之前暂时存储这个报文。

(3) 在线路交换网上，当通信量变得很大时，就不能接受某些呼叫。而在报文交换上却仍然可以接收报文，只是传送延迟会增加。

(4) 报文交换系统可以把一个报文发送到多个目的地。

(5) 能够建立报文的优先权。

(6) 报文交换网可以进行速度和代码的转换，因为每个站点都可以用它特有的数据传输率连接到其他站点，所以两个不同传输率的站点也可以连接，另外还可以转换传输数据的格式。

由于报文在交换节点中要进行缓冲存储，需要排队，因此报文交换不能满足实时或交互式的通信要求，报文经过网络的延迟时间长且不确定；当节点收到过多的数据而无空间存储或不能及时转发时，就不得不丢弃报文，而且发出的报文不一定会按发出的顺序到达目的地。

3. 分组交换

分组交换是报文交换的一种改进，它将报文分成若干个分组，每个分组的长度有一个上限，有限长度的分组使得每个节点所需的存储能力降低了，分组可以存储到内存中，提

高了交换速度。它适用于交互式通信，如终端与主机通信。分组交换有虚电路分组交换和数据报分组交换两种。它是计算机网络中使用最广泛的一种交换技术。

1) 虚电路分组交换

在虚电路分组交换中，为了进行数据传输，网络的源节点和目的节点之间要先建立一条逻辑通路。每个分组除了包含数据之外还包含一个虚电路标识符。在预先建好的路径上的每个节点都知道把这些分组引导到哪里去，不再需要路由选择判定。最后，由某一个站用清除请求分组来结束这次连接。它之所以是“虚”的，是因为这条电路不是专用的。

虚电路分组交换的主要特点是：在数据传送之前必须通过虚呼叫设置一条虚电路。但并不像电路交换那样有一条专用通路，分组在每个节点上仍然需要缓冲，并在线路上进行排队等待输出。

2) 数据报分组交换

在数据报分组交换中，每个分组的传送是被单独处理的。每个分组称为一个数据报，每个数据报自身携带足够的地址信息。一个节点收到一个数据报后，根据数据报中的地址信息和节点所储存的路由信息，找出一个合适的出路，把数据报原样地发送到下一节点。由于各数据报所走的路径不一定相同，因此不能保证各个数据报按顺序到达目的地，有的数据报甚至会在中途丢失。整个过程中，没有虚电路建立，但要为每个数据报做路由选择。

1.1.3　网络的体系结构

计算机网络系统是一个十分复杂的系统。将一个复杂系统分解为若干个容易处理的子系统，然后“分而治之”，这种结构化设计方法是工程设计中常见的手段。计算机网络的体系结构就是采用层次化结构来定义计算机网络系统的组成方法和系统功能，它将一个网络系统分成若干层次，并且规定了每个层次应该实现的功能以及应该向上层提供的服务，同时规定了两个网络系统的各个层次实体之间进行通信时应该遵守的协议。

1. 层次模型

计算机网络的层次结构一般以垂直分层模型来表示，如图 1-2 所示。

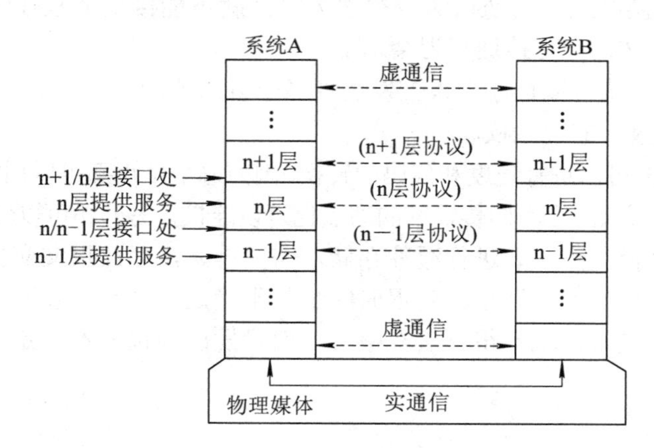

图 1-2　计算机网络的层次模型

从图 1-2 可以看出，系统 A 的某一层直接与系统 B 的同一层进行通信，当然这种通信是逻辑上的通信，除了在物理媒体上进行的是实通信之外，其余各对等实体间进行的都是虚通信。

在这个模型中，不同系统的对等层没有直接通信的能力，它们之间的通信需要依靠下面各层的支持。在网络的分层模型中，对等层的“虚”通信必须遵循该层的协议。

在计算机网络环境中，两台计算机的两个进程直接的通信过程与邮政通信过程十分相似。网络中对等层之间的通信规则就是该层使用的协议。同一计算机的不同功能层之间的通信规则称为接口。例如第 n 层与第 n−1 层之间的接口称为 n/n−1 层接口。总之，协议是不同机器对等层之间的通信约定，而接口是同一机器相邻层之间的通信约定。

网络体系结构中层次结构划分的原则如下：

(1) 每层的功能应是明确的，并且是相互独立的。当某一层的具体实现方法更新时，只要保持上、下层的接口不变，便不会对邻居层产生影响。

(2) 层间接口必须清晰，跨越接口的信息量应尽可能少。

(3) 层数应适中。若层数太少，则造成每一层的协议太复杂；若层数太多，则体系结构过于复杂，使描述和实现各层功能变得困难。

这种分层模型的特点是：以功能作为划分层次的基础；第 n 层的实体在实现自身定义的功能时，只能使用第 n−1 层提供的服务；第 n 层在向第 n+1 层提供服务时，此服务不仅包含第 n 层本身的功能，还包含由下层服务提供的功能；仅在相邻层间有接口，且所提供服务的具体实现细节对上一层完全屏蔽。

2．网络协议

在计算机网络系统中，为了保证通信双方能正确地、自动地进行数据通信，针对通信过程的各种情况，制定了一整套约定，这就是网络系统的通信协议。通信协议是一套语义和语法规则，用来规定有关功能部件在通信过程中的操作。

两个通信对象在进行通信时，须遵从相互接受的一组约定和规则，这些约定和规则使它们在通信内容、怎样通信以及何时通信等方面相互配合。这些约定和规则的集合称为协议。简单地说，协议是通信双方必须遵循的控制信息交换的规则的集合。

一般来说，一个网络协议主要由语法、语义和时序三大要素组成：

(1) 语法是指数据与控制信息的结构或格式，用于确定通信时采用的数据格式、编码及信号电平等，也就是“怎么讲”。

(2) 语义由通信过程的说明构成，规定了需要发出何种控制信息，完成何种动作以及做出何种应答，并对发布请求、执行动作以及返回应答予以解释，以及确定用于协调和差错处理的控制信息，也就是“讲什么”。

(3) 时序是指事件执行顺序的详细说明，指出事件的顺序以及速度匹配。

由此可见，网络协议是计算机网络不可缺少的组成部分。

1.1.4　OSI/RM 模型

OSI(Open System Interconnection)参考模型即 OSI/RM，全称为开放式系统互联参考模型，由国际标准化组织(ISO，该组织成立于 1947 年，由多个国家组成)在 1984 年发布，其目的就是要使在各种终端设备之间、计算机之间、网络之间，以及用户之间在互相交换信

息的过程中，能够逐步实现标准化，能够将复杂的网络或计算机系统划分成简单的独立组成部分，每一部分都有开放标准接口，为生产商们提供了共同遵循的国际标准。OSI 参考模型属于分层结构体系，由七层组成，从最低层到最高层依次为：物理层、数据链路层、网络层、传输层、会话层、表示层和应用层。每一层由不同交换的数据单元组成，独立完成各层功能，其参考模型、交换单元如图 1-3 所示。

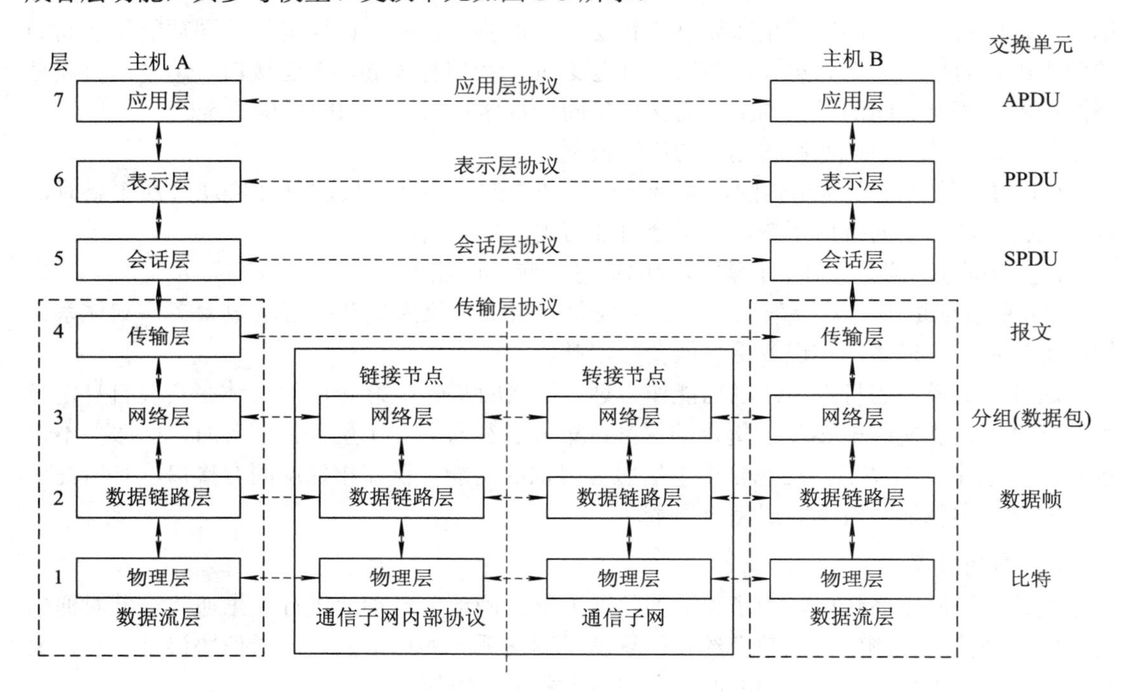

图 1-3　OSI/RM 参考模型及每层交换单元

其各层的功能如下：

1．物理层

物理层是 OSI/RM 的最低层，传输的数据单元为原始比特流。该层任务是利用传输介质(常见为光纤、双绞线等)为它的上一层(即数据链路层)提供物理连接，完成物理链路的建立、维护和拆除，体现机械的、电气的、功能的和规程的特性。比如，该层规定了电缆和接头的类型及相关规格，以及传送信号的电压值、电压变化的频率等；如果是光信号，则规定光波信号的一些属性。

物理层定义的典型规范代表包括：EIA/TIA RS-232、EIA/TIA RS-449、V.35、RJ-45 等。局域网中常见物理层设备有集线器和中继器。

2．数据链路层

数据链路层是为网络层提供服务的，解决两个相邻节点之间的链路通信问题，即无差错地传送数据，传送的数据单元为数据帧，系统根据帧提供的信息来决定如何处理数据。该层除了将不可靠的物理链路转换成对网络层来说无差错的数据链路外，还要协调收发双方的数据传输速率，即进行流量控制，解决由于接收方因来不及处理发送方发来的高速数据而导致缓冲器溢出及线路阻塞问题。

目前，数据链路层被划分为两个子层：

(1) 介质访问控制(MAC)子层(IEEE 802.3)：MAC 子层负责指定如何通过物理线路进行传输，并定义与物理层的通信。比如，指定物理编址、网络拓扑、线路规范、错误通知、流量控制等。

(2) 逻辑链路控制(LLC)子层(IEEE 802.2)：LLC 子层负责识别协议类型，并对数据进行封装(解封)以便通过网络进行传输，具有发送帧、接收帧的功能以及帧序列控制和流量控制等功能。

数据链路层协议的代表包括：SDLC、HDLC、PPP、STP、帧中继等。

局域网中常见数据链路层设备主要有网桥、二层交换机。

3. 网络层

网络层是为传输层提供服务的，传送的数据单元为数据包或分组。该层主要解决数据包如何通过各节点转发的问题，即通过路径选择算法(路由)将数据包送到目的地，网络层支持局域网(LAN)、城域网(MAN)和广域网(WAN)组建的各种物理标准，对应的网络设备主要有路由器和三层交换机。网络层通常完成如下功能：

(1) 为传输层提供服务：有面向连接的网络服务和无连接的网络服务。典型的网络层协议是 ITU-T 的 X.25 协议，它是一种面向连接的分组交换协议。

(2) 组包和拆包：包头包含了源节点地址和目标节点地址，以及相关的控制信息。

(3) 路由选择：也称为路径选择，是根据一定的原则和路由选择算法在多个节点的通信子网中选择一条最佳路径。确定路由选择的策略称为路由算法。

(4) 流量控制：流量控制的作用是控制阻塞，避免死锁。

网络层协议的代表包括：IP、IPX、RIP、OSPF 等。

4. 传输层

传输层是通信子网和高三层(应用层、表示层、会话层)之间的接口层，其任务是根据通信子网的特性，最佳地利用网络资源，为两个端系统的会话层之间提供建立、维护和取消传输连接的功能，负责端到端的可靠的、透明的数据传输，包括处理差错控制和流量控制等问题。传输层传送的数据单元为段或报文，协议有 TCP、UDP、SPX 等。

5. 会话层

会话层也可以称为会晤层，会话层不参与具体的传输，主要功能是管理和协调不同主机上各种进程之间的通信(对话)，即负责建立、管理和终止应用程序之间的会话。比如建立数据库服务器和用户登录之间的会话，以及退出或注销该会话。

6. 表示层

表示层用于管理数据编码的方式，即处理流经节点的数据格式编码和转换问题，比如视频、图像的公用压缩编码格式的转换和对应用层数据的公用加密、公用解密。

7. 应用层

应用层是 OSI/RM 的最高层，是用户与应用程序同网络访问协议之间的接口。该层通过应用程序来完成网络用户的应用需求，比如文件传输、收发电子邮件、Web 访问等。

应用层协议的代表包括：TELNET、FTP、HTTP、SNMP 等。

从图 1-3 可以得到，七层 OSI/RM 模型的下四层形成了数据流层，并规定为终端之间如何建立连接以及交换数据，并负责规定如何通过物理线路传输，经由网络互联设备到达目的终端，最终传递给应用程序。在高层中，同样也有网络互联设备，比如网关(Gateway)，它用于高层协议的转换，它也被称为协议转换器，可以是一台设备，也可以是一种协议转换软件。

1.1.5 TCP/IP 模型

TCP/IP(Transmission Control Protocol/Internet Protocol)，即传输控制协议/网际协议，是一组用于实现网络互联的通信协议集，它包括上百个各种功能的协议，如远程登录、文件传输和电子邮件等，而 TCP 协议和 IP 协议是保证数据完整传输的两个基本的重要协议。TCP/IP 协议目前是 Internet 上应用最广泛的协议，几乎所有的网络都支持该协议。

通常，将 TCP/IP 协议体系划分为四层，TCP/IP 协议体系也是基于 OSI/RM 的，但是与 OSI/RM 有所区别，图 1-4 所示的为 TCP/IP 体系结构与 OSI/RM 各层之间的对比。

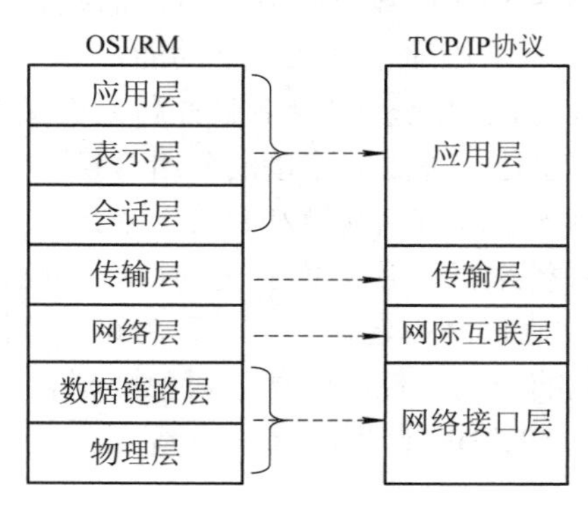

图 1-4 TCP/IP 与 OSI/RM 各层对比

TCP/IP 协议结构各层的具体任务和功能描述如下：

1. 网络接口层

网络接口层与 OS/RM 中的物理层和数据链路层相对应。网络接口层定义了如何使主机通过物理网络传输数据，也定义了各种局域网(LAN)或广域网(WAN)的接口所需的协议和硬件。

网络接口层在发送端将上层的 IP 数据报封装成帧后发送到网络上；数据帧通过网络到达接收端时，该节点的网络接口层对数据帧拆封，并检查帧中包含的目的 MAC 地址。如果该地址就是本机的 MAC 地址或者是广播地址，则向上传递给网络层，否则丢弃该帧。

当使用串行线路将主机与网络相互连接，或网络与网络相互连接的时候，可以通过广域网(WAN)的连接标准 PPP(点到点协议)或帧中继来完成互联通信，例如，主机通过 Modem 和电话线接入 Internet，则需要在网络接口层运行 SLIP 或 PPP 协议。

2. 网际互联层

与 OSI/RM 网络层具有相似的功能，其主要功能是解决主机到主机的通信问题，以及建立互联网络。即根据数据报所携带的目的 IP 地址，通过路由器进行路由选择，选择一条链路传送到目的主机。

网际互联层有四个主要协议：网际协议(IP)、地址解析协议(ARP)、反向地址解析协议(RARP)和互联网控制报文协议(ICMP)，也包括了路由协议：RIP、OSPF 和 EGP 等。其中，路由协议和 IP 协议(属于被路由协议，请参考第 6 章)是重要的协议。

3. 传输层

传输层对应于 OSI 参考模型的传输层，提供端到端的数据传输服务，负责上层的数据封装，实现可靠或不可靠的数据传递。该层定义了两个主要协议：传输控制协议(TCP)和用户数据报协议(UDP)。TCP 协议是一种面向连接的可靠传输协议，实现了三次握手机制；而 UDP 协议是一种无连接的不可靠的传输协议。TCP 和 UDP 两种协议与上层进行数据交换的时候，需要借助服务端口来区别与应用层哪种服务进行通信，图 1-5 所示为部分端口与应用程序的对应关系图。

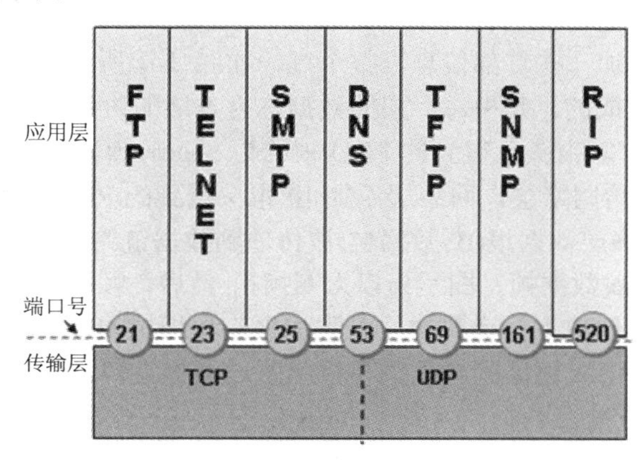

图 1-5　服务端口与应用程序协议的对应关系图

4. 应用层

应用层对应于 OSI 参考模型的高三层，为用户提供所需要的各种服务。比如，目前广泛采用的 HTTP、FTP、TELNET 等协议，这些协议是建立在 TCP 协议栈之上的应用层协议；而广泛应用的 DNS 协议则建立在 TCP 与 UDP 上。

1.1.6　OSI 与 TCP/IP 模型的比较

TCP/IP 模型和 OSI 参考模型的简单比较如图 1-4 所示。作为两种重要的网络体系结构，TCP/IP 模型和 OSI 参考模型之间既有许多相似之处，也存在着一定的差异。

TCP/IP 模型和 OSI 参考模型之间的相似之处在于：一是二者都采用了分层思想和模块化思想。这样有利于整个网络体系结构的稳定，即任何一层的改变都不会影响到整个体系结构的稳定性；二是二者都对计算机网络进行了明显的功能划分，各层都在最明显的地方进行了分界。这样可以减少各层之间的相互影响。

TCP/IP 模型和 OSI 参考模型之间的区别体现在以下三个方面：

(1) 尽管 OSI 参考模型只是一个概念模型，但它是一个理想的网络体系结构，所以该模型的层次划分、层与层之间的界限划分都非常科学。相比之下，TCP/IP 模型对层的划分、层与层之间的界限划分不像 OSI 参考模型那样明显。

(2) 正是由于 OSI 参考模型的设计非常科学，有时甚至过于复杂，不利于实现，所以

它一直没有成为事实上的国际标准。而 TCP/IP 模型中各层之间虽然没有明显划分，但它易于实现，其效率和健壮性也很好，所以它适用于各种网络，并且已成为事实上的国际标准。

(3) OSI 参考模型对计算机网络的抽象认识非常好，所以在计算机网络的研究和教育领域中都有很多应用。此外，OSI 参考模型还促进了 TCP/IP 的标准化以及其他网络协议的标准化，这也是 OSI 参考模型的可贵之处。

1.1.7　数据的封装与解封

我们在上一节中介绍了 TCP/IP 模型，本节我们以 TCP/IP 模型为例介绍以太网数据是如何传输的。当我们应用程序用 TCP 传输数据的时候，数据被送入协议栈中，然后逐个通过每一层，直到最后到达物理层将数据转换成比特流，送入网络。而在这个过程中，每一层都会对要发送的数据加一些首部信息。整个过程如图 1-6 所示。每一层数据是由上一层数据 + 本层首部信息组成的，其中每一层的数据称为本层的协议数据单元，即 PDU。应用层数据在传输层添加 TCP 报头后得到的 PDU 被称为 Segment(数据段，图示为 TCP 段)；传输层的数据(TCP 段)传给网络层，网络层添加 IP 报头得到的 PDU 被称为 Packet(数据包，图示为 IP 数据包)；网络层数据报(IP 数据包)被传递到数据链路层，封装数据链路层报头得到的 PDU 被称为 Frame(数据帧，图示为以太网帧)；最后，帧被转换为比特，通过网络介质传输。这种协议栈逐层向下传递数据，并添加报头和报尾的过程称为封装。电信号传输到对端后，按照相反的方式逐层剥离报头和报尾的过程称为解封装。

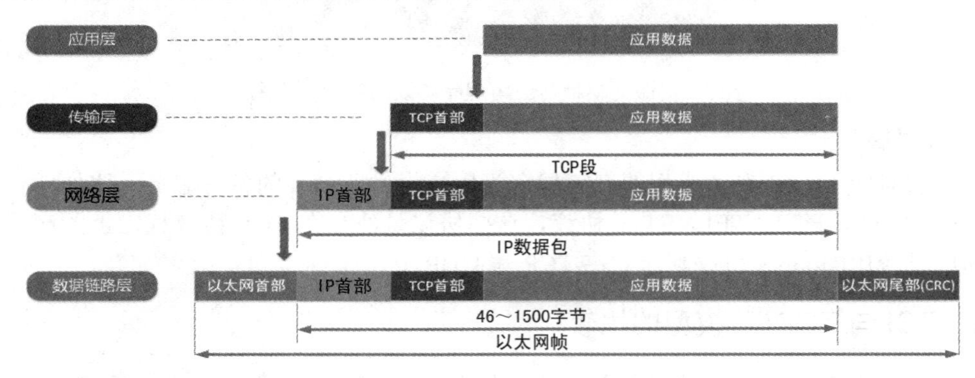

图 1-6　数据封装过程

1.2　网络相关术语

1.2.1　网络的性能指标

计算机网络的性能指标主要包含如下几个问题：速率、带宽、吞吐量、时延、时延带宽积、网络利用率，下面分别进行简单介绍。

1. 速率

速率即数据传输速率(Data Transfer Rate)或比特率，是计算机网络中最重要的一个性能指标。

速率的单位是 b/s，或 kb/s，Mb/s，Gb/s 等，比特(bit)是计算机中数据量的单位，也是信息论中使用的信息量的单位。bit 来源于 binary digit，意思是一个“二进制数字”，因此一个比特就是二进制数字中的一个“1”或“0”。

2. 带宽

带宽(Band width)本来是指信号具有的频带宽度，单位是赫(或千赫、兆赫、吉赫等)，用 H(kH、MH、GH)表示。计算机网络中的“带宽”一般是指数字信道所能传送的“最高数据率”的同义语，单位是比特每秒，或 b/s(bit/s)，同速率定义。

常用的带宽单位有：

千比每秒，即 kb/s (10^3 b/s)。

兆比每秒，即 Mb/s(10^6 b/s)。

吉比每秒，即 Gb/s(10^9 b/s)。

太比每秒，即 Tb/s(10^{12} b/s)。

要特别注意 KB/s 与 Kb/s 的差异：大写的 KB 指的是计算机中的存储单位，1 KB 等于 1024 个字节(B 指 Byte 而非 bit)，每字节等于 8 bit；而 kb 指的是 1000 个 bit。大家经常所说的 ADSL 开的是 2M 带宽，实际上换算成实际速率只有：$(2\times10^6/8)$/s = 250 KB/s。因此家里面的 ADSL 宽带的下载速率不会超过 250 KB/s。

3. 吞吐量

吞吐量(throughput)表示在单位时间内通过某个网络(或信道、接口)的数据量。吞吐量经常用于对现实世界中的网络的测量，以便知道实际上到底有多少数据量能够通过网络。吞吐量受网络的带宽或网络的额定速率的限制。

4. 时延

时延(delay 或 latency)是指在数据发送、网络传输过程中引起的时间延迟，时延包括如下几个方面：

1) 发送时延

发送时延指发送数据时，数据块从节点进入到传输媒体所需要的时间。也就是从发送数据帧的第一个比特算起到该帧的最后一个比特发送完毕所需的时间，计算公式为

$$发送时延=\frac{数据块长度(比特)}{信道带宽(b/s)}$$

2) 传播时延

传播时延指电磁波在信道中需要传播一定的距离而花费的时间。信号传输速率(即发送速率)和信号在信道上的传播速率是完全不同的概念。传播时延计算公式为

$$传播时延=\frac{信号在信道上的传播速率(m/s)}{信道长度(m)}$$

3) 处理时延

处理时延是指交换节点为存储转发而进行一些必要的处理所花费的时间。

4) 排队时延

排队时延是指节点缓存队列中分组排队所经历的时延。排队时延的长短往往取决于网络中当时的通信量。

因此，数据经历的总时延就是发送时延、传播时延、处理时延和排队时延之和，其计算公式为

总时延＝发送时延＋传播时延＋处理时延＋排队时延

数据在从 A 节点到 B 节点的流动中，在 A 节点中产生排队时延和处理时延，在发送接口产生发送时延，在链路上产生传播时延。

需要注意的问题是，在不同的情况下，哪一种时延占主导地位，需要具体分析。如在短距离的局域网通信中，影响时延的主要因素是发送时延，而传播时延几乎可以忽略不计；但在长距离的通信中，比如从地球到月球，光信号来回都需要 2 秒的时间，这时传播时延占据了主导地位，在这种情况下，采用 1 Mb/s 速率的网络接口与 100 Mb/s 速率的网络接口来传送一个字节的数据，它们产生的时延却几乎是一样的。

因此，对于高速网络链路，我们提高的仅仅是数据的发送速率而不是比特在链路上的传播速率(电信号在某种介质中传播速率不会因为网络的“带宽”而产生变化)。提高链路带宽减小的是数据的发送时延。

5．时延带宽积

链路的时延带宽积又称为以比特为单位的链路长度，它表示在一个传播时延单位里，链路中充满的 bit 数。其计算公式为

时延带宽积＝传播时延×带宽

6．利用率

利用率包括信道利用率与网络利用率两个概念。

信道利用率指出某信道有百分之几的时间是被利用的(有数据通过)。完全空闲的信道的利用率是零，即信道利用率是信道的占用程度。

网络利用率则是全网络的信道利用率的加权平均值，信道利用率并非越高越好。

从用户的角度考虑问题，信道利用率越低越好。在这种情况下，用户什么时候想使用就可以使用，不会遇到信道太忙无法使用的情况。用户使用公用的通信信道是随机的，如果在某个时间使用信道的人数太多，信道就可能处于繁忙状态，这时，有的用户就无法使用这样的信道。

电信公司总是希望他们所建造的通信信道的利用率要高一些，越高越好。

信道的平均利用率应当多大才合适呢？这并没有什么标准。有些 ISP 把信道的平均利用率设为 50%，也有的为了省钱，设为 80%。但一般都认为，把信道的平均利用率设为 90% 肯定是不行的。

1.2.2　网络的拓扑结构

网络拓扑结构是指抛开网络电缆的物理连接来讨论网络系统的连接形式，是指网络电缆构成的几何形状，它能从逻辑上表示网络服务器、工作站的网络配置和互相之间的连接。

网络拓扑结构按形状可分为：星型、环型、总线型、树型及总线/星型及网状拓扑结构。

1. 星型拓扑结构

星型布局是以中央节点为中心与各节点连接而组成的，各节点与中央节点通过点与点方式连接，中央节点执行集中式通信控制策略，因此中央节点相当复杂，负担也重。图 1-7 所示的为星型拓扑结构示意图。

以星型拓扑结构组网，其中任何两个站点要进行通信都要经过中央节点的控制。中央节点主要有以下功能：

(1) 为需要通信的设备建立物理连接。

(2) 为两台设备通信过程中维持这一通路。

(3) 在完成通信或不成功时，拆除通道。

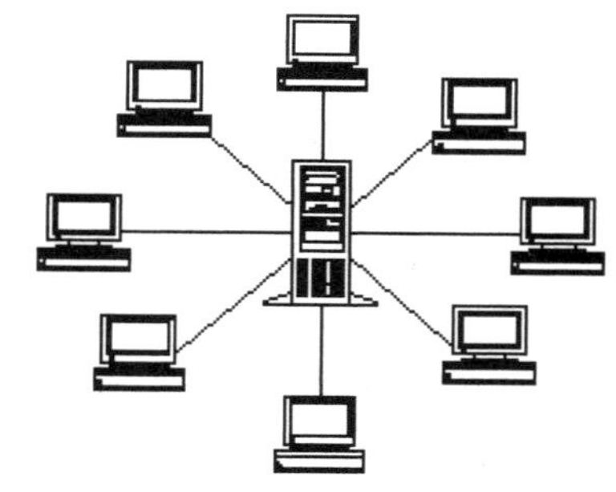
图 1-7　星型拓扑结构

在文件服务器/工作站(File Servers/Workstation)局域网模式中，中央节点为文件服务器，存放共享资源。由于这种拓扑结构，中央节点与多台工作站相连，为便于集中连线，目前多采用集线器(HUB)。

星型拓扑结构的优点有：网络结构简单，便于管理、集中控制， 组网容易，网络延迟时间短，误码率低。

星型拓扑结构的缺点有：网络共享能力较差，通信线路利用率不高，中央节点负担过重，容易成为网络的瓶颈，一旦出现故障则全网瘫痪。

2. 环型拓扑结构

环型网中各节点通过环路接口连在一条首尾相连的闭合环形通信线路中，环路上任何节点均可以请求发送信息。请求一旦被批准，便可以向环路发送信息。环形网中的数据可以是单向也可是双向传输。由于环线为公用，一个节点发出的信息必须穿越环中所有的环路接口，信息流中目的地址与环上某节点地址相符时，信息被该节点的环路接口所接收，而后信息继续流向下一环路接口，一直流回到发送该信息的环路接口节点为止。图 1-8 为环型拓扑结构示意图。

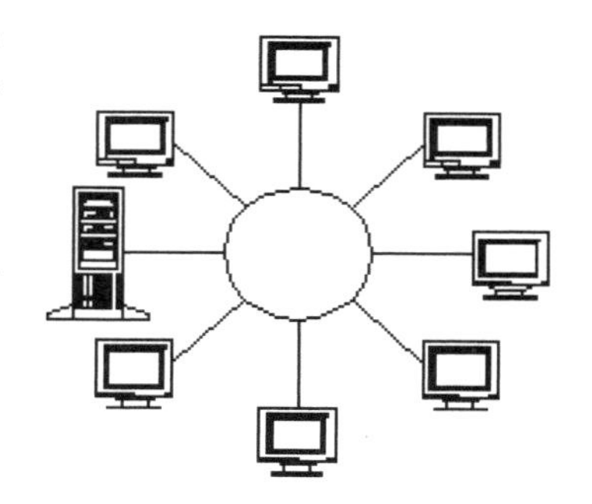
图 1-8　环型拓扑结构

环型网的优点有：信息在网络中沿固定方向流动，两个节点间仅有唯一的通路，大大简化了路径选择的控制；某个节点发生故障时，可以自动旁路，网络可靠性较高。

环型网的缺点有：由于信息是串行穿过多个节点的环路接口，当节点过多时，影响传输效率，使网络响应时间变长；由于环路封闭故扩充不方便。

3. 总线型拓扑结构

用一条称为总线的中央主电缆，将相互之间以线性方式连接的工作站连接起来的布局方式，称为总线型拓扑。图 1-9 为总线型拓扑结构的示意图。

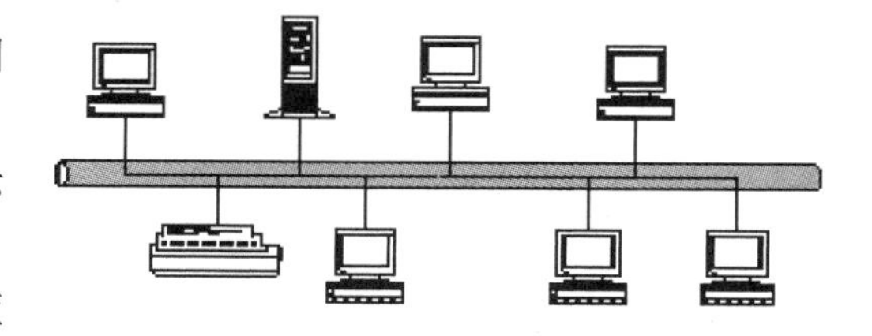
图 1-9　总线型拓扑结构

在总线型结构中，所有网上微机都通过相应的硬件接口直接连在总线上，任何一个节点的信

息都可以沿着总线向两个方向传输扩散，并且能被总线中任何一个节点所接收。由于其信息向四周传播，类似于广播电台，故总线网络也被称为广播式网络。

总线有一定的负载能力，因此，总线长度有一定限制，一条总线也只能连接一定数量的节点。

总线布局的特点有：结构简单灵活，非常便于扩充；可靠性高，网络响应速度快；设备量少，价格低，安装使用方便；共享资源能力强，非常便于广播式工作，即一个节点发送的信息所有节点都可接收。

在总线两端连接的器件称为端结器(末端阻抗匹配器或终止器)。其主要作用是与总线进行阻抗匹配，最大限度吸收传送端部的能量，避免信号反射回总线产生不必要的干扰。

总线型网络结构是目前使用最广泛的结构，也是最传统的一种主流网络结构，适合于信息管理系统、办公自动化系统领域的应用。

4．树型拓扑结构

树型结构是总线型结构的扩展，它是在总线网上加上分支形成的，其传输介质可有多条分支，但不形成闭合回路，树型网是一种分层网，其结构可以对称，联系固定，具有一定的容错能力，一般一个分支和节点的故障不影响另一分支节点的工作，任何一个节点送出的信息都可以传遍整个传输介质，也是广播式网络。一般树型网上的链路相对具有一定的专用性，无需对原网做任何改动就可以扩充工作站。

5．总线/星型拓扑结构

用一条或多条总线把多组设备连接起来，相连的每组设备呈星型分布。采用这种拓扑结构，用户很容易配置和重新配置网络设备。总线采用同轴电缆，星型配置可采用双绞线，如图 1-10 所示。

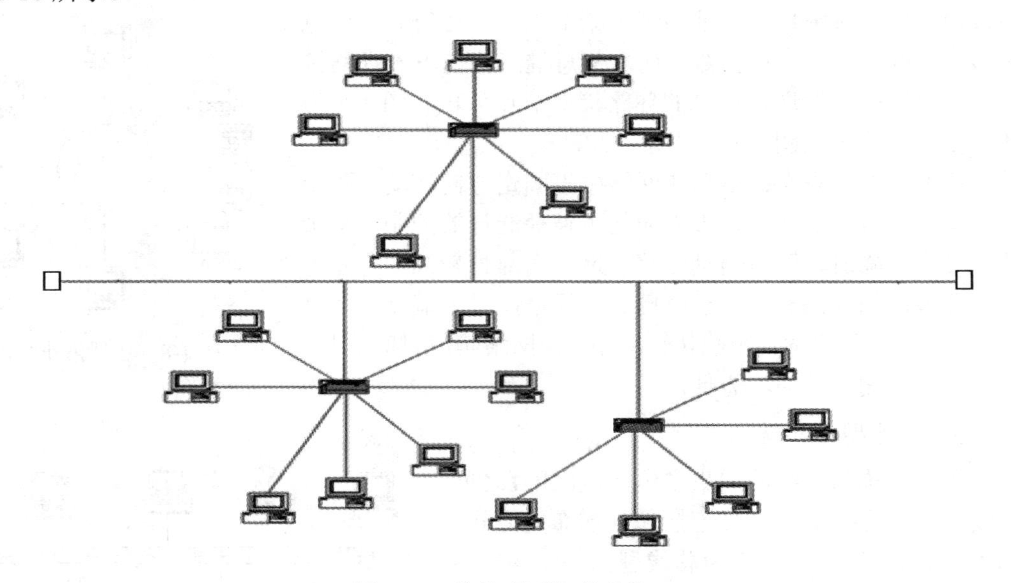

图 1-10　总线/星型拓扑结构

6．网状拓扑结构

将多个子网或多个局域网连接起来构成网状拓扑结构。在一个子网中，集线器、中继器将多个设备连接起来，而桥接器、路由器及网关则将子网连接起来。根据组网硬件不同，主要有三种网状拓扑：

(1) 网状网：在一个大的区域内，用无线电通信链路连接一个大型网络时，网状网是最好的拓扑结构。通过路由器与路由器相连，可让网络选择一条最快的路径传送数据。

(2) 主干网：通过桥接器与路由器把不同的子网或 LAN 连接起来形成单个总线或环型拓扑结构，这种网通常采用光纤做主干线。

(3) 星状相连网：利用一些叫做超级集线器的设备将网络连接起来，由于星型结构的特点，网络中任一处的故障都可容易查找并修复。

在实际组网中，为了符合不同的要求，拓扑结构不一定是单一的，往往都是几种结构的混用。

1.2.3　局域网

局域网(LAN)是计算机网络的重要组成部分，是当今计算机网络技术应用与发展非常活跃的一个领域。公司、企业、政府部门及住宅小区内的计算机都通过 LAN 连接起来，以达到资源共享、信息传递和数据通信的目的。而信息化进程的加快，更是刺激了通过 LAN 进行网络互联需求的剧增。因此，理解和掌握局域网技术也就显得很重要。

局域网的发展始于 20 世纪 70 年代，至今仍是网络发展中的一个活跃领域。到了 20 世纪 90 年代，LAN 更是在速度、带宽等指标方面有了更大进展，并且在 LAN 的访问、服务、管理、安全和保密等方面都有了进一步的改善。例如，Ethernet 技术从传输速率为 10 Mb/s 的 Ethernet 发展到 100 Mb/s 的高速以太网，并继续提高至千兆位(1000 Mb/s)以太网、万兆位以太网。

1. 局域网的特点

局域网技术是当前计算机网络研究与应用的一个热点问题，也是目前技术发展最快的领域之一。局域网最主要的特点是：网络为一个单位所拥有，且地理范围和站点数目均有限。此外，局域网还具有如下特点：

(1) 网络所覆盖的地理范围比较小。通常不超过几十千米，甚至只在一个园区、一幢建筑或一个房间内。

(2) 数据的传输速率比较高，从最初的 1 Mb/s 到后来的 10 Mb/s、100 Mb/s，近年来已达到 1000 Mb/s、10 000 Mb/s。

(3) 具有较低的延迟和误码率，其误码率一般为 10^{-8}～10^{-11}。

(4) 便于安装、维护和扩充，建网成本低、周期短。尽管局域网地理覆盖范围小，但这并不意味着它们必定是小型的或简单的网络。局域网可以扩展得相当大或者非常复杂，配有成千上万用户的局域网也是很常见的事。局域网具有如下一些主要优点：

① 能方便地共享昂贵的外部设备、主机以及软件、数据，从一个站点可访问全网。

② 便于系统的扩展和逐渐地演变，各设备的位置可灵活调整和改变。

③ 提高了系统的可靠性和可用性。

2. IEEE 802 标准

局域网出现之后，发展迅速，类型繁多，为了促进产品的标准化以增加产品的互操作

性，1980 年 2 月，美国电气和电子工程师学会(IEEE)成立了局域网标准化委员会(简称 IEEE 802 委员会)，研究并于 1985 年公布了 IEEE 802 标准的五项标准文本，同年被美国国家标准局(ANSI)采纳作为美国国家标准。后来，国际标准化组织(ISO)经过讨论，建议将 802 标准定为局域网国际标准。

IEEE 802 为局域网制定了一系列标准，主要有如下几种：

(1) IEEE 802.1：描述局域网体系结构以及寻址、网络管理和网络互连(1997)。

- IEEE 802.1G：远程 MAC 桥接(1998)，规定了本地 MAC 网桥操作远程网桥的方法。
- IEEE 802.1H：局域网中以太网 2.0 版 MAC 桥接方法(1997)。
- IEEE 802.1Q：虚拟局域网(1998)。

(2) IEEE 802.2：定义了逻辑链路控制(LLC)子层的功能与服务(1998)。

(3) IEEE 802.3：描述带冲突检测的载波监听多路访问(CSMA/CD)的访问方法和物理层规范(1998)。

- IEEE 802.3ab：描述 1000Base-T 访问控制方法和物理层技术规范(1999)。
- IEEE 802.3ac：描述 VLAN 的帧扩展(1998)。
- IEEE 802.3ad：描述多重链接分段的聚合协议(Aggregation of Multiple Link Segments)(2000)。
- IEEE 802.3i：描述 10Base-T 访问控制方法和物理层技术规范。
- IEEE 802.3u：描述 100Base-T 访问控制方法和物理层技术规范。
- IEEE 802.3z：描述 1000Base-X 访问控制方法和物理层技术规范。
- IEEE 802.3ae：描述 10GBase-X 访问控制方法和物理层技术规范。

(4) IEEE 802.4：描述 Token-Bus 访问控制方法和物理层技术规范。

(5) IEEE 802.5：描述 Token-Ring 访问控制方法和物理层技术规范(1997)。

- IEEE 802.5t：描述 100 Mb/s 高速标记环访问方法(2000)。

(6) IEEE 802.6：描述城域网(MAN)访问控制方法和物理层技术规范(1994)。1995 年又附加了 MAN 的 DQDB 子网上面向连接的服务协议。

(7) IEEE 802.7：描述宽带网访问控制方法和物理层技术规范。

(8) IEEE 802.8：描述 FDDI 访问控制方法和物理层技术规范。

(9) IEEE 802.9：描述综合语音、数据局域网技术(1996)。

(10) IEEE 802.10：描述局域网网络安全标准(1998)。

(11) IEEE 802.11：描述无线局域网访问控制方法和物理层技术规范(1999)。

(12) IEEE 802.12：描述 100VG-AnyLAN 访问控制方法和物理层技术规范。

(13) IEEE 802.14：描述利用 CATV 宽带通信的标准(1998)。

(14) IEEE 802.15：描述无线私人网(Wireless Personal Area Network，WPAN)。

(15) IEEE 802.16：描述宽带无线访问标准(Broadband Wireless Access Standards，BWAS)。

IEEE 802 标准内部关系如图 1-11 所示。从图 1-11 可以看出，IEEE 802 标准实际上是一个由一系列协议组成的标准体系。随着局域网技术的发展，该体系在不断地增加新的标准和协议，如 802.3 家族就随着以太网技术的发展出现了许多新的成员。

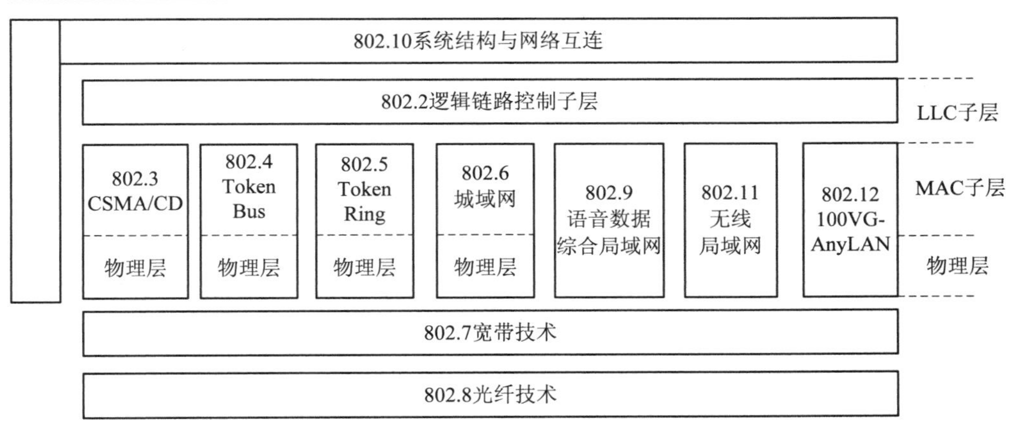

图 1-11　IEEE 802 标准内部关系

1.2.4　广域网

广域网(Wide Area Network，WAN)也称远程网。通常跨接很大的物理范围，所覆盖的范围从几十千米到几千千米，它能连接多个城市或国家，或横跨几个洲并能提供远距离通信，形成国际性的远程网络。广域网的通信子网主要使用分组交换技术，可以利用公用分组交换网、卫星通信网和无线分组交换网将分布在不同地区的局域网或计算机系统互联起来，达到资源共享的目的。

1. 广域网的特点

(1) 从作用范围的角度来看，广域网的网络分布通常在一个地区、一个国家甚至全球范围。

(2) 从结构的角度来看，广域网由众多异构、不同协议的局域网连接而成，包括众多各种类型的计算机，以及上面运行的种类繁多的业务。因此广域网的结构往往是不规则的，且管理和控制复杂，安全性也比较难于保证。

(3) 从通信方式的角度来看，广域网通常采用分组点到点的通信方式，无论是在电话线上传输、借助卫星的微波通信以及光纤通信采用的都是模拟传输方式。

(4) 从通信管理的角度来看，在广域网中，由于传输的时延大、抖动大，线路稳定性比较差。同时，通信设备多种多样，通信协议也种类繁多，因此通信管理非常复杂。

(5) 从通信速率的角度来看，在广域网中，传输的带宽与多种因素相关。同时，由于经过了多个中间链路和中间节点，传输的误码率也比局域网高。

(6) 从工作层次的角度来看，广域网是由节点交换机以及连接这些交换机的链路组成。节点交换机执行分组存储转发的功能。节点之间都是点到点的连接。从层次上看，广域网技术主要体现在 OSI 参考模型的下三层：物理层、数据链路层和网络层，重点在于网络层。

2. 广域网技术

常用的广域网技术包括异步拨号、数字数据网(DDN)、专线、帧中继网络、异步传输模式(ATM)、xDSL 和电缆接入等技术。

1.2.5　城域网

城域网(Metropolitan Area Network，MAN)，一般来说是指在一个城市，但不在同一地理小区范围内的计算机互联网络。在一个大型城市或都市地区，一个 MAN 网络通常连接着多个 LAN 网。如连接政府机构的 LAN、医院的 LAN、电信的 LAN、公司企业的 LAN 等。根据 IEEE 802 委员会的最初表述，城域网是以光纤作为传输介质，能够提供 45～150 Mb/s 的高传输速率，支持数据、语音与视频综合业务的数据传输，可以覆盖跨度在 50～100 km 的城市范围，实现高速带宽传输的数据通信网络。早期城域网的首选技术是光纤环网，典型的产品是 FDDI。设计 FDDI 的目的是实现高速、高可靠性和大范围局域网互联。FDDI 采用光纤作为传输介质，传输速率为 100 Mb/s，可用于 100 km 范围内的局域网互联。

现在看来，IEEE 802 委员会对城域网的最初表述中有一点是准确的，即光纤一定会成为城域网的主要传输介质，但是它对传输速率的估计就保守了。随着互联网应用和新服务的不断出现以及三网融合的发展，城域网的业务扩展到几乎能覆盖所有的信息服务领域，城域网的概念也随之发生了重要变化。

宽带城域网是以光传输网络为开放平台，以 TCP/IP 协议为基础，通过各种网络互联设备，实现语音、数据、图像、多媒体视频、IP 电话、IP 电视、IP 接入和各种增值业务，并与广域计算机网络、广播电视网、电话交换网互联互通的本地综合业务网络，以满足语音、数据、图像、多媒体应用的需求。现实意义上的城域网一定是能提供高传输速率和保证 QoS 的网络系统，因此人们已很自然地将传统意义上的城域网扩展为宽带城域网。

1. 宽带城域网的特点

宽带城域网是基于计算机网络技术与 IP 协议，以电信网的可扩展性、可管理性为基础，在城市范围内汇聚宽带和窄带用户的接入，以满足政府、企业用户和个人用户对互联网和宽带多媒体服务的需求为目标，而组建的综合宽带网络。其主要特点如下：

(1) 从传输技术角度来看，宽带城域网应在计算机网络、公共电话交换网、移动通信网和有线电视网的基础上，为语音、数字、视频提供一个互联互通的通信平台。

(2) 城域网和广域网在设计上的出发点不同。广域网要求重点保证高数据传输容量，而城域网则要求重点保证高数据交换容量。因此，广域网设计的重点是保证大量用户共享主干通信链路的容量，而城域网设计的重点不完全在链路上，而是在交换节点的性能与容量。城域网的每个交换节点都要保证大量接入用户的服务质量。当然，城域网连接每个交换节点的通信链路带宽也必须得到保证。因此不能简单地认为城域网是广域网的缩微，也不能简单地认为城域网是局域网的自然延伸。宽带城域网应该是一个在城市区域内，为大量用户提供接入和各种信息服务的综合网络平台，也是一个现代化城市重要的基础设施之一。

(3) 宽带城域网是传统的计算机网络、电信网络与有线电视网技术的融合，也是传统的电信服务、有线电视服务与现代的互联网服务的融合。

综上所述，宽带城域网的基本特征是：以光传输网络为基础，以 IP 协议为核心，融合各种网络，支持多种业务。

2. 宽带城域网技术

目前主要的宽带城域网技术方案有三种：新一代 SDH 多业务传输平台 MSTP 城域网、

WDM 光城域网和光以太网城域网。

1.3　网络的介质

1.3.1　铜介质

1. 布线规范

为了保证布线系统的开放性、标准化和通信质量，在进行结构化布线系统的设计时应符合各种国际、国内布线设计标准及规范，主要包括：

(1) 商用建筑电信布线标准 ANSI/EIA/TIA 568A。

1985 年初，计算机工业协会(CCIA)提出了对大楼布线系统标准化的建议。1991 年 7 月，美国电气工业协会(TIA)与美国电子工业协会(EIA)推出适用于商业建筑物的电信布线标准 ANSI/TIA/EIA 568；1995 年在进行相关修订后将其正式命名为 ANSI/EIA/TIA 568A。

EIA/TIA 568A 标准制定的主要内容如下：

- 建立一种可支持多供应商环境的通用电信布线系统。
- 可以进行商业大楼结构的结构化布线系统的设计和安装。
- 建立各种布线系统的性能配置和技术标准。

注：用户办公场地所用布线标准 ISO/IEC 11801 与 ANSI/EIA/TIA 568A 标准相同。

(2) 商用建筑通信路径和间隔标准 ANSI/EIA/TIA 569。

(3) 住宅和小型商业电信连线标准 ANSI/EIA/TIA 570。

(4) 商用建筑通信设施管理标准 ANSI/EIA/TIA 606。

(5) 商用建筑通信设施接地与屏蔽接地要求 ANSI/EIA/TIA 607。

2. 双绞线

双绞线(Twisted Pairwire，TP)是综合布线工程中最常用的一种传输介质。双绞线由两根具有绝缘保护层的铜导线组成。把两根绝缘的铜导线按一定密度互相绞在一起，可降低信号干扰的程度，每一根导线在传输中辐射的电波会被另一根线上发出的电波抵消。双绞线一般由两根 22～26 号绝缘铜导线相互缠绕而成。如果把一对或多对双绞线放在一个绝缘套管中便成了双绞线电缆，如图 1-12 所示。

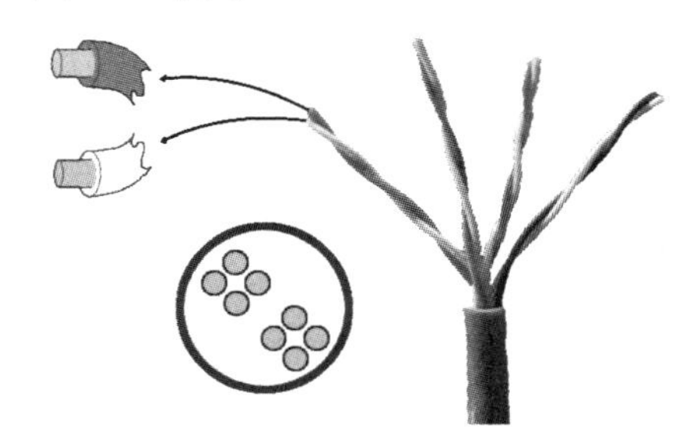

图 1-12　双绞线线缆

在双绞线电缆(也称双扭线电缆)内，不同线对具有不同的扭绞长度，一般来说，扭绞长度在 38.1～14 cm 内，按逆时针方向扭绞，相临线对的扭绞长度在 12.7 cm 以上。与其他

传输介质相比，双绞线在传输距离、信道宽度和数据传输速度等方面均受到一定限制，但价格较为低廉。目前，双绞线可分为非屏蔽双绞线(Unshielded Twisted Pair，UTP)和屏蔽双绞线(Shielded Twisted Pair，STP)。

虽然双绞线主要是用来传输模拟声音信息的，但它同样适用于数字信号的传输，特别适用于较短距离的信息传输。在传输期间，信号的衰减比较大，并且会产生波形畸变。采用双绞线的局域网的带宽取决于所用导线的质量、长度及传输技术。只要精心选择和安装双绞线，就可以在有限距离内达到每秒几百万位的可靠传输率。当距离很短，并且采用特殊的电子传输技术时，传输率可达 100～155 Mb/s。由于利用双绞线传输信息时要向周围辐射，信息很容易被窃听，因此要花费额外的代价加以屏蔽。屏蔽双绞线电缆的外层由铝箔包裹，以减小辐射，但并不能完全消除辐射。屏蔽双绞线价格相对较高，安装时要比非屏蔽双绞线电缆困难，类似于同轴电缆，它必须配有支持屏蔽功能的特殊联结器和相应的安装技术，但它有较高的传输速率，100 米内可达到 155 Mb/s。

非屏蔽双绞线电缆具有以下优点：

(1) 无屏蔽外套，直径小，节省所占用的空间。

(2) 重量轻、易弯曲、易安装。

(3) 将串扰减至最小或加以消除。

(4) 具有阻燃性。

(5) 具有独立性和灵活性，适用于结构化综合布线。

EIA/TIA 为双绞线电缆定义了五种不同质量的型号。计算机网络综合布线使用第 3、4、5 类。这五种型号的简介如下：

(1) 第 1 类：主要用于传输语音(第一类标准主要用于 20 世纪 80 年代初之前的电话线缆)，不用于数据传输。

(2) 第 2 类：传输频率为 1 MHz，用于语音传输和最高传输速率 4 Mb/s 的数据传输，常见于使用 4 Mb/s 规范令牌传递协议的旧的令牌网。

(3) 第 3 类：指目前在 ANSI 和 EIA/TIA568 标准中指定的电缆。该电缆的传输频率为 16 MHz，可以进行语音传输及最高传输速率为 10 Mb/s 的数据传输，主要用于 10Base-T。

(4) 第 4 类：该类电缆的传输频率为 20 MHz，可以进行语音传输和最高传输速率为 16 Mb/s 的数据传输，主要用于基于令牌的局域网和 10Base-T/100Base-T。

(5) 第 5 类：该类电缆增加了绕线密度，外套一种高质量的绝缘材料，传输频率为 100 MHz，可以进行语音传输和最高传输速率为 100 Mb/s 的数据传输，主要用于 100Base-T 和 10base-T 网络，这是最常用的以太网电缆。

3. 同轴电缆

同轴电缆的英文简写为 Coax。在 20 世纪 80 年代，它是 Ethernet 网络的基础，并且多年来是一种最流行的传输介质。然而，随着时间的推移，在大部分现代局域网中，双绞线电缆逐渐取代了同轴电缆。同轴电缆包括：绝缘层包围的一根中央铜线、一个网状金属屏蔽层以及一个塑料封套。图 1-13 描绘了一种典

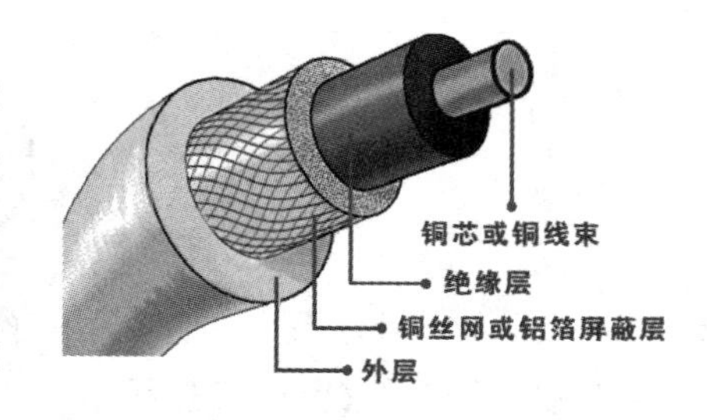

图 1-13　同轴电缆示意图

型的同轴电缆。

在同轴电缆中，铜线传输电磁信号；网状金属屏蔽层一方面可以屏蔽噪声，另一方面可以作为信号地；绝缘层通常由陶制品或塑料制品组成，例如聚乙烯(PVC)或特氟龙，它将铜线与金属屏蔽物隔开，若这两者接触，电线将会短路；塑料封壳可使电缆免遭物理性破坏，它通常由柔韧性好的防火塑料制品制成。同轴电缆的绝缘体和防护屏蔽层，使得它对噪声干扰有较高的抵抗力。在信号必须放大之前，同轴电缆能比双绞线电缆将信号传输得更远，当然，它不如光缆传输信号的距离远。另一方面，同轴电缆要比双绞线电缆昂贵得多，并且通常只支持较低的吞吐量。同轴电缆还要求网络段的两端通过一个电阻器进行终结。

同轴电缆根据其直径大小可以分为粗同轴电缆与细同轴电缆。粗缆适用于比较大型的局部网络，它的标准距离长，可靠性高，由于安装时不需要切断电缆，因此可以根据需要灵活调整计算机的入网位置，但粗缆网络必须安装收发器电缆，安装难度大，所以总体造价高。相反，细缆安装则比较简单，造价低，但由于安装过程要切断电缆，两头须装上基本网络连接头(BNC)，然后接在 T 型连接器两端，所以当接头多时容易产生不良的隐患，这是以前局域网中所发生的最常见故障之一。

无论是粗缆还是细缆均为总线拓扑结构，即一根缆上接多部机器，这种拓扑适用于机器密集的环境，但是当一触点发生故障时，故障会串联影响到整根缆上的所有机器。故障的诊断和修复都很麻烦，因此，同轴电缆将逐步被非屏蔽双绞线或光缆取代。

同轴电缆的优点是可以在相对长的无中继器的线路上支持高带宽通信，而其缺点也是显而易见的：一是体积大，细缆的直径就有 3/8 英寸(1 英寸=2.54 厘米)粗，要占用电缆管道的大量空间；二是不能承受缠结、压力和严重的弯曲，这些都会损坏电缆结构，阻止信号的传输；最后就是成本高，而所有这些缺点正是双绞线能克服的，因此在现在的局域网环境中，基本已被基于以太网物理层规范的双绞线所取代。

1.3.2 光缆

光纤利用了光的折射和全反射性质。光线由高折射率媒介进入低折射率媒介，且当折射线的折射角达到 90° 时，入射线的入射角就被称为折射零界角。当光线的入射角大于零界角时，就不会有折射光线了，此时光线被全部反射了，这种现象被称为全反射，如图 1-14 所示。

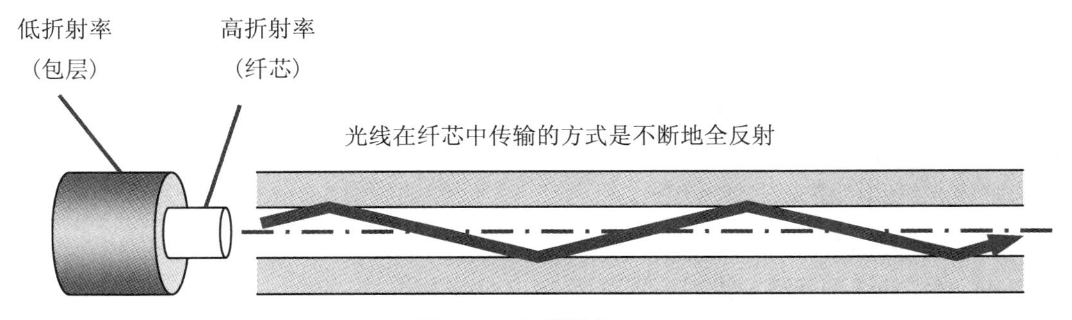

图 1-14 光纤原理

光缆是为了满足光学、机械或环境的性能规范而制造的，利用置于包覆护套中的一根

或多根光纤作为传输媒质并可以单独或成组使用的通信线缆组件。

光缆中的光纤就是工作在光频的介质波导，光纤波导通常是做成圆柱形的。光纤可以约束光波形态的电磁能量位于波导表面以内，并导引电磁能量沿光纤轴方向传播。光波导的传输特性取决于它的结构参数，这些结构参数将决定光信号在光纤中传播时所受到的影响。光纤的结构基本确定了它的信息承载容量，并影响光纤对周围环境微扰的响应。

光缆是当今信息社会各种信息网的主要传输工具。如果把“互联网”称作“信息高速公路”的话，那么光缆网就是信息高速路的基石——光缆网是互联网的物理路由。一旦某条光缆遭受破坏而阻断，该方向的“信息高速公路”即告破坏。目前，长途通信光缆的传输方式已由准同步数字系列(PDH)向同步数字系列(SDH)发展，传输速率已由当初的 140 Mb/s 发展到 2.5 Gb/s、4 × 2.5 Gb/s、16 × 2.5 Gb/s，甚至更高，也就是说，一对纤芯可开通 3 万条、12 万条、48 万条甚至向更多话路发展。如此大的传输容量，光缆一旦阻断，不但会给电信部门造成巨大损失，而且由于通信不畅，会给广大群众造成诸多不便，如计算机用户不能上网，股票交易不能开展，银行汇兑无法进行，各种信息无法传输。在边远山区，一旦光缆中断，就会使全县甚至光缆沿线几个县城在通信上与世隔绝，成为孤岛。

1．光纤的结构

光纤的典型结构是多层同轴圆柱体，如图 1-15 所示，自内向外为纤芯、包层和涂覆层。核心部分是纤芯和包层，其中纤芯由高度透明的材料制成，是光波的主要传输通道；包层的折射率略小于纤芯，使光的传输性能相对稳定。纤芯粗细、纤芯材料和包层材料的折射率，对光纤的特性起决定性影响。涂覆层包括一次涂覆、缓冲层和二次涂覆，起保护光纤不受水汽的侵蚀及机械的擦伤的作用，同时又可增加光纤的柔韧性，起着延长光纤寿命的作用。

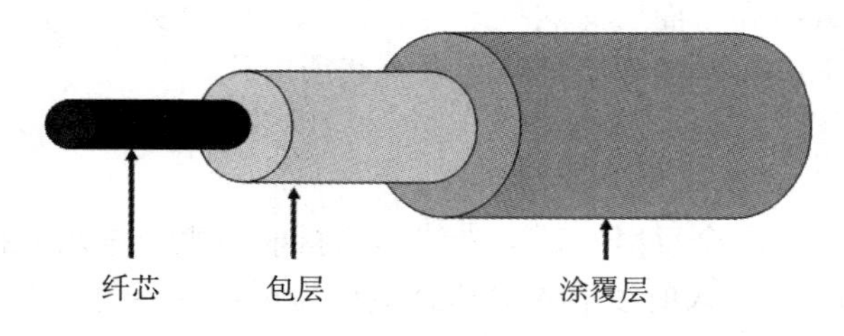

图 1-15　光纤的结构

2．光纤的分类

光是一种频率极高(3×10^{14} 赫兹)的电磁波，当它在波导——光纤中传播时，根据波动光学理论和电磁场理论，需要用麦克斯韦方程组来解决其传播方面的问题。而通过繁琐地求解麦氏方程组之后就会发现，当光纤纤芯的几何尺寸远大于光波波长时，光在光纤中会以几十种乃至几百种传播模式进行传播。因此，根据其传播模式对光纤进行分类，光纤可分为多模光纤和单模光纤。

3．光纤的优点

(1) 光纤的通频带很宽，理论上可达 30 亿兆赫兹。

(2) 无中继段，长几十到 100 多千米，铜线只有几百米。

(3) 不受电磁场和电磁辐射的影响。

(4) 重量轻，体积小。例如：能够通 21 000 路话路的 900 对双绞线，其直径为 3 英寸，重量为 8 t/km。而通信量为其十倍的光缆，直径仅为 0.5 英寸，重量仅为 0.205 t/km。

(5) 光纤通信不带电，使用安全，可用于易燃、易爆场所。

(6) 使用环境温度范围宽。

(7) 耐化学腐蚀，使用寿命长。

1.3.3 无线传输介质

无线传输介质也称为非导向传输介质。随着技术的发展和各种应用尤其是移动通信需求的不断出现，传统的有线网络存在的弊端逐渐显现，并成为影响和限制网络应用的一个因素。无线通信系统的产生和应用，弥补了有线网络的不足，成为目前应用和技术的热点。

1. 无线数据通信

电磁波于 1887 年由德国物理学家赫兹(Heinrich Hertz)首先发现。电磁波每秒的震荡次数称为频率，一般用 f 表示，单位为赫兹(Hz)。电磁波两个相邻波峰(或波谷)之间的距离称为波长，一般用 λ 表示。在真空中，所有的电磁波以相同的速率传播，和它的频率无关，该传播速率称为光速，用 c 表示，大约为 3×10^8 m/s。c 是一个理想值，是一个权限速度，电磁波在光纤介质中传输时只有在真空中传输速率的 2/3。

频率 f、波长 λ 及光速 c 之间的关系为

$$\lambda f = c$$

在当前技术条件下，当采用较低的频率时，每赫兹可以编码几个比特；当采用较高频率时，每赫兹的编码可以达到 Gb/s 数量级。这是为什么光纤能够成为目前网络传输介质中的佼佼者的一个重要原因。电磁波的频谱如图 1-16 所示。由于无线电、微波、红外线及可见光可以通过调节其频率、振幅和相位的方式来传输信息，所以这几个波段目前可用于通信。另外，紫外线和更高频率的波段虽然频率很高，但由于很难进行调制，同时对建筑物的穿透能力弱，且对人体有害，所以目前还不能够用于通信。

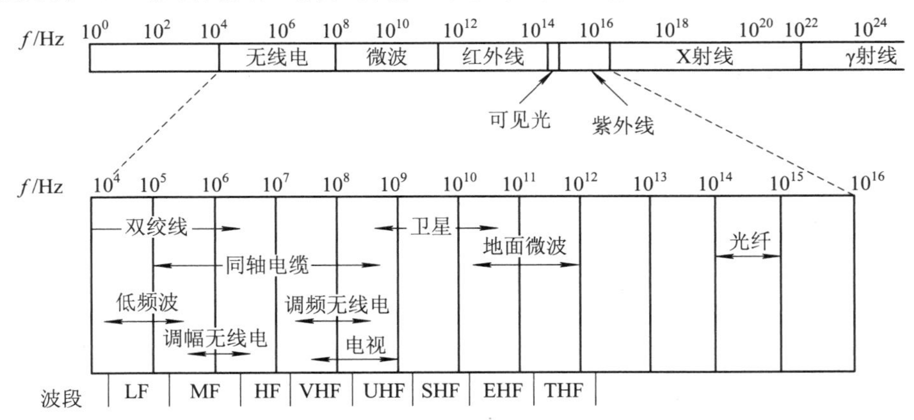

图 1-16 电磁波频谱

在图 1-16 的下半部列出了有线传输介质的工作频率范围。同时 ITU(国际电联)对波段的命名还进行相应的规范。例如，LF 波段的传输范围为 1～10 km(对应于 30～300 kHz)。LF、MF 和 HF 分别指低频、中频和高频。更高的频段中的 V、U、S 和 E 分别是英文 Very、

Ultra、Super 和 Extremely 的首字母，相对应频段分别称为甚高频、特高频、超高频和极高频，最高的一个频段中的 T 代表英文 Tremendously(极其)。另外，在低频(LF)的下面还有几个更低的频段，如甚低频(VLF)、特低频(ULF)、超低频(SLF)和极低频(ELF)等，由于这些频段一般不用于通信，所以图中没有列出。

既然无线介质具有如此广泛的可用频段，那么是不是任何组织或个人都可以自由地使用其中的某一频段呢？答案当然是否定的。为了防止在使用无线介质频段时出现混乱，国际上和每个国家都有专门的组织和部门来负责管理这些频段。例如，美国通信委员会(FCC)对广播、电视、移动通信和电话公司、警察、海上航行、军队和其他用户分配专门的频段就是为此。ITU-R 专门负责全球的频段分配和管理工作，但是由于 FCC 并不受 ITU-R 的约束，所以一些固定频率的设备可能不能够在全球通用。例如，在美国使用的个人移动通信设备，在进入欧洲或亚洲地域后将无法使用，反之亦然。

2. 无线信号与频段

无线传输是指在自由空间利用电磁波发送和接收信号进行通信的过程。地球上的大气层为大部分无线传输提供了物理通道，就是常说的无线传输介质。无线传输所使用的频段很广，人们现在已经利用了好几个波段进行通信。紫外线和更高的波段目前还不能用于通信。无线通信的方法有无线电波、微波和红外线。

1) 无线电波

无线电通信在数据通信中占有重要的地位。无线电波产生容易，传播的距离较远，很容易穿过建筑物，在室内通信和室外通信都得到了广泛应用。另外，无线电波是通过广播方式全向传播的，所以发射和接收装置不必在物理上准确对准。

无线电波的特性与其频率有关。在 VLF、LF 和 MF 频段上，无线电波沿着地面传播，如图 1-17(a)所示。其传播特点是：

(1) 工作频率较低。

(2) 传播距离远，在较低频率时可以达到 1000 km。

(3) 通过障碍物的穿透能力较强。

(4) 能量会随着距离的增大而急剧减少。

在 HF 和 VHF 频段上，无线电波会被地面吸收。这时，可以通过地面上空的电离层的反射来传播。无线电信号通过地面上的发送站发送出去，当到达地面上空(距地球 100～500 km)电离层时，无线电波被反射回地面，再被地面的接收站接收到，如图 1-17(b)所示。

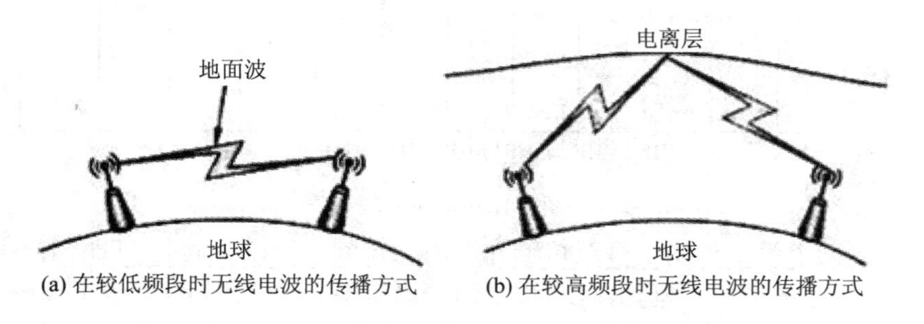

(a) 在较低频段时无线电波的传播方式　(b) 在较高频段时无线电波的传播方式

图 1-17　无线电波传播方式

具体的传输特点是：

(1) 工作频率较高。

(2) 无线电波趋于直接传播。

(3) 通过障碍物的穿透能力较弱。

(4) 会被空气中的水蒸气和自然界的雨水吸收。

在无线电通信中应用最为广泛的是无线电台广播。大家经常收听的无线电广播一般分为调幅(AM)和调频(FM)两种。由于在图 1-14 所示的频谱图中，FM 的频率要比 AM 的高，所以实际收到的 FM 的音质也要比 AM 的好，但 FM 的方向性比 AM 强，且收听范围也比 AM 小。

2) 微波

微波是指频率为 300 MHz～300 GHz 的电磁波，但多使用 2～40 GHz 的频段，是无线电波中一个有限频带的简称，即波长在 1 米(不含 1 米)到 1 毫米之间的电磁波，是分米波、厘米波、毫米波的统称。微波频率比一般的无线电波频率高，通常也称为“超高频电磁波”。

微波在空气中主要以直线方式传播，同时微波会穿透地面上空的电离层，所以它不能像无线电波那样使用电离层的反射来传播，而必须通过站点来传播，微波通信主要有地面微波接力通信和卫星通信两类。

3. WLAN 的概念

无线局域网(WLAN)是一种无线数据网络，它是以无线方式构建的局域网络，或者说，是不需要使用线缆设备相连的局域网络。WLAN 利用电磁波在空气中发送和接收数据，而无需线缆介质。今天的大多数 WLAN 都在使用 2.4 GHz(802.11b/g)和 5 GHz(802.11a)的频段，这是世界范围内 RF 频谱中为非特许设备而保留的频段。

目前 WLAN 的数据传输速率已经能够达到 54 Mb/s(802.11G)，传输距离可远至 20 千米以上，802.11n 速度更快，能达到 500 Mb/s 的高速接入。WLAN 是对有线互联网的一种补充和扩展，使网上的计算机具有可移动性，能快速方便地解决使用有线方式不易实现的网络互联问题。

无线局域网常用的实现技术有家用射频工作组提出的 HomeRF、Bluetooth(蓝牙)以及美国的 802.11 协议和欧洲的 HiperLAN2 协议等。目前无线局域网是以 IEEE 802.11 协议为基础的，这是目前无线局域网领域中占主导地位的无线局域网标准。

无线局域网组件包括无线客户端适配器(WLAN 网卡)、无线接入点(AP)、无线网桥(Bridge)、无线交换机。

习　题　一

1. 简述计算机网络的发展史。
2. 常用的数据交换方式有哪些？请比较它们之间的不同。
3. 什么是时延？影响时延的因素有哪些？
4. 常用的广域网技术包括哪些？
5. 简述局域网的特点。

6．在双绞电缆中，每对导线之间为什么要进行扭绕？

7．UTP 和 STP 的主要区别是什么？

8．什么是单模光纤和多模光纤？其主要区别有哪些？

9．为什么说光纤是网络通信介质中的佼佼者？

实 验 一

Cisco Packet Tracer(简称 PT)是一款由思科公司开发的，为网络课程初学者提供辅助教学的实验模拟器。使用者可以在该模拟器中搭建各种网络拓扑，实现基本的网络配置。请下载并安装 PT，然后练习使用。

第 2 章　以太网技术及交换机基本配置

目前，局域网中使用最多、最普遍的网络基础技术是以太网技术，而且在城域网互联中也逐渐以以太网技术为主。在局域网中的网络设备、通信协议也以以太网技术为主。传统的以太网中，在任意一个时刻网络中只能有一个站点发送数据，其他站点只可以接收信息，若想发送数据，只能退避等待。因此，网络中的站点越多，每个站点平均可以使用的带宽就越窄，网络的响应速度就越慢。交换机的出现解决了这个问题。在交换式局域网中，采用了交换机设备，只要发送数据的源节点和目的节点不冲突，那么数据发送就可以完全并行，这样大大提高了数据传送的速率。

2.1　以太网的技术基础

2.1.1　以太网的发展

三十多年以前，Robert Metcalfe 与其在 Xerox 的同事设计出了世界上第一个 LAN，这是以太网的最初版本。1980 年，Digital Equipment Corporation、Intel 和 Xerox(DIX)协会发布了第一个以太网标准。Metcalfe 希望以太网成为一个人人受益的共享标准，于是将其作为一个开放的标准进行发布。按照以太网标准开发的第一批产品在 20 世纪 80 年代初开始销售，这些产品在 2 公里长的粗同轴电缆上以 10 Mb/s 速率传输数据。

1985 年，电气电子工程师协会(IEEE)标准委员会发布了 LAN 标准。这些标准以数字 802 开头，以太网标准是 802.3。IEEE 希望其标准能够与国际标准组织(ISO)的标准以及 OSI 模型兼容。为确保兼容，IEEE 802.3 标准必须解决 OSI 模型第一层以及第二层下半层的需求。因此，IEEE 对 802.3 中的原始以太网标准进行了小幅的修改。目前，最初的以太网已经增补了很多次，以结合新的传输介质和允许更高的传输速率(无线以太网、10 G 以太网等)，然而，更重要的是以太网的本质被保留下来。802.3 众多的标准属于同一家族，标准之间虽然存在差异，但是其相似性大于差异性。

以太网的早期版本使用同轴电缆在总线拓扑中连接计算机。每台计算机都直接连接到主干网络。这些早期版本称为粗网(10BASE5)和细网(10BASE2)。早期的以太网部署在低带宽 LAN 环境中，可以访问 CSMA(后来是 CSMA/CD)管理的共享介质。除了数据链路层的逻辑总线拓扑，以太网还使用物理总线拓扑。随着 LAN 的逐渐扩大和 LAN 服务对于基础设施的要求不断提高，这种拓扑面临的问题越来越难以解决。随着网络技术的发展，最初的同轴粗缆和同轴细缆等物理介质被早期的 UTP 类电缆所取代。与同轴电缆相比，UTP 电缆使用更简便、重量更轻、成本更低；其物理拓扑也改为使用集线器的星型拓扑。集线器

可以集中连接，也就是说，它可以容纳一组节点，让网络将它们当成一台设备。当某个帧到达一个端口时，就会复制到其他端口，使LAN中的所有网段都接收该帧。在这种总线拓扑中使用集线器，任何一条电缆故障都不会中断整个网络，因此提高了网络的可靠性。但是，将帧复制到所有其他端口并没有解决冲突的问题。随着更多的设备加入以太网，帧的冲突量大幅增加。当通信活动少的时候，偶尔发生的冲突可由CSMA/CD管理，因此性能很少甚至不会受到影响。但是，当设备数量和随之而来的数据流量增加时，冲突的上升就会给用户体验带来明显的负面影响。以太网的一个重大发展是交换机取代了集线器，从而大大增强了LAN的性能，这一发展与100BASE-TX以太网的发展密切相关。交换机可以隔离每个端口，只将帧发送到正确的目的地(如果目的地已知)，而不是发送每个帧到每台设备，数据的流动因而得到了有效的控制。交换机减少了接收每个帧的设备数量，从而最大程度地降低了冲突的概率。交换机以及后来全双工通信(连接可以同时携带发送和接收的信号)的出现，促进了1 Gb/s和更高速度的以太网的发展。

2.1.2　IEEE 802.3和OSI模型

IEEE 802局域网体系结构只对应于OSI/RM的数据链路层和物理层，如图2-1所示，以太网将数据链路层的功能划分到了两个不同的子层：逻辑链路控制(LLC)子层和介质访问控制(MAC)子层。这些子层的使用极大地促进了不同终端设备之间的兼容性。对于以太网，IEEE 802.2标准规范LLC子层的功能，而802.3标准规范MAC子层和物理层的功能。逻辑链路控制处理上层与网络软件以及下层(通常是硬件)之间的通信。LLC子层获取网络协议数据(通常是IPv4数据包)并加入控制信息，帮助将数据包传送到目的节点。第二层通过LLC与上层通信。

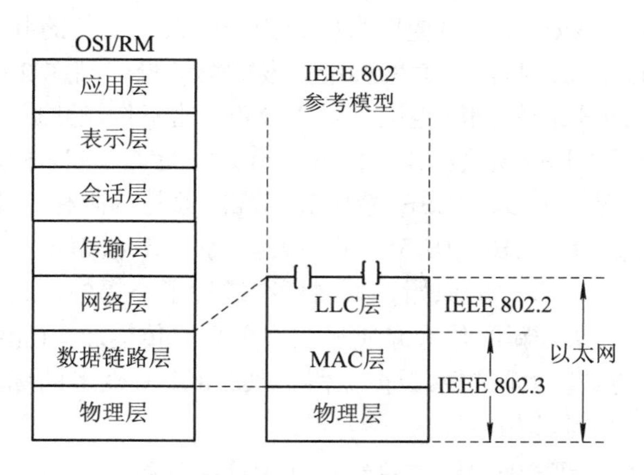

图2-1　IEEE 802局域网体系结构

局域网对LLC子层是透明的，只有到MAC子层才能见到具体局域网。局域网链路层有两种不同的数据单元：LLC PDU(LLC子层协议数据单元)和MAC帧(介质访问控制子层协议数据单元)。高层的协议数据单元传到LLC子层的时候，会加上适当控制信息，便构成了LLC PDU；LLC PDU再向下传到MAC子层的时候，也会在首部和尾部加上控制信息，便构成了MAC子层的协议数据单元MAC帧。

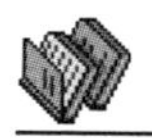

2.1.3　以太网 MAC 地址

由于 IEEE 802 局域网体系将数据链路层分为 LLC 和 MAC 子层，其中 MAC 位于 LLC 的下面，MAC 负责数据封装和媒体访问控制。在封装的时候，还提供了数据链路层寻址，便于将帧发送到某目的地。为协助确定以太网中的源地址和目的地址，创建了称为介质访问控制(MAC)地址的唯一标识符。

MAC 地址由 48 比特长，12 个 16 进制数字组成，0～23 位是厂商向 IETF 等机构申请用来标识厂商的代码，也称为“编制上唯一的标识符”(Organizationally Unique Identifier)，是识别 LAN(局域网)结点的标志。MAC 地址的 24～47 位由厂商自行分派，是各个厂商制造的所有网卡的一个唯一编号。在 OSI 模型中，第三层网络层负责 IP 地址，第二层数据链路层则负责 MAC 位址。因此一个网卡会有一个全球唯一固定的 MAC 地址，但可对应多个 IP 地址。

所有连接到以太网 LAN 的设备都有确定了 MAC 地址的接口。不同的硬件和软件制造商可能以不同的十六进制格式代表 MAC 地址。地址格式可能类似于 00-05-9A-3C-78-00、00:05:9A:3C:78:00 或 0005.9A3C.7800。MAC 地址被分配到工作站、服务器、打印机、交换机和路由器等通过网络发送或接收数据的任何设备。MAC 地址举例如下：

- 00:1D:09:14:D2:7E (Dell)
- 00:13:02:81:7C:3fF(Intel Corporate)
- 00:11:11:74:02:fD (Intel)
- 00:1D:72:8C:8C:D6 (Wistron)
- 00:18:39:84:8A:84 (Cisco-Linksys)
- 00:50:56:C0:AA:01 (VMWare)

2.1.4　以太网帧结构

目前，以太网网络中仍然在用的以太网帧结构主要有以下四种不同格式：

(1) Ethernet II：也称为 DIX 2.0，是 Xerox 与 DEC、Intel 在 1982 年制定的以太网标准帧格式。Cisco 将其称为 ARPA。这是最常见的一种以太网帧格式，也是今天以太网的事实标准。

(2) Ethernet 802.3 raw：是 Novell 在 1983 年公布的专用以太网标准帧格式。Cisco 将其称为 Novell-Ether。

(3) Ethernet 802.3 SAP：是 IEEE 在 1985 年公布的 Ethernet 802.3 的 SAP 版本以太网帧格式。Cisco 将其称为 SAP。

(4) Ethernet 802.3 SNAP：是 IEEE 在 1985 年公布的 Ethernet 802.3 的 SNAP 版本以太网帧格式。Cisco 将其称为 SNAP。

在每种以太网帧格式的开头都有 64 比特(8 字节)的前导字符，如图 2-2 所示。其中，前 7 个字节称为前同步码(PA)，内容是 16 进制数 0xAA，紧跟 1 个字节为帧起始标志符(SFD)0xAB，它标识着以太网帧的开始。前导字符的作用是使接收节点进行同步并做好接收数据帧的准备。

7	1	6	6	2	46～1500	0～46	4
前导码 PA	帧首定界符SFD	目的地址 DA	源地址 SA	类型 TYPE	数据 DATA	帧填充 PAD	帧校验 FCS

图 2-2　以太网帧格式

1. Ethernet Ⅱ结构

如图 2-3 所示，Ethernet Ⅱ类型以太网帧的最小长度为 64 字节(6 + 6 + 2 + 46 + 4)，最大长度为 1518 字节(6 + 6 + 2 + 1500 + 4)。其中前 12 个字节分别标识出发送数据帧的源节点 MAC 地址和接收数据帧的目标节点 MAC 地址。

目标地址	源地址	类型	数据	FCS
6 字节	6 字节	2 字节	46～1500字节	4 字节

图 2-3　Ethernet Ⅱ帧格式

接下来的 2 个字节标识出以太网帧所携带的上层数据类型，如十六进制数 0x0800 代表上层的 IP 协议数据，十六进制数 0x0806 代表 ARP 协议数据，16 进制数 0x8138 代表 Novell 类型协议数据等。

2. Ethernet 802.3 raw 结构

如图 2-4 所示，在 Ethernet 802.3 raw 类型以太网帧中，原来 Ethernet Ⅱ类型以太网帧中的类型字段被“总长度”字段所取代，它指明其后数据域的长度，其取值范围为：46～1500。

目的地址	源地址	总长度	0xFFFF	数据	FCS
6 字节	6 字节	2 字节	2 字节	44～1498字节	4 字节

图 2-4　Ethernet 802.3 raw 结构图

接下来的 2 个字节是固定不变的十六进制数 0xFFFF，它标识此帧为 Novell 以太类型数据帧。

3. Ethernet 802.3 SAP 结构

如图 2-5 所示，在 Ethernet 802.3 SAP 帧中，将原 Ethernet 802.3 raw 帧中 2 个字节的 0xFFFF 变为各 1 个字节的 DSAP 和 SSAP，同时增加了 1 个字节的“控制”字段，构成了 802.2 逻辑链路控制(LLC)的首部。LLC 提供了无连接(LLC1)和面向连接(LLC2)的网络服务。LLC1 应用于以太网中，而 LLC2 应用在 IBM SNA 网络环境中。

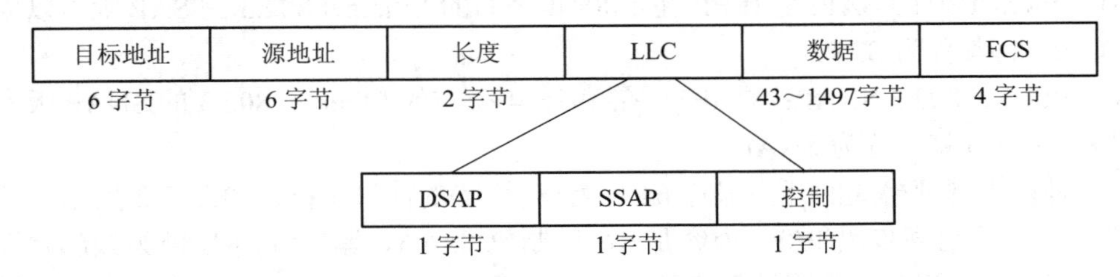

图 2-5　Ethernet 802.3 SAP 结构图

新增的 802.2 LLC 首部包括两个服务访问点：源服务访问点(SSAP)和目标服务访问点

(DSAP)。它们用于标识以太网帧所携带的上层数据类型，如 16 进制数 0x06 代表 IP 协议数据，16 进制数 0xE0 代表 Novell 类型协议数据，16 进制数 0xF0 代表 IBM NetBIOS 类型协议数据等。

1 个字节的“控制”字段，则基本不使用(一般被设为 0x03，指明采用无连接服务的 802.2 无编号数据格式)。

4. Ethernet 802.3 SNAP 结构

如图 2-6 所示，Ethernet 802.3 SNAP 协议是 IEEE 为保证在 802.2 LLC 上支持更多的上层协议的同时，为了更好地支持 IP 协议而发布的标准，与 802.3/802.2 LLC 一样，802.3/802.2 SNAP 也带有 LLC 头，但是扩展了 LLC 属性，新添加了一个 2 字节的协议类型域(同时将 SAP 的值置为 AA)，从而使其可以标识更多的上层协议类型；另外添加了一个 3 字节的厂商代码字段用于标记不同的组织。RFC 1042 定义了 IP 报文在 802.2 网络中的封装方法和 ARP 协议在 802.2 SNAP 中的实现方法。

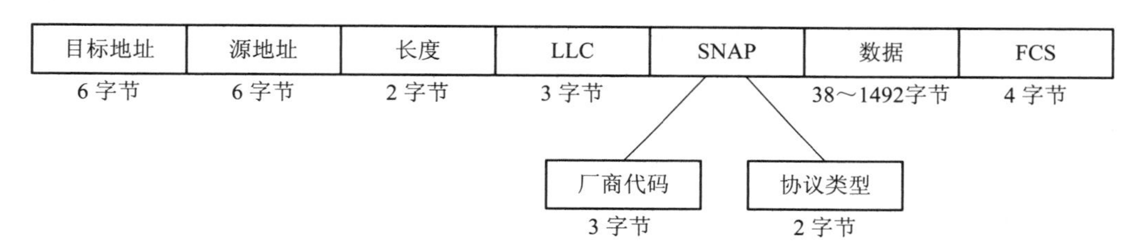

图 2-6　Ethernet 802.3 SAP 结构图

2.1.5　介质访问控制方法

以太网通信中，节点在共享信道的时候，如何保证传输信道有序、高效地为许多节点提供传输服务，这就是以太网的介质访问控制协议要解决的关键问题。目前主要采用的是带有冲突检测的载波监听多路访问控制技术，即 CSMA/CD(Carrier Sense Multiple Access/Collision Detect)。其实现流程如下：

(1) 一个节点要发帧之前，必须首先监听信道，以确认共享信道上是否有其他节点正在发送帧。

(2) 如果共享信道空闲，则发送帧。

(3) 如果共享信道忙，则使用某种坚持退避算法(ALOHA，即不坚持、1—坚持、p—坚持)等待一段时间后重试。

(4) 在发送帧的同时，继续作载波监听。

(5) 如果检测到发生了冲突，则立即停止发送帧，同时向共享上广播一串阻塞信号，以通知信道上其他节点发生的冲突。

(6) 在发生冲突后，使用退避算法作一段时间的退避，然后重发。如果重传次数超过 16 次时，就认为此帧永远无法正确发出，抛弃此帧，并向高层报错。

2.1.6　冲突域与广播域

在前面小节中已经提到了以太网中会出现在通信信道发生数据碰撞，造成数据被破坏，

形成了冲突的情况。而且当在共享信道中接入的终端节点设备越多，这种冲突的概率就会越大，造成数据无法传输，因此需要采用 CSMA/CD 机制避免这种冲突。

以上提到的冲突，就是我们常说的“冲突域”，指一个支持共享介质的网段所在的区域都是冲突域。同时还有一个术语叫“广播域”，指一个广播帧能够到达的范围我们都叫做广播域。我们将在下面讲解如何识别冲突域和广播域。目前的网络设备主要有以下三类：

1．集线器

集线器是一个工作在 OSI 参考模型的物理层上的设备，当它收到数据后，会立即把数据向集线器的所有的物理端口发送一次，因此此时所有端口不能发送数据，一旦发送，就会产生发送冲突，所以我们说集线器所有的端口是一个冲突域和广播域。

2．交换机

交换机是一个工作在 OSI 参考模型的数据链路层上的设备，它能够识别数据帧和 MAC 地址，根据数据帧中的目的 MAC 地址表查找交换机中的 MAC 地址表来转发数据到某一端口，其他端口不会产生冲突，所以我们说交换机的每个端口都是一个冲突域。当目的 MAC(比如广播帧)地址在交换机的 MAC 地址表中找不到的时候，将会直接将数据帧向所有端口进行广播，此时交换机的所有端口就都属于一个广播域。

3．路由器

路由器是一个工作在 OSI 参考模型的网络层上的设备，路由器转发数据是依靠路由表来转发数据。对于广播流量，路由器会处理但是不会转发数据。所以我们说路由器的每个端口都属于同一个冲突域和广播域。

如图 2-7 所示，我们可以分析有多少个冲突域，有多少个广播域，答案是：4 个冲突域，2 个广播域。

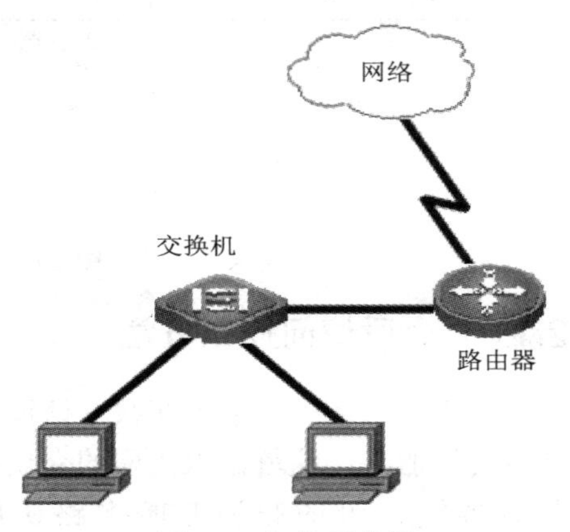

图 2-7　拓扑示意图

2.1.7　以太网类型

1．10 Mb/s 以太网

10 Mb/s 以太网是早期传统的 10 Mb/s 传输率局域网技术，是一个广播式的、符合 IEEE 802.3 标准系列、采用 CSMA/CD 访问控制技术的以太网技术。其网络部署以总线型网络、星型网络为主。其中连接网络的网络设备以普通交换机和集线器为主，采用双绞线、同轴电缆和低速光纤作为传输介质。10 Mb/s 以太网主要有以下四种物理层标准：

- 10BASE-5(粗同轴电缆以太网)
- 10BASE-2(细同轴电缆以太网)
- 10BASE-T(非屏蔽双绞线以太网)
- 10BASE-F(光纤以太网)

其中“10”表示传输速率为 10 Mb/s；“BASE”表示“基带传输”；“T”表示双绞线传输介质；“F”表示光纤传输介质。

2. 快速以太网技术

随着多媒体技术、电子商务应用的发展，传统以太网组网技术已经不能满足用户的传输要求了。因而出现了 100 Mb/s 的快速以太网，被定义为 IEEE 802.3u。

在快速以太网中，局域网体系结构仍然处于 OSI/RM 中的数据链路层和物理层，在数据链路层的 MAC 仍然采用 CSMA/CD 访问控制协议；在物理层中，IEEE 802.3u 定义了以下三种不同的物理技术规范：

(1) 100BASE-TX：这种物理技术规范需要 2 对 UTP 双绞线，支持 5 类 UTP 和 1 类 STP 双绞线，支持全双工。其中，5 类 UTP 采用 RJ-45 连接器，而 1 类 STP 采用 9 芯梯形(DB-9)连接器。100BASE-TX 没有定义新的信号编码和收发技术，而是采用 FDDI 网络的物理技术标准，即 4B/5B 编码技术。

(2) 100BASE-FX：这种物理技术规范采用光纤作为传输介质，使用 2 芯 62.5 μm/125 μm 多模光纤或采用 2 芯 9 μm/125 μm 单模光纤。它也采用 FDDI 物理层标准，使用相同的 4B/5B 编码方式。100BASE-FX 可以支持全双工方式，节点和网络设备之间的最大距离可达 2000 m。

(3) 100BASE-T4：这种物理层协议采用 4 对 UTP 双绞线作为传输介质，支持 3 类、4 类、5 类 UTP 双绞线，其中 3 对用于数据传输，每对线的传输速率约为 33.3 Mb/s，总传输率为 100 Mb/s，1 对用于检测冲突。UTP 电缆线还是采用 RJ-45 作为连接器，最大水平布线长度为 100 m。

3. 千兆以太网技术

随着网络应用的发展，主干设备或主干网络需要承载的交换量和传输量不断增加，需要有更高的传输速率来满足用户的需求，因而在现有的主干网中运用了 1000 Mb/s 以太网技术。它采用与 10 Mb/s 以太网相同的帧格式、帧结构、网络协议、全/半双工工作方式、流量控制模式以及布线系统。在现有的以太网中升级到千兆以太网非常方便，能够最大程度地保护投资。目前支持千兆以太网的物理技术标准主要有两个：

1) IEEE 802.3z 标准

这种标准是基于光纤通道的物理技术，采用 8B/10B 编码技术，有 3 种传输介质：1000BASE-SX、1000BASE-LX、1000BASE-CX。

(1) 1000Base-SX：1000Base-SX 只支持短波的多模光纤，可以采用直径为 62.5 μm / 125 μm 或 50 μm / 125 μm 的多模光纤，传输距离约 300～550 m。

(2) 1000Base-LX：1000Base-LX 可以采用直径为 62.5 μm / 125 μm 或 50 μm / 125 μm 的多模光纤，工作波长范围为 1270～1355 nm，传输距离约为 550 m；1000Base-LX 可以支持直径为 9 μm / 125 μm 或 10 μm / 125 μm 的单模光纤，常见为 9 μm / 125 μm 的单模光纤，工作波长范围为 1270～1355 nm，传输距离为 3000 m 左右。

(3) 1000Base-CX：采用 150 欧屏蔽双绞线(STP)，传输距离为 25 m。

2) IEEE 802.3ab 标准

IEEE 802.3ab 定义了基于 4 对 5 类 UTP 的 1000Base-T 标准的双绞线，链路操作模式为半双工操作，以 1000 Mb/s 速率的传输距离可达 100 m。IEEE 802.3ab 标准的优点主要是保护用户在 5 类 UTP 布线系统上的投资；1000Base-T 是 100Base-T 的自然扩展，与 10Base-T、

100Base-T 完全兼容，但是需要解决 5 类 UTP 的串扰和信号衰减问题才可以支持 1000 Mb/s 传输速率。

4．万兆以太网技术

早在 2002 年 6 月，IEEE 802.3ae 任务小组就颁布了一系列基于光纤的万兆以太网的标准，能够支持万兆传输的距离在 300 m(10GBase-SR，OM3 多模光纤)到 40 km(10GBase-EW，OS1 单模光纤)之间，该技术被应用于园区主干或数据传输速率要求较高的楼内主干，以及数据中心服务器群。

然而，万兆以太网光纤解决方案成本高于采用双绞线传输万兆的解决方案。2007 年 6 月 IEEE 802.3an 任务小组全体会议在美国加州圣地亚哥召开全体会议，投票通过了基于铜缆的万兆以太网的标准 10G Base-T，在新的标准中，针对 IEEE 802.3an 10GBase-T 的 100 m 传输距离及 500 MHz 带宽要求定义了一套全新的扩展六类(Cat6A)布线系统，包括连接器件、线缆、跳线技术性能标准以及现场测试 ANEXT 的方法。

在 10G Base-T 中，IEEE 802.3 标准仍旧使用 IEEE 802.3 以太网帧(Frame)格式，保留了 IEEE 802.3 标准最小和最大帧(Frame)长度，以及 CSMA/CD(载波监听/冲突检测) 机制，向前兼容 10M/100M/1000M 以太网，并且兼容 LAN 现行的星型拓朴结构。

10G Base-T 将采用 PAM16(16 级脉冲调幅技术)以及“128-DSQ(double square)”的组合编码方式，由于采用四对线全双工方式传输，平均每一对线传输速率可达 250 Mb/s，每对线要求能够支持带宽为 500 MHz。

10G Base-T 性能是 1000Base-T 速度的 10 倍，但成本将增加 2～3 倍。与 IEEE 802.3ae 万兆光纤标准 10G Base-SR 相比，其成本约为 10G Base-SR 的 1/5。

2.2　二层交换机简介

在过去几年中，交换机迅速成为大多数网络的基本组成部分。交换机可以将 LAN 细分为多个单独的冲突域，其每个端口都代表一个单独的冲突域，为该端口连接的节点提供完全的介质带宽。由于每个冲突域中的节点减少了，各个节点可用的平均带宽就增多了，冲突也随之减少。

2.2.1　交换机的处理技术

交换机的处理性能是网络应用中最为关注的一点，由于用户的网络环境复杂多样，发展和变化很快，对如何应对这些不同环境、不同种类的业务提出了新的挑战。因此，在交换机的处理设计上应该充分考虑到业务和性能并重的要求。业内主要采取了 NP 与 ASIC 的处理技术方式，这种体系结构很好地满足了强大处理能力、业务按需叠加、业务和性能并重的新一代核心交换机设计需求，成为目前核心交换机设计中最为重要的发展方向。

总之，交换机处理器的体系结构在很大程度上决定了其处理能力和业务支持能力。目前，业内主要有以下几种常用的技术：

1．通用 CPU 处理技术

这种技术的优点是功能易扩展，但缺点是性能低下，所以通用 CPU 一般仅用于网络设备的控制方面。

2. 采用 ASIC 芯片处理技术

这种技术主要采用硬件方式实现性能极高的多种常用网络功能。每颗芯片处理能力可以达到几百 MPPS 以上。但是 ASIC 芯片很难再继续扩展其他应用了。因此，ASIC 芯片最适应于处理网络中的各种成熟传统功能。

3. 采用 FPGA 处理技术

这种技术可以反复编程、擦除、使用以及利用软件扩充不同的一种门阵列芯片，能够在一定程度上灵活地扩展业务处理类型。

4. 采用 NP 网络处理器

这种处理器内部由若干个微码处理器和若干硬件协处理器组成。同时，NP 通过众多并行运转的微码处理器，能够通过微码编程进行复杂的多业务扩展。NP 技术开发的成本和难度大，主要被应用于高端网络产品复杂得多业务扩展。

所以，通过以上四种处理技术的介绍可以看出，使用 NP + ASIC 的体系设计方式是目前网络交换设备的主要手段。其原因是使用 ASIC 芯片可以高速处理各种传统的业务，如二层交换、三层路由、ACL、QoS 以及组播处理等等，满足核心交换机对于交换机处理性能的需求；而利用 NP 能够实现各种非传统或未成熟的业务，并根据需要灵活支持 IPV6、Load Balancing、VPN、NAT、IDS、策略路由、MPLS、防火墙等多种业务功能，满足高端核心路由交换机对于业务按需叠加的需求；同时，NP 既接近 ASIC 的高效特性，又保障了为多业务提供的高性能，满足了核心交换机对于强大处理能力的需求。

2.2.2　交换机的工作模式

交换机在交换数据帧时，可以选择不同的工作模式来满足网络和用户的需求。目前，交换机主要还是采用以下三种模式：直接转发式、存储转发式和无碎片转发式(也叫自由分段模式)，如图 2-8 所示。

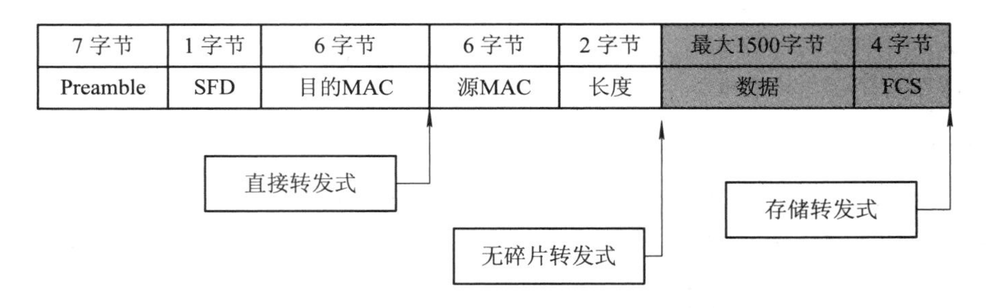

图 2-8　交换机的三种交换模式对应数据帧位置的示意图

1. 直接转发式(Cut Through)

直接转发式是指交换机的接口收到数据帧时，首先检测数据帧头，一旦检测到帧内的目的 MAC 地址后立即把数据帧转发到相应接口。

优点：转发速度快，延迟非常小。

缺点：由于处理的数据帧不是一个完整的帧，是不被校验、纠错的，所以有可能将错误的数据帧转发出去，浪费了带宽资源；该模式不提供缓存，不能将速率不同的接口直接接通，容易丢失帧；当交换机的接口数量较多时，交换电路会很复杂。

2．存储转发式(Store and Forward)

存储转发式是先接收完整数据帧，然后通过冗余校验(CRC)通过之后，根据数据帧内目的 MAC 地址转发到相应的交换接口。

优点：提供 CRC 校验，改善了网络性能；支持速度不同的接口的转发服务，使交换机可以连接速度不同的网段。

缺点：传输延时随着数据帧的长度增加而增大，还需要有较大的缓存容量。

3．无碎片转发式(Fragment Free)

无碎片转发式也被称为改进的直接转发式，是交换机接口接收到数据帧时，需要检测数据帧前 64 个字节后再开始转发。若读取数据帧小于 64 字节，说明是碎片，进行丢弃；若大于 64 字节，则转发该帧。

碎片通常是由于以太网中的冲突造成的，如果一个数据帧在发送中检测到冲突，就会停止发送，但它已发送的部分就成为无用的碎片。利用这种方式可避免碎片的转发，提高了网络效率。

2.2.3　交换机的工作原理

局域网体系是对应 OSI 参考模型的第一层和第二层(物理层和数据链路层)，而以太网交换式网络是基于物理层和数据链路层的，以太网交换机主要工作在 OSI 参考模型中的第二层(数据链路层)，它包括中央处理器(CPU)、随机存储器(RAM)和操作系统，其中处理器利用 ASIC 芯片使交换机以线速交换完成所有端口的数据转发。

由于以太网交换机工作在 OSI 参考模型的数据链路层，所以它可以为用户提供点对点的传输服务，有效地提高了网络的传输性能。目前的交换机主要为存储转发式的交换机，其工作方法是当交换机收到数据时，它会检查其目的地址，然后把数据从目的主机所在的接口(交换机的物理接口)转发出去，同时还需要持续构造和维护交换机的 MAC 地址表。这就涉及一个问题，交换机如何知道各用户的计算机连接到交换机的哪个物理接口上的呢？我们可以通过如下内容来解答这个问题：

1．交换机的 MAC 地址表

交换机的 MAC 地址表记录了交换机各物理接口所接网络终端(计算机)的 MAC 地址和接口的一张对应 MAC 地址表。交换机就是根据这张 MAC 地址表进行数据转发的。

2．MAC 地址表的构建过程

MAC 地址表的构建过程是交换机通过自学习的方法获得的。当交换机收到一个数据帧时，先在 MAC 地址表中检查源 MAC 地址，如果没有，则把它记录在 MAC 地址表中；再检查目的 MAC 地址，如果有，则转发或丢弃，如果没有，则广播到所有接口。所以只要一个工作站发送过数据，它所对应的交换机物理接口及其 MAC 地址就会被记录下来，供下一次转发时使用，最终形成如图 2-9 所示的 MAC 的一张正确的地址表。

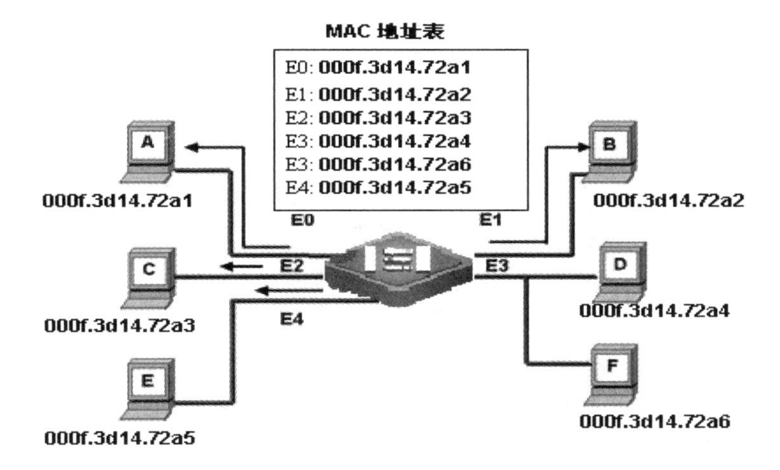

图 2-9 局域网中的交换机的 MAC 地址表示意图

3. 交换机的转发所遵循的规则

(1) 如果数据帧的目的 MAC 地址是广播地址或多播地址(广播地址为 ffff.ffff.ffff，多播地址为 01 开头，意味着多台主机)，则向除数据帧的来源接口外的所有接口转发该帧。

(2) 如果数据帧的目的 MAC 地址是单播地址，但不在交换机的接口 MAC 地址对照表中，也向除数据帧的来源接口外的所有接口转发该帧。

(3) 如果数据帧的目的 MAC 地址存在交换机的接口 MAC 地址对照表中，则向相应接口转发该帧。

(4) 如果数据帧的目的 MAC 地址与源 MAC 地址在同一个接口上，则丢弃该帧。

4. 交换机 MAC 地址表的维护

交换机 MAC 地址表通常为一张动态的地址表，在 MAC 地址表中，一条表项由一台主机 MAC 地址和该地址位于交换机的接口对应组成，有时候会出现一个交换机的接口对应多台主机 MAC 地址，图 2-9 所示的 E3 端口对应了主机 D 和 F 的 MAC 地址。而 MAC 地址表的维护由交换机自动进行，交换机会定时扫描 MAC 地址表，发现在一定时间内没有出现的 MAC 地址，就将其从 MAC 地址表中删除。这样即便发生了交换机接口的主机的移动或更改等问题，交换机始终能把握网络最新的拓扑结构。从以上内容我们可以看到交换机的 MAC 地址表对局域网的通信起到了非常重要的作用，如果地址表混乱，就会造成网络中断。因此，保护和维护交换机 MAC 地址是保证局域网正常通信的关键。

2.2.4 交换机的主要指标

我们学习局域网交换机技术的同时，还应该对交换机的一些主要指标有深入的了解，以便在交换机选型、网络设备配置与管理的时候有正确的方法。以太网交换机的主要参数指标有背板带宽、包转发率、端口类型、端口速率、端口密度、冗余模块、堆叠能力、支持 VLAN 能力、MAC 地址存储能力、支持的网络标准、支持网络管理能力等。

1. 背板带宽

交换机的背板带宽是交换机接口处理器或接口卡和数据总线之间所能吞吐的最大数据

量。背板带宽标志了交换机总的数据交换能力，单位为 Gb/s，也叫交换带宽，一般的交换机的背板带宽从几个 Gb/s 到上百个 Gb/s 不等。一台交换机的背板带宽越高，所能处理数据的能力就越强，但同时设计成本也会越高。

2．包转发率

包转发率以 Mpps(百万包/每秒)为单位，标志了交换机转发数据包能力的大小。但是包转发率需要依据交换机的背板带宽来确定，通常分为第二层包转发率(L2)和第三层包转发率(L3)。

3．端口类型

交换机上的端口分为以太网、令牌环、FDDI、ATM、SFP、X2 等类型，一般来说固定端口交换机只有单一类型的端口，适合中小企业或个人用户使用，而模块化交换机可支持有不同介质类型，适合于大规模的用户。

4．端口速率

交换机的接口传输速度是指交换机接口的数据交换速度。目前常见的有 10 Mb/s、100 Mb/s、1000 Mb/s、10G Mb/s 几类。通常端口速率为 10/100/1000 Mb/s 自适应。

5．端口密度

端口密度是指交换机所能支持的最大端口数量。针对模块化的交换机，其端口密度视模块而定。

6．冗余模块

在局域网中，为了保证网络正常运行，需要考虑在交换机上增加冗余模块，提高设备的容错能力。交换机上常用的冗余模块有引擎模块、交换矩阵模块和冗余电源模块。

7．堆叠能力

交换机之间的连接方式有两种，即级联和堆叠，级联是通过光纤跳线或双绞线跳线把两台交换机直接连接起来；堆叠则是通过堆叠线将交换机的堆叠端口连接起来(注：同类型设备方可堆叠)，一般交换机能够堆叠 4～9 台，如图 2-10 所示。

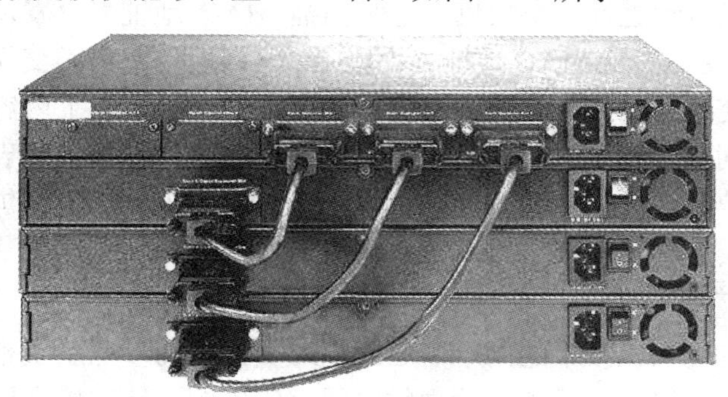

图 2-10 交换机堆叠

8．是否支持 VLAN

在局域网中，通过 VLAN 技术逻辑划分多个网络区域，方便网络管理和提升安全管理。因此，交换机是否支持 VLAN，是实现网络区域划分的关键问题。

9．存储 MAC 地址能力

交换机 MAC 地址表的存储的数量越大，对数据转发的速度和效率就越高。

10．支持的网络标准

交换机所支持的网络标准也体现了交换机的功能和应用能力。比如交换机是否支持 IEEE 802.3、IEEE 802.3u、IEEE 802.3z、IEEE 802.3ab、IEEE 802.3ae、IEEE 802.3ak、IEEE 802.3x、IEEE 802.3ad、IEEE 802.1p、IEEE 802.1Q(GVRP)、IEEE 802.1d、IEEE 802.1w、IEEE 802.1s、IEEE 802.1x、IGMP Snooping v1/v2/v3 等。

11．是否支持网络管理

交换机具有网络管理功能，是指支持网络管理软件的集中化管理操作，包括配置管理、性能和记账管理、问题管理、操作管理和变化管理等。一般的可管交换机都支持 SNMP MIB Ⅰ / MIB Ⅱ统计管理功能，而复杂一些的交换机会支持 RMON 管理技术。

2.3　配置二层交换机

我们在完成交换机的配置和管理前，应该知道交换机是否支持网络管理和具有哪种管理方式，以及对交换机进行如何配置，以及其最全面、最灵活的方式是如何实现的。交换机的管理是指通过管理端口或其他方式执行设备的基本配置、监控交换机端口、划分 VLAN、设置 Trunk 端口等管理功能。一台交换机是否是可网管交换机可以从外观上分辨出来，可网管交换机的正面或背面一般有标注了“Console”字样的控制接口(如图 2-11 所示)，可以通过专用管理网线把交换机和计算机直接或间接连接来实现管理和配置交换机。

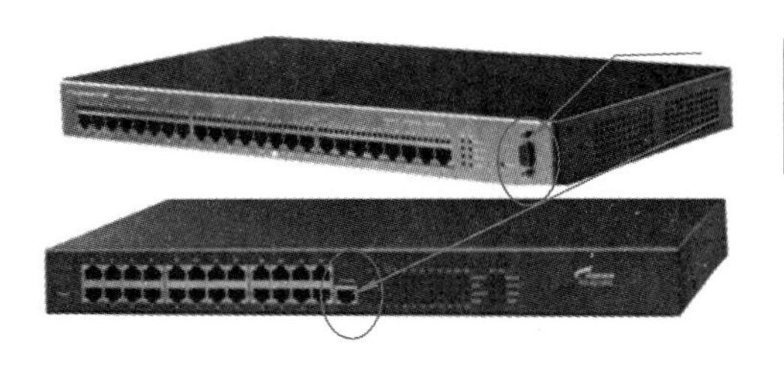

图 2-11　交换机的“Console”口

对交换机的访问有以下几种方式：

(1) 通过带外对交换机进行管理(PC 与交换机直接相连，通过“Console”口管理)。

(2) 通过 TELNET 对交换机进行远程管理。

(3) 通过 Web 对交换机进行远程管理。

(4) 通过 SNMP 工作站对交换机进行远程管理。

以上四种方式中，后面三种方式均要通过网络传输。

2.3.1　交换机的配置方式

1．通过“Console”口管理

在交换机第一次使用的时候，必须采用通过“Console”口方式对交换机进行配置(某些

提供 WEB 界面配置的交换机除外)，具体的操作步骤如下：

第一步：如图 2-12 所示，将一字符终端或者微机的串口通过标准的 RS232 电缆和路由器的“Console”口(也叫配置口)连接。

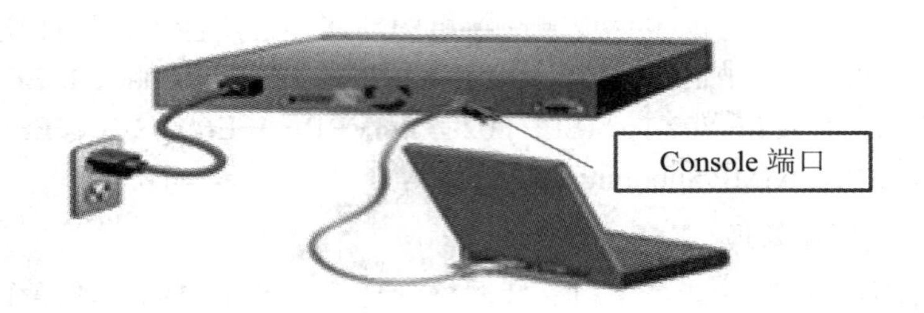

图 2-12　交换机的管理连接示意图

第二步：配置终端的通讯设置参数，如果采用计算机，则需要运行终端仿真程序，如 Windows 操作系统提供的 Hyperterm(超级终端)，以下以超级终端(在附件→通讯中)为例，说明具体的操作过程。运行超级终端软件，建立新连接，选择和路由器的“Console”口连接的串口，设置通讯参数：9600 波特率、8 位数据位、1 位停止位、无校验、无流控，并且选择终端仿真类型为 VT100。Windows 的超级终端的设置界面如图 2-13 所示。

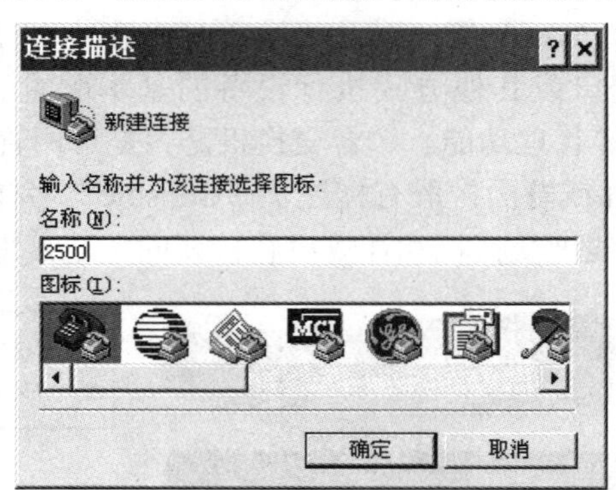

图 2-13　启动超级终端

该步骤中，电话号码、区号等可以随便输入，如图 2-14 所示；在“连接时使用”列表中选择串口时需要注意本机的串口编号，可以在设备管理器中查看，如图 2-15、图 2-16 所示。

图 2-14　选择合适的串口

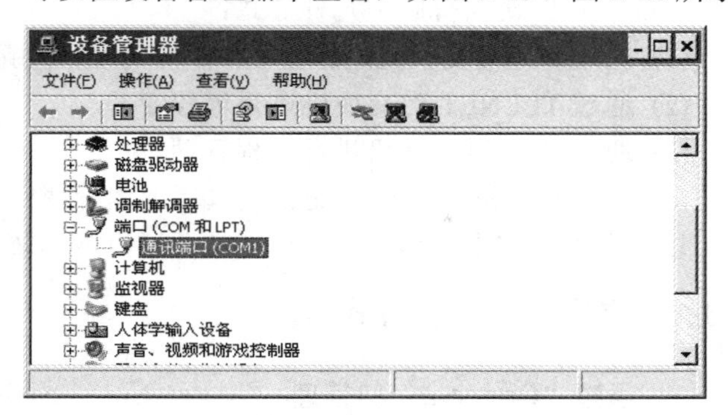

图 2-15　查看本机的串口

COM1 属性

端口设置

每秒位数(B): 9600

数据位(D): 8

奇偶校验(P): 无

停止位(S): 1

数据流控制(F): 无

还原为默认值(R)

确定　取消　应用(A)

图 2-16　设置串口属性

点击【确定】按钮以后，完成超级终端的设置。(有时候我们还可以设置终端的仿真类型，默认为自动检测)。

第三步：交换机上电，启动交换机，这时将在终端屏幕或者计算机的超级终端窗口内显示自检信息，自检结束后提示用户键入【回车】，直到出现命令行提示符“xxx>”(此处 xxx 表示不同的交换机进入之后，默认名称不一样)。交换机启动画面局部如图 2-17 所示。

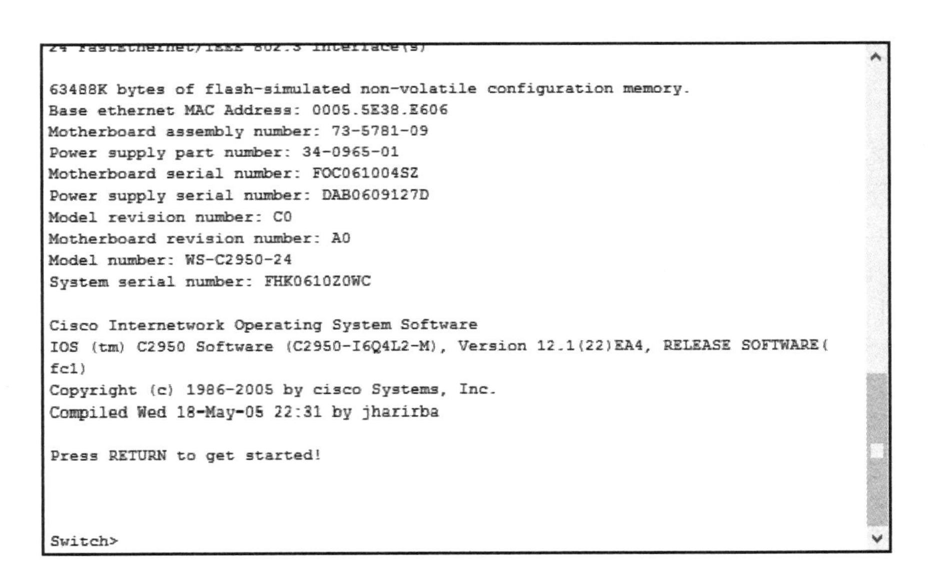
```
63488K bytes of flash-simulated non-volatile configuration memory.
Base ethernet MAC Address: 0005.5E38.E606
Motherboard assembly number: 73-5781-09
Power supply part number: 34-0965-01
Motherboard serial number: FOC061004SZ
Power supply serial number: DAB0609127D
Model revision number: C0
Motherboard revision number: A0
Model number: WS-C2950-24
System serial number: FHK0610Z0WC

Cisco Internetwork Operating System Software
IOS (tm) C2950 Software (C2950-I6Q4L2-M), Version 12.1(22)EA4, RELEASE SOFTWARE(
fc1)
Copyright (c) 1986-2005 by cisco Systems, Inc.
Compiled Wed 18-May-05 22:31 by jharirba

Press RETURN to get started!


Switch>
```

图 2-17　交换机启动画面局部

第四步：这时便能够在终端上或者超级终端中对交换机进行配置，查看交换机的运行状态，如果需要帮助，通过随时键入“？”，交换机便可以提供详细的在线帮助了，具体的各种命令的细节请查阅随后的各章节。

2. 通过 TELNET 管理

通过计算机超级终端来管理交换机，会受到地理位置的限制，管理员也必须进入网络

机房才能完成交换机的管理；这样既浪费时间，又浪费精力。当使用超级终端完成基本的交换机配置后，就可以使用 TELNET 协议、远程登录交换机进行管理。这样，管理员就能够在任意地方对交换机进行管理。通过 TELNET 管理属于“带内管理”，是在交换机中启用 TELNET 服务。通过 TELNET 客户端远程管理交换机，我们必须首先给交换机指定一个管理 IP 地址，这个 IP 地址除了供管理交换机使用之外，并没有其他用途；然后配置虚拟终端访问口令；最后设置管理计算机 IP 地址。在默认状态下，交换机没有 IP 地址，我们可以先通过超级终端来配置交换机 TELNET 的相关参数。

第一步：配置交换机 IP 地址，具体配置步骤如表 2-1 所示。

表 2-1　配置交换机 IP 地址的步骤

步骤	命　令	含　义
步骤 1	Switch# configure terminal	进入全局配置模式
步骤 2	Switch(config)# line vty 0 4	从全局配置模式切换为控制台 0 的线路配置模式
步骤 3	Switch(config-line)# password Cisco	将 Cisco 设置为交换机 TELNET 的口令。使用“no password”命令从控制台线路上移除口令
步骤 4	Switch (config-line)#login	将 TELNET 设置为需要输入口令后才会允许访问。使用“no login”命令取消在登录控制台线路时输入口令的要求
步骤 5	Switch(config-line)# exit	回到全局配置模式
步骤 6	Switch(config)#interface vlan 1	进入 VLAN1
步骤 7	Switch(config-if)#ip address 192.168.1.2 255.255.255.0	设置 VLAN1 的 IP 地址
步骤 8	Switch(config-line)#end	

第二步：配置虚拟终端访问口令。如果没有设置 TELNET 口令，就无法通过 TELNET 管理交换机，因此我们还需要设置 TELNET 口令，具体配置步骤如表 2-2 所示。

表 2-2　配置虚拟终端访问口令的步骤

步骤	命　令	含　义
步骤 1	Switch# configure terminal	进入全局配置模式
步骤 2	Switch(config)# #line vty 0 4	从全局配置模式切换为控制台 0 的线路配置模式
步骤 3	Switch(config-line)# password Cisco	将 Cisco 设置为交换机 TELNET 的口令。使用“no password”命令从控制台线路上移除口令
步骤 4	Switch (config-line)#login	将 TELNET 设置为需要输入口令后才会允许访问。使用“no login”命令取消在登录控制台线路时输入口令的要求
步骤 5	Switch(config)# end	回到特权模式

第三步：设置计算机 IP 地址，将计算机的 IP 地址与交换机的 IP 地址设置在同一个网段，打开计算机的命令提示符，输入“telnet”命令就可以管理交换机了。

3. 通过 Web 管理

这种方式属于“带内管理”，是在交换机中内嵌入了 Web 服务和管理程序，通过 Web(网络浏览器)管理交换机，我们必须给交换机指定一个管理 IP 地址。这个 IP 地址除了供管理交换机使用之外，并没有其他用途。在默认状态下，交换机没有 IP 地址，必须通过串口或其他方式指定一个 IP 地址之后，才能启用这种管理方式。

4. 通过网管软件管理

这种方式属于“带内管理”，由于可网管交换机均遵循国际标准 SNMP 协议(简单网络管理协议)，我们可以通过网管软件来管理。我们只需要在一台网管工作站上安装一套 SNMP 网络管理软件，通过局域网就可以很方便地管理网络上的交换机。

交换机的管理可以通过以上四种方式来管理，但是采用哪种方式好些呢？我们通常在交换机初始设置的时候，通过“带外管理”；在设定好 IP 地址之后，就可以使用“带内管理”方式了。带内管理是通过公共使用的局域网传递管理数据的，可以实现远程管理，然而安全性不强。带外管理是通过“Console”口通信的，数据只在交换机和管理计算机之间进行传递，因此安全性很强。然而由于“Console”电缆长度的限制，不能实现远程管理；所以，无论采用哪种方式应该依据安全性、可管理性和用户的需求来确定。在本书中，主要讲解使用“带外管理”的命令行方式完成交换的配置和管理。

2.3.2　使用命令行接口配置交换机

在使用命令行接口(CLI)之前，用户需要使用一个终端或 PC 和交换机“Console”端口连接。启动交换机，在交换机硬件和软件初始化后就可以使用 CLI。在交换机的首次使用时只能使用带外管理的“Console”口方式连接交换机。在进行了相关配置后，可以通过 TELNET 方式连接和管理交换机。通过这两者都可以使用命令行界面配置和管理交换机。

Cisco 交换机的 CLI 采用了层次结构，具有多种工作模式，每种模式有各自的工作领域。每种模式用于完成特定任务，并具有可在该模式下使用的特定命令集。例如，要配置某个路由器接口，用户必须进入接口配置模式。在接口配置模式下输入的所有配置仅应用到该接口。某些命令可供所有用户使用，还有些命令仅在用户进入提供该命令的模式后才可执行。每种模式都具有独特的提示符，且只有适用于相应模式的命令才能执行，可配置分层次的模式化结构能够提供安全性，每种层次的模式可能需要不同的身份验证，这样可控制向网络工作人员授予的权限级别。

目前，交换机的命令行界面操作模式，主要包括如下：

1. 用户模式(User EXEC)

用户模式是进入交换机后得到的第一个操作模式，在该模式下可以简单查看交换机的软、硬件版本信息，并进行简单的测试，不允许执行任何可能改变设备配置的命令。用户模式提示符为“switch >”。

2. 特权模式(Privileged EXEC)

特权模式是由用户模式进入的下一级模式，在该模式下可以对交换机的配置文件进行管理，查看交换机的配置信息，进行网络的测试和调试等。全局配置模式和其他所有的具体配置模式只能通过特权执行模式访问，特权模式提示符为“switch#”。

3. 全局配置模式

全局配置模式是属于特权模式的下一级模式，在该模式下可以配置交换机的全局性参数(如主机名、登录信息、默认网关、关闭 Web 模式等)。在全局配置模式中进行的 CLI 配置更改会影响设备的整体工作情况。另外，全局配置模式是访问各种具体配置模式的跳板，在该模式下可以进入下一级的配置模式，对交换机具体的功能进行配置。全局模式提示符为“switch(config)#”。

4. 其他特定配置模式

从全局配置模式可进入多种不同的配置模式。其中的每种模式可以用于配置设备的特定部分或特定功能。下面列出了这些模式中的一小部分：

(1) 接口模式：用于配置一个网络接口(Fa0/0、S0/0/0 等)，接口模式提示符为“switch(config-if)#”。

(2) 线路模式：用于配置一条线路(实际线路或虚拟线路)(例如控制台、AUX 或 VTY 等等)。

(3) 路由器模式：用于配置一个路由协议的参数。

在以上的各种模式下，我们可以通过“exit”命令退回到上一级操作模式；可以通过“End”命令完成从特权模式以下任何的模式级别直接返回到特权模式“switch#”。在操作过程中，交换机命令行支持获取帮助信息、命令的简写、命令的自动补齐(按 Tab 键)、快捷键功能等。

下面以对交换机实现命令行界面的操作为例进行说明。

步骤 1：交换机命令行操作模式的进入。

```
switch > enable                                   ! 进入特权模式
switch#
switch# configure  terminal                       ! 进入全局配置模式
switch(config)#
switch(config)# interface  fastethernet 0/5       ! 进入交换机 F0/5 的接口模式
switch(config-if)#
switch(config-if)# exit                           ! 退回到上一级操作模式
switch(config)#
switch(config-if)# end                            ! 直接退回到特权模式
switch#
```

步骤 2：交换机命令行基本功能。

1) 帮助信息

```
switch> ?          ! 显示当前模式下所有可执行的命令，其他模式也用“？”命令
  disable          Turn off privileged commands
  enable           Turn on privileged commands
  exit             Exit from the EXEC
  help             Description of the interactive help system
  ping             Send echo messages
  rcommand         Run command on remote switch
  show             Show running system information
```

```
  telnet            Open a telnet connection
  traceroute        Trace route to destination
switch#  co?                    ! 显示当前模式下所有以“co”开头的命令
configure    copy
switch# copy   ?                ! 显示“copy”命令后可执行的参数
flash:            Copy from flash: file system
running-config    Copy from current System configuration
startup-config    Copy from startup configuration
tftp:             Copy from tftp: file system
xmodem            Copy from xmodem file system
```

2) 命令的简写

```
switch#  conf  ter     !交换机命令行支持命令的简写，该命令代表“configure  terminal
switch(config)#”
```

3) 命令的自动补齐

```
switch# con   (请按 TAB 键后会自动补齐 configure)     ! 交换机支持命令的自动补齐
"switch# configure"
```

4) 命令的快捷键功能

```
switch(config-if)#  ^Z       ! 请按组合键【Ctrl+Z】退回到特权模式
switch#
switch# ping   1.1.1.1
sending 5，100-byte   ICMP Echos to 1.1.1.1，
timeout is 2000 milliseconds.
switch#
```

注：以上在交换机特权模式下执行“ping 1.1.1.1”命令时，如果不能 ping 通目标地址或者输入的 IP 地址有错误，可以通过执行组合键【Ctrl + C】提前终止当前操作，减少等待时间。在以上操作过程中，会遇到命令行(CLI)的一些错误提示信息，我们应如何理解呢，表 2-3 所示说明了命令行的错误提示信息的解释。

表 2-3　CLI 的错误提示信息的解释

错误信息	含　义	如何获取帮助
% Ambiguous command: "show c"	用户没有输入足够的字符，交换机无法识别唯一的命令	重新输入命令，紧接着发生歧义的单词输入一个问号，可能的关键字将被显示出来
% Incomplete command.	用户没有输入该命令的必需的关键字或者变量参数	重新输入命令，输入空格再输入一个问号，可能输入的关键字或者变量参数将被显示出来
% Invalid input detected at '^' marker.	用户输入命令错误，符号(^)指明了产生错误的单词的位置	在所在地命令模式提示符下输入一个问号，该模式允许的命令的关键字将被显示出来

2.3.3　交换机的基本管理配置

在交换机的特权和全局模式下，可以完成很多基本的配置和管理操作。比如可以完成如下的主要管理及配置：

- 管理系统的日期和时间。
- 系统名称。
- 创建标题。
- 管理地址表 MAC。

1．管理系统的日期和时间

每台交换机中均有自己的系统时钟，该时钟提供具体日期(包括年、月、日)和时间(包括时、分、秒)以及星期等信息，交换机的系统时钟主要用于系统日志等需要记录事件发生时间的地方。当我们第一次使用交换机的时候，必须首先手工配置交换机系统时钟为当前的日期和时间或者可以随时修正系统时钟。

设置和显示系统时钟，需要在特权模式下完成各项操作，如表 2-4 所示。

表 2-4　设置和显示系统时钟操作方法

命　　令	解　　释
switch#**clock set hh:mm:ss day month year**	hh:mm:ss day：小时(24 小时制)，分钟和秒； day：日，范围 1～31； month：月，范围 1～12； year：年，注意不能使用缩写
switch# **clock set 15:30:00 28 1　2018**	系统时钟设置为 2018 年 1 月 28 日下午 15 点 30 分
switch# **show clock**	使用 show clock 命令来显示系统时间信息
System clock : 17:27:18.0 2018-01-28 Monday	表示 2018 年 1 月 28 日 17 点 27 分 18 秒，星期一

2．系统名称

为了管理的方便，给交换机取名，我们可以使用“hostname”命令为一台交换机配置系统名称。如果没有为系统配置名称，即缺省名为“Switch”。

```
Switch>enable
Switch# configure terminal              ! 进入全局配置模式配置系统名称
Switch (config)# hostname   switch123   ! 配置交换机的设备名称为 switch123
Switch123(config)#end                   ! 退回到特权模式下
Switch123# show   running-config        ! 验证配置
```

3．创建标题

当用户登录交换机时，我们可以通过创建以下两种类型的标题来告诉用户一些必要的信息：

(1) 每日通知。每日通知针对所有连接到交换机进行管理的用户，当用户登录交换机时，通知消息将首先显示在终端上。利用每日通知，你可以发送一些较为紧迫的消息，比如“系统即将关闭”等给网络用户。

举例说明如下：

```
Switch(config)# banner motd &          ！配置每日提示信息“&”符号为终止符
2018-01-28 17:20:54 @5-CONFIG：Configured from outband
Enter TEXT message.   End with the character  '&'.
Welcome to switch123，if you are admin，you can config it.
If you are not admin, please EXIT!             ！输入每日提示信息的描述内容
&                                              ！请以&符号结束终止输入文本
Switch(config)#
```

(2) 登录标题。登录标题显示在每日通知之后，它的主要作用是提供一些常规的登录提示信息。下面的例子说明了如何配置一个登录标题，我们使用“&”作为分界符，登录标题的文本为“Access for authorized users only. Please enter your password.”，配置实例如下：

```
Switch(config)# banner login  &            ！配置登录标题“&”符号为终止符
Enter TEXT message. End with the character '&'.
Access for authorized users only. Please enter your password.   ！输入的内容
&                                          ！请以&符号结束终止输入文本
Switch(config)#
```

4. 管理地址表 MAC

在前面的章节中我们已介绍了交换机的工作原理，其中提到需要构建和维护一张 MAC 地址表，MAC 地址表包含了用于端口间报文转发的地址信息。MAC 地址表包含了动态、静态、过滤三种类型的地址：

(1) 动态地址。动态地址是交换机通过接收到的报文自动学习到的 MAC 地址，交换机会通过学习新的地址和老化掉不再使用的地址来不断更新其动态地址表。当交换机复位后，交换机学习到的所有动态地址都将丢失，交换机需要重新学习这些地址。

(2) 静态地址。静态地址是手工添加的 MAC 地址。静态地址和动态地址功能相同，不过相对动 MAC 态地址而言，静态地址只能手工进行配置和删除，不能学习和老化，静态地址将保存到配置文件中，即使交换机复位，静态地址也不会丢失。

(3) 过滤地址。过滤地址是手工添加的地址。当交换机接收到以过滤地址为源地址的包时将会直接丢弃。过滤 MAC 地址永远不会被老化，只能手工进行配置和删除，过滤地址将保存到配置文件中，即使交换机复位，过滤地址也不会丢失。

接下来我们将完成如下的 MAC 地址表管理：

1) MAC 地址表的缺省配置

表 2-5 所示的内容为 MAC 地址表的缺省配置。

表 2-5　MAC 地址表的缺省配置说明

内　容	缺省设置	内　容	缺省设置
地址表老化时间	300 秒	静态地址表	没有配置任何静态地址
动态地址表	自动学习	过滤地址表	没有配置任何过滤地址

2) 设置 MAC 地址老化时间

具体操作步骤和方法如表 2-6 所示。

表 2-6　设置 MAC 地址老化时间的操作步骤和方法

步 骤	命　　令	含　　义
1	switch# configure terminal	进入全局配置模式
2	mac-address-table aging-time [0 |300-1000000]	设置一个地址被学习后将保留在动态地址表中的时间长度，单位是秒，范围是 300～1000000 秒，缺省为 300 秒 当设置这个值为 0 时，地址老化功能将被关闭，学习到的地址将不会被老化
	或者 no mac-address-table aging-time	在全局配置模式下将 MAC 地址老化时间恢复为缺省值 300 秒
3	switch(config)#end	回到特权模式
4	switch# show mac-address-table　aging-time	验证配置
5	switch# copy running-config startup-config	保存配置(可选)

3) 删除动态 MAC 地址表项

具体操作步骤和方法如表 2-7 所示。

表 2-7　删除动态 MAC 地址表项的操作步骤和方法

步 骤	命　　令	含　　义
1	switch#	保持当前模式为特权模式
2	switch# clear mac-address-table dynamic	删除交换机上所有的动态地址
	switch#clear mac-address-table dynamic address *mac-add*	删除一个特定 MAC 地址，即指定 mac-add
	switch#clear mac-address-table dynamic　interface *interface-id*	删除一个特定物理端口或 Aggregate Port 上的所有动态地址
	switch# clear mac-address-table dynamic vlan *vlan-id*	删除指定 VLAN 上的所有动态地址
3	switch# show mac-address-table dynamic	验证相应的动态地址是否已经被删除

4) 增加和删除静态地址表项

如果我们要增加一个静态地址，就需要指定 MAC 地址(包的目的地址)、VLAN(这个静态地址将加入哪个 VLAN 的地址表中)、接口(目的地址为指定 MAC 地址的数据包将被转发到的接口)。

具体操作步骤和方法如表 2-8 所示。

表 2-8　增加和删除静态地址表项的步骤和方法

步 骤	命　　令	含　　义
1	switch#　configure terminal	进入全局配置模式
2	switch(config)#mac-address-table static *mac-addr* vlan *vlan-id* interface *interface-id*	*mac-addr*：指定表项对应的目的 MAC 地址。 *vlan-id*：指定该地址所属的 VLAN。 interface-id：包将转发到的接口(可以是物理端口或 Aggregate Port)。 当交换机在 vlan-id 指定的 VLAN 上接收到以 mac-addr 指定的地址为目的地址的包时，这个包将被转发到 interface-id 指定的接口上
	switch(config)# no　mac-address-table static *mac-addr* vlan *vlan-id* interface *interface-id*	删除一个指定的静态地址表项
3	switch(config)# end	回到特权模式
4	switch# show mac-address-table static	验证配置
5	switch# copy running-config startup-config	保存配置(可选)

下面举例说明如何配置一个静态地址 000f.3d14.72a4，当在 VLAN 4 中接收到目的地址为这个地址的数据包时，这个包将被转发到指定的接口 gigabitethernet 0/3 上，操作如下：

switch(config)# mac-address-table static *000f.3d14.72a4* vlan *4* interface *g0/3*

5) 增加和删除过滤 MAC 地址表项

如果我们需要增加一个过滤地址，就需要指定希望交换机过滤掉哪个 VLAN 内的哪个 MAC 地址，当交换机在该 VLAN 内收到以这个 MAC 地址为源地址的包时，这个包将被直接丢弃。

具体操作步骤和方法如表 2-9 所示。

表 2-9　增加和删除过滤 MAC 地址表项的操作步骤和方法

步 骤	命　　令	含　　义
1	switch#　configure terminal	进入全局配置模式
2	switch(config)#mac-address-table　filtering *mac-addr* vlan *vlan-id*	mac-addr：指定交换机需要过滤掉的 MAC 地址。 vlan-id：指定该地址所属的 VLAN 号
	switch(config)#　no　mac-address-table filtering mac-addr vlan vlan-id	删除指定的过滤地址表项
3	switch(config)# end	回到特权模式
4	switch# show mac-address-table filtering	验证你的配置
5	switch#copy running-config startup-config	保存配置(可选)

下面举例说明如何让交换机过滤掉 VLAN 内源 MAC 地址为 000f.3d14.72a4 的数据包：

switch(config)# mac-address-table filtering　*000f.3d14.72a4c*　vlan　*1*

2.3.4　交换机接口的基本配置

我们都知道交换机上的单个物理端口默认只有第二层交换功能，默认情况下是 10 Mb/s、100 Mb/s 或 1000 Mb/s 自适应，所有交换机端口均开启。交换机接口可分为 Access Port 和 Trunk Port，具体说明如下：

(1) Access Port 和 Trunk Port 的配置必须通过“switchport”接口配置命令手动配置。

(2) 端口为 Access Port 时，该端口只能属于一个 VLAN，Access Port 只传输属于这个 VLAN 的帧。Access Port 只接收以下三种帧：untagged 帧、vid 为 0 的 tagged 帧、vid 为 Access Port 所属 VLAN 的帧。

(3) 端口为 Trunk Port 时，该端口传输属于多个 VLAN 的帧，缺省情况下 Trunk Port 将传输所有 VLAN 的帧，可通过设置 VLAN 许可列表来限制 Trunk Port 传输哪些 VLAN 的帧。每个接口都属于一个 native VLAN，所谓 native VLAN 就是指在这个接口上收发的 untagged 报文，都被认为是属于这个 VLAN 的。Trunk Port 可接收 tagged 和 untagged 帧，若 Trunk Port 接收到的帧不带 IEEE 802.1Q tag，那么帧将在这个接口的 native VLAN 中传输，每个 Trunk Port 的 native VLAN 都可设置。若 Trunk Port 发送的帧所带的 vid 等于该 Trunk Port 的 native VLAN，则帧从该 Trunk Port 出去时，tag 将被剥离。Trunk Port 发送的非 native VLAN 的帧是带 tag 的。

为了实现交换机的具体配置，我们可以进行以下设置：

1. 接口编号规则

对于 Switch Port(交换机端口)，其编号由两个部分组成：插槽号和端口在插槽上的编号。例如端口所在的插槽编号为 2，端口在插槽上的编号为 3，则端口对应的接口编号为 2/3。插槽的编号是从 0～N(N 表示插槽的个数)。插槽的编号规则是：面对交换机的面板，插槽按照从前至后，从左至右，从上至下的顺序依次排列，对应的插槽号从 0 开始依次增加。静态模块(固定端口所在模块)编号固定为 0。插槽上的端口编号是从 1～M(M 表示插槽上的端口数)，编号顺序是从左到右。

对于 Aggregate Port(链路聚合端口)，其编号的范围为 1～A(A 表示交换机支持的 Aggregate Port 个数)。

对于 SVI(Switch Virtual Interface)，SVI 是和某个 VLAN 关联的 IP 接口。每个 SVI 只能和一个 VLAN 关联，其编号就是这个 SVI 对应的 VLAN 的 vid 号。

2. 接口配置命令的使用

具体的步骤和方法如表 2-10 所示。

表 2-10　接口配置主要命令的使用步骤和方法

步 骤	命 令	含 义
1	switch# configure terminal	进入全局配置模式
2	switch(config)# interface *if-id*	进入指定的接口号 if-id 的接口配置模式，如 f0/1 接口
	switch(config)# interface range *{port-range [,port-range, ……]}*	或者可以配置一定范围(port-range)的接口，如 fastethernet 0/1 - 10 ； fastethernet 0/1 – 6,9 - 15

续表

步 骤	命　令	含　义
3	switch(config-if)#相关接口下的设置命令	在接口配置模式下，可以对指定的接口配置相关的协议或者进行某些应用。使用“end”命令可以回到特权模式
	switch(config-if)# no shutdown	在接口模式下开启端口
	switch(config-if)# shutdown	在接口模式下关闭端口

下面举例说明进入接口和退出接口的操作：

例 1：

switch#**configure　terminal**　　！进入全局配置模式

switch(config)# **interface　gigabitethernet 2/1**　！进入 gigabitethernet 2/1 接口模式

switch(config-if)#　　！在接口下使用“end”命令退回到特权模式

switch#

例 2：

switch#configure terminal　　！进入全局配置模式

switch(config)# interface range fastethernet　0/1 – 10！配置 1/1-10 口

switch(config-if-range)# no shutdown　　！开启该范围端口

switch(config-if-range)# end　　！在接口下使用“end”命令退回到特权模式

switch#

3. 配置接口的速度、双工、流控

具体操作步骤和命令如表 2-11 所示。

以下配置命令只对 Switch Port 及第二层 Aggregrate Port(链路聚合端口)有效。

表 2-11　配合接口的速率、双工、流控的具体操作步骤及命令

步 骤	命　令	含　义
1	switch# configure terminal	进入全局配置模式
2	switch(config)# interface　*if-id*	进入接口 if-id 配置模式
3	switch(config-if)# speed *{10|100|1000|auto}*	设置接口的速率参数，或者设置为 auto。**注意**：1000 只对千兆端口有效
4	switch(config-if)# duplex *{auto|ful|half}*	设置接口的双工模式
5	switch(config-if)# flowcontrol *{auto|on|ff}*	设置接口的流控模式。**注意**：当 speed，duplex，flowcontrol 都设为非 auto 模式时，该接口关闭自协商过程
6	switch(config-if)# end	回到特权模式
7	switch# show　fastethernet　*if-id*	查看交换机端口的配置信息

下面举例说明显示如何将 gigabitethernet 2/1 的速率设为 1000 M，双工模式设为全双工，

流控关闭。

```
switch# configure  terminal
switch(config)# interface  gigabitethernet  2/1
switch(config-if)# speed  1000                        ! 设定速率为 1000 Mb/s
switch(config-if)# duplex  full                       ! 设定支持全双工
switch(config-if)# flowcontrol  off                   ! 关闭流控
switch(config-if)# end
switch#  show interface gigabitethernet  2/1          ! 查看端口信息
Interface      : Gigabitethernet1000BaSeTX 2/1
Description:
AdminStatus: up                                       ! 查看端口的状态为 UP(启用)
•  OperStatus  : up
Hardware        : 10/100/1000BaseTX
Mtu             : 1500
LastChange      : 0d:0h:0m:0s
AdminDuplex     : full                                ! 查看配置的双工模式为全双工
OperDuplex      : Unknown
AdminSpeed      : 1000                                ! 查看配置的速率为 1000 Mb/s
```

2.3.5 查看交换机的系统和配置信息

我们有时候需要了解交换机系统和配置信息，可以通过“show”命令完成指定显示，主要包括系统的版本信息、系统中的设备信息、一些系统命令配置信息等。

常见“show”操作命令和解释如表 2-12 所示。

表 2-12　常见“show”操作命令和解释

序 号	命　令	含　义
1	switch# show version	显示系统、版本信息
2	switch# show version devices	显示交换机当前的设备信息
3	switch# show version slots	显示交换机当前的插槽和模块信息
4	switch# show running-config	查看交换机当前生效的配置信息
5	switch# show service	显示交换机上 TELNET Server，Web Server，SNMP Agent 的当前状态
6	switch# show mac-address-table	显示交换机 MAC 地址(动态、静态、过滤)
7	switch# show address-bind	验证 IP 和 MAC 地址绑定信息
8	switch# show vlan	显示 VLAN 设置信息
9	switch# show interfaces	显示交换机接口信息
10	switch# show ?	显示“show”命令可用的参数帮助信息

下面是查看 Cisco 2960 的系统、版本信息的例子：

```
switch# show   version                    ! 显示系统、版本信息
    Cisco IOS Software, C2960 Software (C2960-LANBASE-M), Version 12.2(25)FX, RELEASE
SOFTWARE (fc1)
Copyright (c) 1986-2005 by Cisco Systems, Inc.
Compiled Wed 12-Oct-05 22:05 by pt_team

ROM: C2960 Boot Loader (C2960-HBOOT-M) Version 12.2(25r)FX, RELEASE SOFTWARE (fc4)

System returned to ROM by power-on

Cisco WS-C2960-24TT (RC32300) processor (revision C0) with 21039K bytes of memory.

24 FastEthernet/IEEE 802.3 interface(s)
2 Gigabit Ethernet/IEEE 802.3 interface(s)

63488K bytes of flash-simulated non-volatile configuration memory.
Base ethernet MAC Address              : 0060.2F91.E290
Motherboard assembly number            : 73-9832-06
Power supply part number               : 341-0097-02
Motherboard serial number              : FOC103248MJ
Power supply serial number             : DCA102133JA
Model revision number                  : B0
Motherboard revision number            : C0
Model number                           : WS-C2960-24TT
System serial number                   : FOC1033Z1EY
Top Assembly Part Number               : 800-26671-02
Top Assembly Revision Number           : B0
Version ID                             : V02
CLEI Code Number                       : COM3K00BRA
Hardware Board Revision Number         : 0x01

Switch   Ports  Model              SW Version           SW Image
------   -----  -----              ----------           ----------
*    1   26     WS-C2960-24TT      12.2                 C2960-LANBASE-M

Configuration register is 0xF
```

2.4　交换机链路聚合

2.4.1　链路聚合概述

我们可以把交换机或路由器之间的多个物理链接捆绑在一起形成一个简单的逻辑链接，这个逻辑链接我们称之为一个 Aggregate Port(以下简称 AP)，图 2-15 所示为典型的链

路聚合配置。AP 是链路带宽扩展的一个重要途径，主要的作用就是可容错，负载分担等，符合 IEEE 802.3ad 标准。它可以把多个端口的带宽叠加起来使用，比如全双工快速以太网端口形成的 AP 最大可以达到 800 Mb/p，千兆以太网接口形成的 AP 最大可以达到 8 Gb/p。在 Cisco 设备中，端口聚合协议 PAgp 是 Cisco 专有的协议，链路聚合控制协议 LACP 是通用的协议，应该注意要聚合端口要在同一个 VLAN 里面或者同为 Trunk，封装协议为 ISL 或者 IEEE 802.1Q，而且两边的全双工模式要一样，链路数通常不超过 8 条链路。

此外，当 AP 中的一条成员链路断开时，系统会将该链路的流量分配到 AP 中的其他有效链路上去，而且系统可以发送 trap 来警告链路的断开。trap 中包括链路相关的交换机、AP 以及断开的链路的信息。AP 中一条链路收到的广播或者多播报文，将不会被转发到其他链路上，即阻断了环路情况的发生。

在图 2-18 中，SW1 和 SW2 之间能够通过 AP 的相关技术及流量分配命令配置完成流量平衡。AP 根据报文的源 MAC 地址、目的 MAC 地址或源 IP 地址/目的 IP 地址进行流量平衡，即把流量平均分配到 AP 的成员链路中去。源 MAC 地址流量平衡即根据报文的源 MAC 地址把报文分配到各个链路中。不同的主机，转发的链路不同，而同一台主机的报文，则从同一个链路转发(交换机中学到的地址表不会发生变化)。目的 MAC 地址流量平衡时即根据报文的目的 MAC 地址把报文分配到各个链路中。同一目的主机的报文，从同一个链路转发；不同目的主机的报文，则从不同的链路转发。

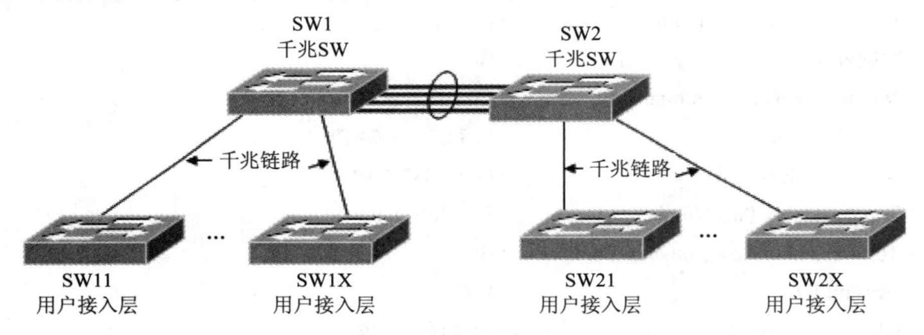

图 2-18　典型链路聚合配置

2.4.2　交换机链路聚合配置

在 Cisco、华为、锐捷等各大厂商的网络设备上几乎都支持链路聚合配置，但是各自的配置方法和命令有所区别，下面将以 Cisco 交换机的链路聚合配置为例来理解和掌握这部分内容。

先在全局模式下使用“int port-channel　n”命令(n 代表 AP 号)创建 AP 号，然后再在需要聚合的交换机物理端口的接口模式下使用“channel-group n mode on”命令完成(其中 n 代表 AP 号)。

举例如下(Cisco2950)：

```
Switch(config)# int port-channel 1              ! 创建 AP 号
Switch(config-if)# exit

Switch(config)# interface   fa0/8               ! 选定要聚合的物理端口 8 和 9
```

```
Switch(config-if)# channel-group 1 mode on          ! 设定为 AP 号 1
Switch(config-if)# exit
Switch(config)# interface fa0/9
Switch(config-if)# channel-group 1 mode on          ! 设定为 AP 号 1
Switch(config-if)# exit
Switch(config)#int port-channel   1
Switch(config-if)# switchport mode Trunk            ! 启用中继，实现多 VLAN 传输

Switch# show   etherchannel 1 summary               ! 统计 AP
Group  Port-channel   Protocol    Ports
---------+-------------------+--------------+---------------------------------------------
1              Po1(SD)          -          Fa0/8(u)     Fa0/9(u)
```

与该交换机相连接的对方交换机配置与以上配置一样，传输介质、速率、双工模式要保持一致。

2.5　生成树协议

2.5.1　生成树协议概述

生成树协议和其他协议一样，是随着网络技术的不断发展而不断更新的。“生成树协议”是一个广义的概念，并不是特指 IEEE 802.1d 中定义的 STP 协议，而是包括 STP 以及各种在 STP 基础上已经改进了的生成树协议，比如 IEEE 802.1w(快速生成树协议，RSTP)和 IEEE 802.1s(多生成树协议，MSTP)。生成树协议是一种二层管理协议，它通过有选择性地阻塞网络冗余链路来达到消除网络二层环路的目的，同时提供链路的备份功能。

随着网络技术的不断发展，IEEE 标准和网络厂商不断地改进生成树协议技术，提高网络设备适应网络技术发展的能力，从大功能地改进技术发展来看，我们可以大致将生成树的发展划分成三代。

1. 第一代：STP / RSTP

通常在局域网建设中，为了提高可靠性采用了链路冗余、备份链路的方法，由此出现了网络链路环形，造成数据从交换机的一个端口发出去，另外一个端口再次收到该数据，又再一次发送出去，无限循环，造成带宽资源被大量占用，甚至交换机处于瘫痪状态，因此需要打破这种循环局面。冗余链路带来的网络环路如图 2-19 所示。

因此，STP 协议出现了，其基本思想十分简单，类似于自然界中生长的一棵树，一棵树的生长是不会出现环路的，局域网若能够像一棵树一样生长，环路问题就解决了。交换机应该具有生成一棵树的算法思想，交换机之间必须要进行一些信息的交流，这些信息交流单元就称为配置消息 BPDU(Bridge Protocol Data Unit，网桥协议数据单元)。STP BPDU 是一种二层多播报文，携带了用于生成树计算的所有有用信息，所有支持 STP 协议的交换机都会接收并处理该 BPDU 报文。处理该 BPDU 报文的过程就是 STP 协议生成一棵树的过

程。首先选择根桥(注：交换机像是一台多端口的网桥设备)；接下来，其他网桥将各自选择一条“最粗壮”的树枝作为到根桥的路径，相应端口的角色就成为根端口，根桥和根端口都确定之后一棵树就生成了。生成树经过一段时间(默认值是 30 秒左右)稳定之后，所有端口要么进入转发状态，要么进入阻塞状态。STP BPDU 仍然会定时从各个网桥的指定端口发出，以维护链路的状态。如果网络拓扑发生变化，生成树就会重新计算，端口状态也会随之改变。

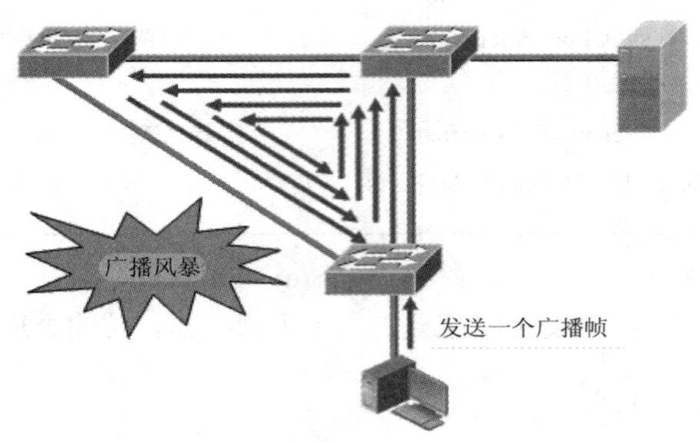

图 2-19　冗余链路带来的网络环路

当拓扑发生变化时，新的配置消息要经过一定的时延才能传播到整个网络，这个时延称为 Forward Delay，协议默认值是 15 秒。在所有网桥收到这个变化的消息之前，若旧拓扑结构中处于转发的端口还没有发现自己应该在新的拓扑中停止转发，则可能存在临时环路。为了解决临时环路的问题，生成树使用了一种定时器策略，即在端口从阻塞状态到转发状态中间加上一个只学习 MAC 地址但不参与转发的中间状态，两次状态切换的时间长度都是 Forward Delay，这样就可以保证在拓扑变化的时候不会产生临时环路。为了解决 STP 协议的这个缺陷，IEEE 推出了 802.1w 标准，作为对 802.1D 标准的补充。在 IEEE 802.1w 标准里定义了快速生成树协议 RSTP(Rapid Spanning Tree Protocol)。RSTP 协议在 STP 协议基础上做了改进，使得收敛速度快得多(最快 1 秒以内)。

2. 第二代：PVST / PVST+

PVST/PVST+ (Per VLAN Spanning Tree)是 Cisco 提出的以每个 VLAN 生成一棵树的概念，能够保证每一个 VLAN 都不存在环路。为了携带更多的信息，PVST BPDU 的格式和 STP/RSTP BPDU 的格式不一样，发送的目的地址也改成了 Cisco 保留地址 01-00-0C-CC-CC-CD，而且在 VLAN Trunk 的情况下 PVST BPDU 被打上了 802.1Q VLAN 标记。所以，PVST 协议并不兼容 STP/RSTP 协议。

PVST/PVST+ 也存在以下一些缺陷：

(1) 由于每个 VLAN 都需要生成一棵树，PVST BPDU 的通信量大。

(2) 随着 VLAN 个数的增多，维护多棵生成树的计算量和资源占用量将急剧增长。

(3) 由于属于 Cisco 协议的私有性，PVST/PVST+ 不能像 STP/RSTP 一样得到广泛的支持，其他厂家的设备不支持该协议。

3. 第三代：MISTP / MSTP

MISTP(Multi-Instance Spanning TreeProtocol，多实例生成树协议)定义了“实例”(Instance)

的概念。简单地说，STP/RSTP 是基于端口的，PVST/PVST+ 是基于 VLAN 的，而 MISTP 是基于实例的。所谓实例就是将多个 VLAN 形成一个集合实例，可以节省通信开销和资源占用率。

MSTP(Multiple Spanning Tree Protocol，多生成树协议)，是 IEEE 802.1s 中定义的一种新型多实例化生成树协议。MSTP 协议把支持 MSTP 的交换机和不支持 MSTP 的交换机划分成不同的区域，分别称作 MST 域和 SST 域。在 MST 域内部运行多实例化的生成树，在 MST 域的边缘运行 RSTP 兼容的内部生成树 IST(Internal Spanning Tree)。

2.5.2 STP 与 RSTP 协议

前面已经叙述了，STP 协议是用来避免链路环路产生的广播风暴，并提供链路冗余备份的协议。对二层以太网来说，两个 LAN 间只能有一条活动着的通路，否则就会产生广播风暴。但是为了加强一个局域网的可靠性，建立冗余链路又是必要的，其中的一些通路必须处于备份状态，如果当网络发生故障，另一条链路失效时，冗余链路就必须被提升为活动状态，STP 协议能自动地完成这项工作。它能使一个局域网中的交换机起到下面的作用：

(1) 发现并启动局域网的一个最佳树型拓扑结构。

(2) 发现故障并随之进行恢复，自动更新网络拓扑结构，使在任何时候都选择了可能的最佳树型结构。

局域网的拓扑结构是根据管理员设置的一组网桥配置参数自动进行计算的。使用这些参数能够生成最好的一棵拓扑树。只有配置得当，才能得到最佳的方案。

RSTP 协议完全向下兼容 802.1D STP 协议，除了和传统的 STP 协议一样具有避免回路、提供冗余链路的功能外，最主要的特点就是“快”。如果一个局域网内的网桥都支持 RSTP 协议且管理员配置得当，一旦网络拓扑改变而要重新生成拓扑树只需要不超过 1 秒的时间(传统的 STP 需要 30 秒左右)。

要生成一个稳定的树型拓扑网络需要依靠以下元素：

- 每个网桥唯一的桥 ID(Bridge ID)：由桥优先级和 MAC 地址组合而成。
- 网桥到根桥的路径花费(Root Path Cost)：以下简称根路径花费。
- 每个端口 ID(Port ID)：由端口优先级和端口号组合而成。

网桥之间通过交换 BPDU 帧来获得建立最佳树型拓扑结构所需要的信息。这些帧的目的 MAC 地址为组播地址 01-80-C2- 00-00-00(十六进制)。

每个 BPDU 由以下这些要素组成：

- Root Bridge ID(本网桥所认为的根桥 ID)。
- Root Path Cost(本网桥的根路径花费)。
- Bridge ID(本网桥的桥 ID)。
- Message Age(报文已存活的时间)。
- Port ID(发送该报文端口的 ID)。
- Forward-Delay Time、Hello Time、Max-Age Time：三个协议规定的时间参数。
- 其他一些诸如表示发现网络拓扑变化、本端口状态的标志位。

当网桥的一个端口收到高优先级的 BPDU(更小的 Bridge ID，更小的 Root Path Cost 等)，就在该端口保存这些信息，同时向所有端口更新并传播信息。如果收到比自己低优先级的

BPDU，网桥就丢弃该信息。这样的机制就使高优先级的信息在整个网络中传播开，BPDU的交流就有了以下的结果：

(1) 网络中选择了一个网桥为根桥(Root Bridge)。

(2) 除根桥外的每个网桥都有一个根口(Root Port)，即提供最短路径到 Root Bridge 的端口。

(3) 每个网桥都计算出了到根桥(Root Bridge)的最短路径。

(4) 每个 LAN 都有了指派网桥(Designated Bridge)，位于该 LAN 与根桥之间的最短路径中。指派网桥和 LAN 相连的端口称为指派端口(Designated Port)。

(5) 根口(Root Port)和指派端口(Designated Port)进入 Forwarding 状态。

(6) 其他不在生成树中的端口就处于 Discarding 状态。

处于运行中的端口，每个端口都在网络中扮演一个端口角色，用来体现以下不同作用：

- Root Port：提供最短路径到根桥(Root Bridge)的端口。
- Designated Port：每个 LAN 通过该口连接到根桥。
- Alternate Port：根口的替换口，一旦根口失效，该口就立该变为根口。
- Backup Port：Designated Port 的备份口，当一个网桥有两个端口都连在一个 LAN 上，那么高优先级的端口为 Designated Port，低优先级的端口为 Backup Port。
- Disable Port：当前不处于活动状态的口，即 Operation State 为 down 的端口都被分配了这个角色。

每个端口有三个状态(Port State)来表示是否转发数据包，从而控制着整个生成树拓扑结构。状态如下：

- Discarding：既不对收到的帧进行转发，也不进行源 MAC 地址学习。
- Learning：不对收到的帧进行转发，但进行源 MAC 地址学习，这是个过渡状态。
- Forwarding：既对收到的帧进行转发，也进行源 MAC 地址的学习。

对一个已经稳定的网络拓扑，只有 Root Port 和 Designated Port 才会进入 Forwarding 状态，其他端口都只能处于 Discarding 状态。

2.5.3　生成树协议配置

生成树协议适合所有厂商的网络设备，在配置上和体现功能强度上有所差别，但是在原理和应用效果是一致的。为了完成生成树协议的理解和掌握，我们将以 Cisco 交换机为例，其他厂商的配置思路和方法一样，只是命令有别，Cisco 交换机缺省开启生成树协议。

1. 配置原则

(1) 依据网桥 ID(由优先级和 MAC 地址两部分组成)，首先确定根网桥。

(2) 确定根端口。指派端口和被动端口(由路径成本、网桥 ID、端口优先级、端口 ID来确定)。

(3) 可以启用上行端口和快速端口。

2. 配置内容

(1) 在 VLAN 上启用生成树 spanning-tree vlan 2。

(2) 建立根网桥，具体方式如下：

① 直接建立：spanning-tree vlan 2 root primary。

② 通过修改优先级建立：spanning-tree vlan 2 priority 24768(该值应为 4096 的倍数，值越小，优先级越高，默认为 32768)。

(3) 确定路径，选定根端口，具体方式如下：

① 可通过修改端口成本：(在配置模式下)spanning-tree vlan 2 cost ***(100m 为 19，10m 为 100，值越小，路径越优先)

② 可修改端口优先级：(在接口模式下)spanning-tree vlan 2 port-priority ***(0～255，默认值为 128)。

(4) 可修改计时器(可选)，具体方式如下：

① 修改 Hello 时间：spanning-tree vlan 2 hello-time ***(1～10 s，默认值为 2 s)。

② 修改转发延迟时间：spanning-tree vlan 2 forward-delay-time ***(4～30 s，默认值为 15 s)。

③ 修改最大老化时间：spanning-tree vlan 2 max-age ***(6～40 s，默认值为 20 s)。

(5) 配置快速端口：spanning-tree portfast。

(6) 配置上行端口：spanning-tree uplinkfast。

3. 检查命令

(1) 检查生成树：show spanning-tree summary。

(2) 检查根网桥：show spannint-tree vlan 2 detail。

(3) 检查网桥优先级：show spanning-teee vlan 2 detail。

(4) 检查端口成本：show spanninn-tree interface f0/2 detail。

(5) 检查端口优先级：show spanning-tree interface f0/2 detail。

(6) 检查 Hello 时间、转发延迟、最大老化时间：show spanning-tree vlan 2。

(7) 检查快速端口：show spanning-tree interface f0/2 detail。

(8) 检查上行链路：show spanning-tree summary。

2.6　系统日志管理

交换机在系统中某些重要事件信息产生后，可以将这些信息发送给事件记录进程，根据交换机系统日志管理配置，由事件记录进程决定如何处理。我们可以通过设置日志信息级别来控制需要得到的信息，交换机将日志信息保存在缓冲中，此时，可以通过 TELNET、带外登录交换机来远程监控日志信息，也可以使用日志服务器接收和处理交换机所产生的日志。

我们可以通过交换机的系统日志管理命令配置需要处理的日志。在 Cisco、华为、锐捷上配置命令有一定差别，但是思路和方法一致，以下以 Cisco 交换机为例，具体配置将逐一描述。

2.6.1　启用系统日志

系统日志默认是打开的。当系统日志开关打开时，由日志进程决定日志信息向哪个目

的系统发送。我们可以在全局模式下使用如下命令设置系统日志开关。

```
Switch(config)# no logging on        ! 关闭系统日志
Switch(config)# logging on           ! 打开系统日志
```

2.6.2 配置系统日志信息的发送

在全局模式下使用以下一条或几条命令指定接收日志信息。

(1) 将日志信息记录到内部缓冲：

```
Switch(config)# logging buffered {Logging buffer size}
```

其中，Logging buffer size 范围从 4096～2 147 483 647。

(2) 将日志信息向控制台发送：

```
Switch(config)# logging console
```

(3) 将日志记录到 UNIX 系统日志服务器：

```
Switch(config)#logging host
```

Host 可以是系统日志服务器的计算机名称或 IP 地址。

2.6.3 配置日志消息的时间戳

当时间戳功能打开时，源设备发出的系统信息中有该信息产生时的日期和时间，该功能默认是打开本地时间，在没有系统时钟的设备上，默认是打开系统时的上电时间。在默认情况下，日志消息没有时间戳。在特权 EXEC 模式下开始，启用 log 消息的时间标签。

Switch (Config)#service timestamps log datetime msec

若要禁用调试和 log 消息的时间标签，可使用“no service timestamps”全局配置指令。

2.6.4 配置消息严重性阈值

我们要收集交换机所产生的严重日志信息时，首先应该给交换机的 SYSLOG 配置严重性阈值，以便限制向 Syslog Server 发送系统信息的严重性等级，当大于该阈值的系统信息不允许发往 Syslog Server，我们可以在全局模式下设置严重性阈值。Cisco 设备将 log 信息分成八个级别，由低到高分别为 debugging、informational、notifications、warnings、errors、critical、alerts 和 emergencies。考虑到日志信息的种类和详细程度，并且日志开启对设备的负荷有一定影响，建议获取有意义的日志信息，并将其发送到网管主机或日志服务器并进行分析，此外，还建议将 notifications 及以上的 log 信息送到日志服务器。

```
Switch (Config)#logging console level      ! 限制发送到控制台消息级别
Switch (Config)#logging monitor level      ! 限制发送到终端消息级别
Switch (Config)#logging trap level         ! 限制发送到日志服务器消息级别
```

2.6.5 显示记录配置

通常，我们可以在交换机上直接使用“show logging”命令显示当前的日志配置以及日志缓冲中的内容。举例如下：

```
Switch# show logging                       ! 显示结果如下
```

```
Syslog logging: enabled (0 messages dropped, 0 messages rate-limited,
                0 flushes, 0 overruns, xml disabled, filtering disabled)

No Active Message Discriminator.

No Inactive Message Discriminator.

    Console logging: level debugging, 4 messages logged, xml disabled,
         filtering disabled
    Monitor logging: level debugging, 0 messages logged, xml disabled,
         filtering disabled
    Buffer logging:  disabled, xml disabled,
         filtering disabled
    Logging Exception size (4096 bytes)
    Count and timestamp logging messages: disabled
    Persistent logging: disabled
No active filter modules.

ESM: 0 messages dropped
    Trap logging: level informational, 4 message lines logged
```

习　题　二

1. 简述以太网技术的发展历程。
2. 描述四种以太网帧结构，并说明目前常用的帧结构是什么。
3. 举例说明冲突域和广播域。
4. 简述交换机的工作原理。
5. 叙述几种生成树协议的基本原理。
6. 交换机链路聚合和链路冗余有什么区别?

实　验　二

如果某接入层有 3 台交换机，要实现冗余设计，进行两两互联，同时其中一台到汇聚层采用了 2 条链路作为聚合，请设计拓扑图，并完成相关配置。

第 3 章　虚拟局域网(VLAN)

虚拟局域网(VLAN)是一组逻辑上的设备和用户，这些设备和用户并不受物理位置的限制，可以根据功能、部门及应用等因素将它们组织起来，相互之间的通信就好像它们在同一个网段中一样，由此得名虚拟局域网。与传统的局域网技术相比较，VLAN 技术更加灵活，它具有以下优点：增加了网络连接的灵活性；可以控制广播活动；可提高网络的安全性。

3.1　VLAN 概述

VLAN(Virtual Local Area Network)即虚拟局域网，在交换式以太网中，可以利用 VLAN 技术，将由交换机连接成的物理网络划分成多个 VLAN 逻辑子网，而且 VLAN 的划分不受网络端口实际物理位置的限制，如图 3-1 所示。VLAN 技术的出现，使得管理员可以根据实际应用需求，把同一物理局域网内的不同用户逻辑地划分成不同的广播域，每一个 VLAN 都包含一组有着相同需求的计算机工作站，与物理上形成的 LAN 有着相同的属性。 这一新兴技术主要应用于交换机和路由器中，但主流应用还是在交换机之中。

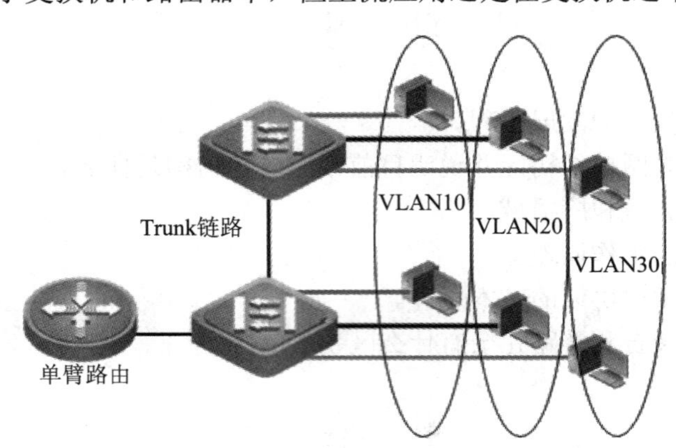

图 3-1　VLAN 划分及示意图

在局域网中使用 VLAN，为网络系统带来了以下的优点：

1．增加了网络连接的灵活性

借助 VLAN 技术，能将不同地点、不同网络、不同用户组合在一起，形成一个虚拟的网络环境，就像使用本地 LAN 一样方便、灵活、有效。VLAN 可以降低移动或变更工作站地理位置的管理费用，特别是一些业务情况有经常性变动的公司使用了 VLAN 后，这部分管理费用将大大降低。

2. 可以控制网络广播

没有应用 VLAN 技术的局域网内的整个网络都是广播域，这样就使得网内的一台设备发出网络广播时，在局域网内的任何一台设备的接口都能接收到广播，因此当网络内的设备越来越多时，网络上的广播也就越来越多，占用的时间和资源也就越来越多，当广播多到一定的数量时，就会影响到正常的信息传送。这样就可能导致信息延迟，严重的可以造成网络的瘫痪、堵塞，在很大程度上影响了正常的网络应用，这就是所谓的“网络风暴”。

3. 增强了网络的安全性

在局域网中应用 VLAN 技术可以把互相通信比较频繁的用户划分到同一个 VLAN 中，这样在同一个工作组中的信息传输只在同一个组内广播，从而也减轻了因广播包被截获而引起的信息泄露，增强了网络的安全性。

4. 简化网络管理员的管理工作

在应用 VLAN 技术后网络管理员就可以轻松地管理网络，灵活构建虚拟工作组。用 VLAN 可以划分不同的用户到不同的工作组，同一工作组的用户也不必局限于某一固定的物理范围，网络构建和维护更方便灵活。

3.2 VLAN 在交换机上的实现方法

基于交换式的以太网实现 VLAN 可以基于以下四种方法。

1. 基于端口的 VLAN

这是最常应用的一种 VLAN 划分方法，应用也最为广泛、最为有效，目前绝大多数 VLAN 协议的交换机都提供这种 VLAN 配置方法，本书后面的内容也基于这种方法实现 VLAN。这种划分 VLAN 的方法是根据以太网交换机的交换端口来划分的，它是将 VLAN 交换机上的物理端口和 VLAN 交换机内部的 PVC(永久虚电路)端口分成若干个组，每个组构成一个虚拟网，相当于一个独立的 VLAN 交换机。对于不同部门需要互访时，可通过路由器转发，并配合基于 MAC 地址的端口过滤。在某站点的访问路径上最靠近该站点的交换机、路由交换机或路由器的相应端口上，设定可通过的 MAC 地址集。这样就可以防止非法入侵者从内部盗用 IP 地址并从其他可接入点入侵的可能。

从这种划分方法本身我们可以看出，这种划分方法的优点是定义 VLAN 成员时非常简单，只要将所有的端口都定义为相应的 VLAN 组即可，适合于任何大小的网络。它的缺点是如果某用户离开了原来的端口，到了一个新的交换机的某个端口，则必须重新定义 VLAN 成员。

2. 基于 MAC 地址的 VLAN

这种划分 VLAN 的方法是根据每个主机的 MAC 地址来划分，即对每个 MAC 地址的主机都配置上其所属的组，它实现的机制就是每一块网卡都对应唯一的 MAC 地址，VLAN 交换机跟踪属于 VLAN MAC 的地址。这种方式的 VLAN 允许网络用户从一个物理位置移动到另一个物理位置时，自动保留其所属 VLAN 的成员身份。

由这种划分机制可以看出，这种 VLAN 的划分方法的最大优点就是当用户的物理位置

发生移动时，即从一个交换机换到其他的交换机时，VLAN 不用重新配置，因为它是基于用户，而不是基于交换机端口的。这种方法的缺点是初始化时，所有的用户都必须进行配置，如果有几百个甚至上千个用户的话，配置工作是非常繁重的，所以这种划分方法通常适用于小型局域网。而且这种划分方法也导致了交换机执行效率的降低，因为在每一个交换机的端口都可能存在很多个 VLAN 组的成员，保存了许多用户的 MAC 地址，查询起来相当麻烦。另外，对于使用笔记本电脑的用户来说，他们的网卡可能经常更换，这样一来 VLAN 就必须经常配置。

3．基于网络协议的 VLAN

VLAN 按网络层协议可划分为 IP、IPX、DECnet、AppleTalk、Banyan 等 VLAN 网络。这种按网络层协议组成的 VLAN，可使广播域跨越多个 VLAN 交换机。这对于希望按照具体应用和服务来组织用户的网络管理员来说是非常具有吸引力的。而且，用户可以在网络内部自由移动，但其 VLAN 成员身份仍然保留不变。

这种方法的优点是即使用户的物理位置改变了，也不需要重新配置所属的 VLAN，而且可以根据协议类型来划分 VLAN，这对网络管理者来说很重要。此外，这种方法不需要附加的帧标签来识别 VLAN，这样可以减少网络的通信量。这种方法的缺点是效率低，因为检查每一个数据包的网络层地址是需要消耗处理时间的(相对于前面两种方法)，一般的交换机芯片都可以自动检查网络上数据包的以太网祯头，但要让芯片能检查 IP 帧头，需要更高的技术，同时也更费时。当然，这与各个厂商的实现方法有关。

4．基于用户的 VLAN

这种方法就是基于用户 VLAN 的解决办法。此办法根据交换机各端口所接入终端的当前登录用户的账号(这里的用户账号识别可以是 Windows 域中使用的用户名，也可以是由专门的 AAA 系统完成的)，来确定该端口属于哪个 VLAN，所以，该端口的 VLAN 号是随着登录用户账号变化而变化的，与 IP、MAC、端口无关，大大方便了网络管理员的管理工作。

在以上四种 VLAN 的实现技术中，基于网络协议的 VLAN 或基于用户的 VLAN 的智能化程度最高，实现起来也最复杂。

3.3 VLAN 中继协议

当局域网的多个 VLAN 广播域需要跨多台交换机的时候，需要在交换机之间传递带有 VLAN 标识的帧，说明该帧属于那个 VLAN，如图 3-2 所示。目前在 Cisco 交换机上，是通过创建中继链路来表示 VLAN，即在第二层(数据链路层)帧中加入 VLAN 标识符，有两种实现方法：ISL(交换机间链路，Cisco 专有)和 IEEE 802.1Q(国际通用标准，适合于所有的交换机)。

在以太网网络中，针对 Cisco 交换机来说，支持两种中继技术：

(1) IEEE 802.1Q：这是所有厂商的交换机(支持 VLAN)都适用的通用标准，是一种帧标记机制，它在第二层插入一个标记，将 VLAN 标识符加入到数据帧中。

(2) ISL(交换机间链路)：这是属于 Cisco 专用的中继技术机制，使用添加报头的帧封装方法来标识 VLAN。

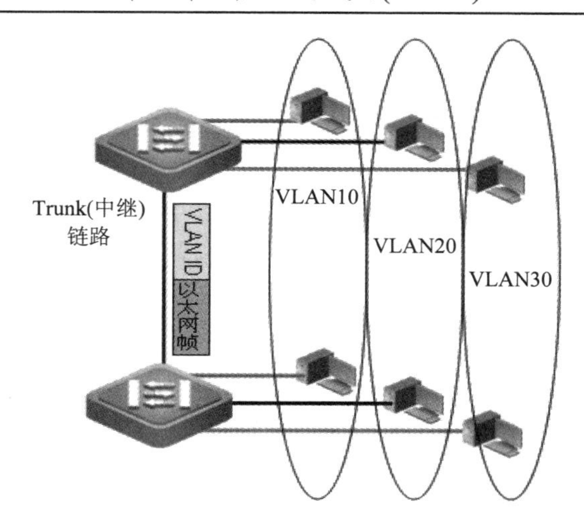

图 3-2　交换机间的 VLAN 中继链路

3.3.1　IEEE 802.1Q 协议

在 Cisco 制定了 ISL 的几年后，IEEE 完成了 IEEE 802.1Q 标准的制定工作，实现了不同厂商的交换设备完成多个 VLAN 跨交换机的兼容问题。IEEE 802.1Q 使用的报头与 ISL 不同，后者使用 VLAN 号来标记帧；ISL 不改变以太网帧，而 IEEE 802.1Q 是修改以太网帧，在以太网帧中添加一个 4 个字节的报头，该报头包含了一个用于标识 VLAN 号的字段，此时报头增长，需要重新计算更改以太网报尾 FCS 字段值。IEEE 802.1Q 报文格式如图 3-3 所示。

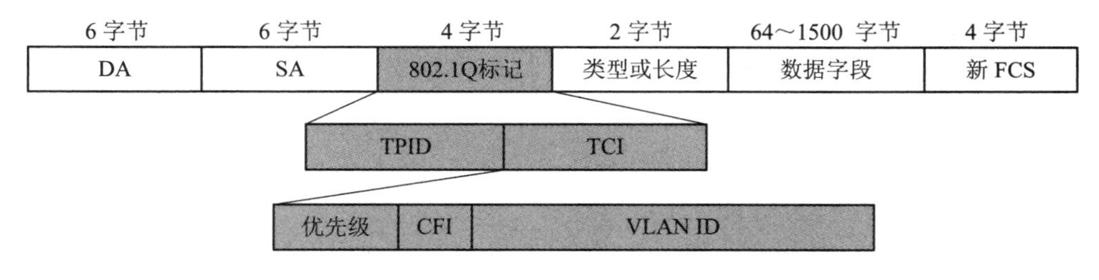

图 3-3　IEEE 802.1Q 报文格式

图 3-3 中的 DA 和 SA 表示目标主机 MAC 地址和源发送主机的 MAC 地址；802.1Q 标记由 2 个字节的标记协议 ID(TPID)字段和 2 个字节的标记控制信息(TCI)字段组成。

对于以太网帧，TPID 字段的值为 0X8100。在 TCI 字段中，前 3 位二进制表示优先级，指出了帧的优先级别，用于实现服务质量(QoS)。接下来的 1 位二进制为 CFI，被称为规范格式标识符，当值为“0”时表示设备应规范地从低位到高位读取字段中的信息，对于以太网帧，值始终为“0”，对于令牌环帧，则为“1”。TCI 的最后 12 位表示了 VLAN ID，可以表示 4096($=2^{12}$)个不同的 VLAN 识别。其中 VLAN ID = 0 用于识别帧优先级，VLAN ID = FFF 作为预留值，所以 TCI 真正可以配置 VLAN 的最大值不超过 4094。

目前，中大规模局域网建设中，选用支持 VLAN 的交换设备是非常必要的，能够通过 VLAN 的有效逻辑隔离功能，解决局域网的网络分段、广播域、安全隔离等问题，有效地

实现网络管理工作。因此，局域网中的 VLAN 配置工作是必需的，需要熟练掌握 VLAN 的多种配置方法。VLAN 配置主要以基于端口的静态 VLAN、基于 IP 或 MAC 等的动态 VLAN 配置，为了解决跨多台交换机的 VLAN 配置，需要熟练掌握交换机之间中继(Trunk)链路的配置方法。

为了掌握 VLAN 的配置方法，在后面章节的内容中我们将会以 Cisco 的二层交换设备的配置实例来说明 VLAN 配置。

3.3.2　Cisco ISL 协议

Cisco ISL 中继协议是在 IEEE 802.1Q 之前制定的，是 Cisco 专有的协议，只能在 Cisco 交换设备中使用，ISL 使用了 ISL 报头和报尾来封装以太网帧，原有的以太网帧格式保留。ISL 报文格式如图 3-4 所示。

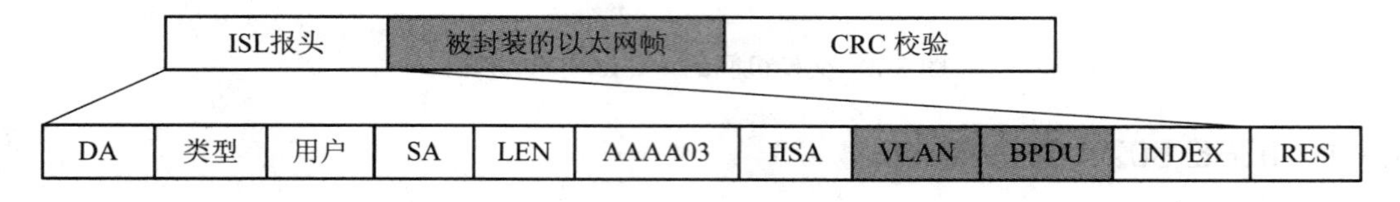

图 3-4　ISL 报文格式

从图 3-4 中可以知道，ISL 报头包含了多个字段，占有的字节长度为 26 字节，报尾 CRC 校验占有的字节为 4 字节，被封装的以太网帧保留原有的长度。ISL 报文格式包括的信息描述如下：

- DA：40 位二进制，目标 MAC 地址，通常表示接收交换机的 MAC 地址。
- 类型：4 位二进制，描述被封装的帧的类型，如被封装的以太网帧，类型码为 0000。
- 用户：4 位二进制，用作类型字段扩展或用于定义以太网优先级，其取值为 0～3。其中 0 优先级最低，3 优先级最高。
- SA：48 位二进制，源 MAC 地址，同时表示发送交换机 MAC 地址。
- LEN：16 位二进制，描述帧长度。
- AAAA03：标准 SNAP802.2LLC 报头。
- HAS：SA 的前 3 个字节(表示制造商 ID 或组织唯一标识符)。
- VLAN：使用后 10 位二进制表示 VLAN ID，即可以识别 1024 个 VLAN($= 2^{10}$)。
- BPDU：1 位二进制，指出帧是否是生成树协议数据单元。
- INDEX：16 位二进制，表示源端口 ID，用于诊断。
- RES：16 位二进制，保留字段，用于提供其他信息。

3.4　基于端口的 VLAN 配置

3.4.1　单交换机的 VLAN 配置

在一台交换机上配置 VLAN 的时候，我们需要注意是采用了基于端口划分的静态 VLAN 配置，还是采用了动态 VLAN 配置(需要交换机支持)。本书主要讲解静态 VLAN。

当交换机上创建了 VLAN 号以后，我们可以将交换机的某些端口划分到指定的 VLAN 中，此时这些端口不属于同一 VLAN 号的时候，它们之间是逻辑隔离的，即使将主机 IP 设定同一 IP 网络段，也不能相互通信，需要由三层路由完成不同 VLAN 间的通信。

以下为 Cisco 2900 系列的 VLAN 配置举例：

1) 配置步骤及命令

表 3-1 给出了 Cisco 2900 系列的 VLAN 配置步骤。

表 3-1　Cisco 2900 系列的 VLAN 配置步骤

步 骤	命　令	含　义
1	Switch#config terminal	进入全局模式
2	Switch(config)# vlan *vlan-id*	在全局模式下使用"vlan"命令创建 VLAN 号 vlan-id。如果输入的是一个新的 VLAN-ID，则交换机会创建一个 VLAN，如果输入的是已经存在的 VLAN-ID，则修改相应的 VLAN
	Switch(config-vlan)# name *vlan-name*	(可选)为 VLAN 取一个名字。如果没有进行这一步，则交换机会自动为它起一个名字 VLAN xxxx，其中 xxxx 是用 0 开头的四位 VLAN ID 号。比如，VLAN 0004 就是 VLAN 4 的缺省名字
3	Switch(config)# interface *if-id*	在全局模式下选择相应的交换机端口，为其设定所属 VLAN 号
4	Switch(config-if)#switchport mode access	定义该接口的 VLAN 成员类型(二层 Access 口)
5	Switch(config-if)#switchport access vlan *vlan-id*	将端口添加到 VLAN 中
6	Switch(config)# end	退回到特权模式下
7	Swich# show vlan brief	验证你的配置
	或者 Swich# show interfaces if-id switchport	检查接口的完整信息
8	Switch# copy running-config startup-config	保存配置(可选)

2) 配置实例

在最为常见的 Cisco 2950 交换机设备下创建某公司的 VLAN，该公司的销售部和软件部规划 VLAN 号分别为 12 和 13。配置内容如下所示：

```
Switch# configure terminal
Switch(config)# vlan 12
Switch(config-vlan)# name Sales
Switch(config-vlan)# exit
Switch(config)# vlan 13
```

```
Switch(config-vlan)# name Soft
Switch(config-vlan)# exit
Switch(config)#
```

将某公司的销售部所接到 Cisco 2950 交换机上的 2 号端口划分到 VLAN 号 12；将软件部所接到 Cisco 2950 交换机的 3 号端口划分到 VLAN 号 13。配置如下：

```
Switch# configure terminal
Switch(config)# interface f0/2
Switch(config-if)# switchport mode access
Switch(config-if)# switchport access vlan 12
Switch(config-if)# exit
Switch(config)# interface f0/3
Switch(config-if)# switchport mode access
Switch(config-if)# switchport access vlan 13
Switch(config-if)# end
Switch#
```

在特权模式下，使用“show vlan”或者“show vlan brief”命令验证配置，也可以使用“shwo interfaces f0/2 switchport”命令检查端口的完整信息，具体命令如下：

```
Switch# show    interfaces    f0/2    switchport
Interface Switchport   Mode    Access   Native   Protected   VLAN lists
----------  ---------  ---------  ---------  ---------  ---------  -----------
Fa0/2    Enabled    Access      1        1        Enabled      All
```

3) 删除 VLAN 和删除端口 VLAN 号

有时候，我们在创建 VLAN 后，需要对 VLAN 进行修改或者删除操作(注意，除了 VLAN 1 为交换机固定默认的端口号外，其他都可以被修改或者删除)，甚至需要更改交换机的某端口的所属 VLAN 号(交换机的端口缺省为 VLAN 1)。

对所创建的 VLAN 进行删除操作，使用“no”命令，只需要在全局模式下使用“no vlan vlan-id”命令完成删除操作，此时如果交换机端口属于所删除的 VLAN 号，就会自动更改成缺省 VLAN1。如下所示：

```
Switch(config)# no vlan 15        ! 删除 VLAN 号 15
```

对交换机的端口所属 VLAN 进行 VLAN 号删除，仍然使用“no”命令操作。

3.4.2 跨交换机的 VLAN 配置

通常的较大规模局域网建设中，需要跨交换机实现多 VLAN 的配置，实现不同交换机上相同 VLAN 号的主机为同一广播域，能够相互访问，方便管理。但是交换机的端口在 Access 模式下只能属于一个 VLAN，此时多台交换机相连接的干线就只能传输同一 VLAN 的网络数据，不能实现多个 VLAN 的网络数据传输。因此，为了解决这个问题，可以将多台交换机之间连接的干线所在端口重新设定为 Trunk 模式，实现可以传输多 VLAN 数据，这部分内容的解释在前节内容中有叙述。

我们已经知道，一个 Trunk 是连接将一个或多个以太网交换接口和其他的网络设备(如路由器或交换机)的点对点链路，一个 Trunk 可以在一条链路上传输多个 VLAN 的流量，如图 3-5 所示。Cisco 交换机的 Trunk 可以采用 IEEE 802.1Q 或 Cisco ISL(Cisco 专用)。

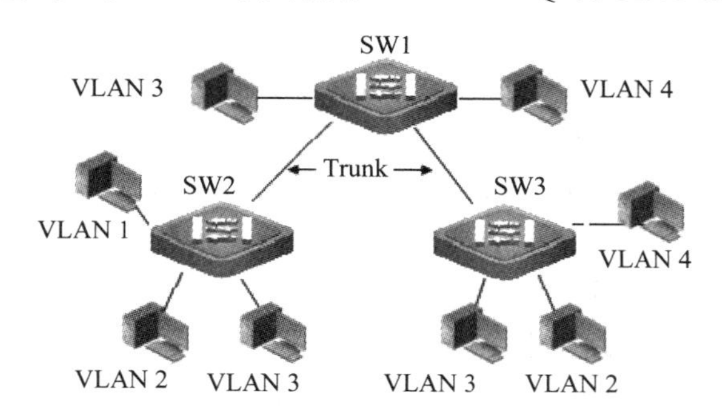

图 3-5　传输多 VLAN 的 Trunk 链路

1. Trunk 的优点

(1) 可以在不同的交换机之间传输多个 VLAN 的网络数据，可以将 VLAN 扩展到整个网络中。

(2) Trunk 可以捆绑任何相关的端口，也可以随时取消设置，这样提供了很高的灵活性。

(3) Trunk 可以提供负载均衡能力以及系统容错。由于 Trunk 实时平衡各个交换机端口和服务器接口的流量，一旦某个端口出现故障，它会自动把故障端口从 Trunk 组中撤销，进而重新分配各个 Trunk 端口的流量，从而实现系统容错。

2. Trunk 工作介绍

在交换机的端口被设置 Trunk 后，Trunk 链路不属于任何一个 VLAN，而是所有 VLAN 共享的链路，它在交换机之间起着 VLAN 管道的作用，交换机会将该 Trunk 以外并且和 Trunk 中的端口处于一个 VLAN 中的其他端口的负载自动分配到该 Trunk 中的各个端口。在 Trunk 线路上传输不同的 VLAN 的数据时，可使用以下两种方法识别不同 VLAN 的数据：

1) 帧过滤

帧过滤法根据交换机的过滤表检查帧的详细信息。每一个交换机要维护复杂的过滤表，同时对通过主干的每一个帧进行详细检查，这会增加网络延迟时间。目前在 VLAN 中这种方法已经不使用了。

2) 帧标记

帧标记是目前主要使用的方法，数据帧在中继线上传输的时候，交换机在帧头的信息中加标记来指定相应的 VLAN ID。当帧通过中继链路以后，去掉标记同时把帧交换到相应的 VLAN 端口。帧标记法被 IEEE 选定为标准化的中继技术机制，它至少有如下三种处理方法：

(1) 静态干线配置：静态干线配置最容易理解，干线上的每一台交换机都被设定发送及接收使用特定干线连接协议的帧。在这种配置下，端口通常被专用于干线连接，而不能用于连接端节点，至少不能连接那些不使用干线连接协议的端节点。当自动协商机制不能正常工作或不可用时，静态配置是非常有用的，其缺点是必须手工维护。

(2) 干线功能通告：交换机可以周期性地发送通告帧，表明它们能够实现某种干线连接功能。例如，交换机可以通告自己能够支持某种类型的帧标记 VLAN，因此按这个交换机通告的帧格式向其发送帧是不会有错的。交换机还可以通告它为哪个 VLAN 提供干线连接服务。

(3) 干线自动协商：干线也能通过协商过程自动设置。在这种情况下，交换机周期性地发送指示帧，表明它们希望转到干线连接模式。如果另一端的交换机收到并识别这些帧，且可自动进行配置，那么这两部交换机就会将这些端口设成 Trunk 连接模式。这种自动协商通常依赖于两台交换机(在同一网段上)之间已有的链路，并且与这条链路相连的端口要专用于干线连接，这与静态干线设置非常相似。

3. 跨交换机的 Trunk 链路配置

我们可以把一个普通的以太网交换机的端口，或者一个 Aggregate Port(链路聚合端口)设为一个 Trunk 口。如果要把一个接口在 Access 模式和 Trunk 模式之间切换，我们可以使用“switchport mode”命令完成切换，具体方式如下：

```
Switch(config-if)# switchport   mode   access                 ! 切换成二层访问模式
Switch(config-if)# switchport   mode   Trunk                  ! 切换成二层访问模式
Switch(config-if)# switchport Trunk encapsulation dot1q  ! 在 Cisco 中更改 Trunk 协议
```

这里为了详细讲解 Trunk 配置，我们以 Cisco 交换机的 Trunk 配置为例进行讲解。

作为 Trunk，这个口要属于一个 NATIVE VLAN。所谓 NATIVE VLAN，就是指在这个接口上收发的 UNTAG 报文，都被认为是属于这个 VLAN 的。显然，这个接口的缺省 VLAN ID(即 IEEE 802.1Q 中的 PVID)就是 NATIVE VLAN 的 VLANID。同时，在 Trunk 上发送属于 native VLAN 的帧，则必然采用 UNTAG 的方式。每个 Trunk 口的缺省 native VLAN 是 VLAN 1，同时我们在配置 Trunk 链路时，一定要确认连接链路两端的 Trunk 口属于相同的 native VLAN。

1) Trunk 口基本配置

在特权模式下，可以利用如表 3-2 所述的步骤将交换机的一个端口配置成一个 Trunk 口。

表 3-2　Trunk 口的基本配置步骤

步 骤	命　　令	含　　义
1	Switch#config terminal	进入全局模式
2	Switch(config)# interface *if-id*	输入想要配成 Trunk 口的 if-id 号
3	Switch(config-if)#switchport mode Trunk	定义该接口的类型为二层 Trunk 口
	Switch(config-if)#no switchport Trunk	如果需要把一个 Trunk 接口的所有 Trunk 相关属性都复位成缺省值，就使用该步骤
4	Switch(config-if)# switchport Trunk native vlan *vlan-id*	为这个接口指定一个 native VLAN
5	Switch(config)# end	退回到特权模式下
6	Swich# show interfaces *if-id* switchport	检查 if-id 接口的完整信息
7	Switch# copy running-config startup-config	保存配置(可选)

若欲将 Trunk 接口中的所有特征恢复为默认值，可以使用“no switchport Trunk”接口配置命令。若欲禁用 Trunk，可以使用“switchport mode access”接口配置命令，端口将作为一个静态访问端口。

2) 定义 Trunk 口的许可 VLAN 列表

一个 Trunk 口缺省可以传输本交换机支持的所有 VLAN(1~4094)的流量。但是，我们也可以通过设置 Trunk 口的许可 VLAN 列表来限制某些 VLAN 的流量不能通过这个 Trunk 口。

在特权模式下，利用如表 3-3 所示的步骤可以修改一个 Trunk 口的许可 VLAN 列表。

表 3-3　定义 Trunk 口的许可 VLAN 列表的步骤

步 骤	命　　令	含　　义
1	Switch#config terminal	进入全局模式
2	Switch(config)# interface *if-id*	输入想要修改许可 VLAN 列表的 Trunk 口的 if-id
3	Switch(config-if)# switchport mode Trunk	定义该接口的类型为二层 Trunk 口
	Switch(config-if)#no switchport Trunk	如果需要把一个 Trunk 接口的所有 Trunk 相关属性都复位成缺省值，就使用该步骤
4	Switch(config-if)# switchport Trunk allowed vlan { all | [add| remove |except] } *vlan-list*	(可选)配置这个 Trunk 口的许可 VLAN 列表。参数 vlan-list 可以是一个 VLAN，也可以是一系列 ID 开头，以大的 VLAN ID 结尾，中间用“-”号连接。如：10-20。 all 的含义是许可 VLAN 列表包含所有支持的 VLAN。 add 表示将指定 VLAN 列表加入许可 VLAN 列表。 remove 表示指定 VLAN 列表从许可 VLAN 列表中删除。 except 表示将除列出的 VLAN 列表外的所有 VLAN 加入许可 VLAN 列表。 **注意**：不能将 VLAN 1 从许可 VLAN 列表中移出
	Switch(config-if)# no switchport Trunk allowed vlan	如果需要把 Trunk 的许可 VLAN 列表改为缺省的许可所有 VLAN 的状态，直接使用该命令
5	Switch(config)# end	退回到特权模式下
6	Swich# show interfaces *if-id* switchport	检查 if-id 接口的完整信息
7	Switch# copy running-config startup-config	保存配置(可选)

例如，下面是一个把 VLAN 2 从端口 0/24 中移出，方法如下：

```
Switch(config)# interface fastethernet0/24
Switch(config-if)# switchport Trunk allowed vlan remove 2    ！取消 VLAN2
```

```
Switch(config-if)# end
Switch# show interfaces fastethernet0/24 switchport
Interface Switchport Mode Access Native Protected     VLAN lists
--------- ---------- --------- --------- ---------    ---------      -----------
Fa0/24     Enabled    Trunk   1         1         Enabled     1,3-4094
```

3) 配置 Native VLAN

一个 Trunk 口能够收发 TAG 或者 UNTAG 的 802.1Q 帧。其中 UNTAG 帧用来传输 Native VLAN 的流量。缺省的 Native VLAN 是 VLAN 1。

在特权模式下，利用如表 3-4 所示的步骤可以为一个 Trunk 口配置 Native VLAN。

表 3-4　配置 Native VLAN 的步骤

步 骤	命　　令	含　　义
1	Switch#**config terminal**	进入全局模式
2	Switch(config)# **interface** ***if-id***	输入配置 Native VLAN 的 Trunk 口的 if-id
3	Switch(config-if)#**switchport mode Trunk**	定义该接口的类型为二层 Trunk 口
	Switch(config-if)#no switchport Trunk	如果需要把一个 Trunk 接口的所有 Trunk 相关属性都复位成缺省值，就使用该步骤
4	Switch(config-if)# **switchport Trunk native vlan** ***vlan-id***	配置 Native VLAN
	Switch(config-if)# **no switchport Trunk native vlan**	如果需要把 Trunk 的 Native VLAN 列表改回缺省的 VLAN 1，直接使用该命令
5	Switch(config)# **end**	退回到特权模式下
6	Swich# **show interfaces** ***if-id*** **switchport**	检查 if-id 接口的完整信息
7	Switch# **copy running-config startup-config**	保存配置(可选)

当把一个接口的 Native VLAN 设置为一个不存在的 VLAN 时，交换机不会自动创建此 VLAN。此外，一个接口的 Native VLAN 可以不在接口的许可 VLAN 列表中。此时，Native VLAN 的流量不能通过该接口。

3.5　Cisco VTP 的 VLAN 实现

3.5.1　VTP 概述

VTP(VLAN Trunking Protocol，VLAN 中继协议)是 Cisco 专用协议，大多数 Cisco 交换机都支持该协议，属于 OSI/RM 第二层信息传送协议。VTP 负责在 VTP 域内交换机 VLAN 信息的同步，控制网络内 VLAN 的添加、删除和重命名。这样就不必在每台交换机上配置相同的 VLAN 信息，用户只需要在 VTP 服务模式的交换机上配置新的 VLAN，该 VLAN 信息就会分发到所有客户模式的交换机，这样可以避免在每台交换机上配置相同的 VLAN 信息，提高管理效率。

到目前为止，VTP 具有三种版本。其中 VTPv2 与 VTPv1 区别不大，主要区别在于 VTPv2 支持令牌环 VLAN，而 VTPv1 不支持。通常只有在使用令牌环 VLAN 时，才会使用到 VTPv2，否则一般情况下并不使用 VTPv2。VTPv3 不能直接处理 VLAN 事务，它只负责管理 VTP 域内不透明数据库的分配任务。与前两版相比，VTPv3 具有以下改进：

- 支持扩展 VLAN。
- 支持专用 VLAN 的创建和通告。
- 改进的服务器认证性能。
- 避免“错误”数据库进入 VTP 域。
- 与 VTP v1 和 VTP v2 交互作用。
- 支持每端口(on a per-port basis)配置。
- 支持传播 VLAN 数据库和其他数据库类型。

因此，使用 VTP 具有如下优点：

(1) 保持 VTP 域内的 VLAN 配置的一致性。

(2) 提供跨不同介质类型，如 ATM FDDI 和以太网配置 VLAN。

(3) 提供跟踪和监视 VLAN。

(4) 可以使用即插即用的方法增加 VLAN。

(5) 动态报告增加了的 VLAN 信息给 VTP 域中所有交换机。

3.5.2 VTP 工作原理

VTP 是一种消息协议，使用第二层帧，在全网的基础上管理 VLAN 的添加、删除和更名，以实现 VLAN 配置的一致性。在使用 VTP 管理 VLAN 之前，首先必须在一台交换机上创建 VTP 服务器模式，实现 VTP 管理域，所有要共享 VLAN 信息的交换机必须使用相同的 VTP 域名和相同 VTP 域认证密码。

因此，利用 Cisco VTP 实现动态创建 VLAN 时，交换机应该处于某种正确的工作模式，才能有效地完成 VTP 域管理。

1. VTP 的三种工作模式

(1) VTP 服务器模式：交换机的 VTP 默认为服务器模式，在运行时，交换机在所有的中继链路端口向外发送 VTP 更新数据，并且接收和处理从该中继链路端口接收到的 VTP 更新数据。可以在本地交换机上配置 VLAN。

(2) VTP 客户模式：交换机处于 VTP 客户模式的时候，交换机在所有的中继链路端口向外发送 VTP 更新数据，并且读取和获得从它的中继端口接收到的 VTP 更新数据。但不可以在本地交换机上配置 VLAN。

(3) VTP 透明模式：交换机处于 VTP 透明模式的时候，交换机不参与 VTP，也不通告自己的 VLAN 配置信息，不处理从它的中继端口接收到的 VTP 更新数据。但会将从一台交换机收到的更新信息转发到管理域，也可以在本地配置 VLAN。

2. 各种工作模式的状态

各种工作模式的状态对比如表 3-5 所示。

表 3-5　VTP 工作模式的状态

功　能	服务器模式	客户模式	透明模式
提供 VTP 消息	√	√	×
监听 VTP 消息	√	√	×
修改 VLAN	√	×	√(本地有效)
记住 VLAN	√	(在不同的版本有不同的结果×或√)	√(本地有效)

3. VTP 的通告

当使用 VTP 时，加入 VTP 域的每台交换机在其中继链路端口上通告如下信息：

- 管理域。
- 配置版本号。
- 它所知道的 VLAN。
- 每个已知 VLAN 的某些参数。

这些通告数据帧被发送到一个多点广播地址(组播地址)，以使所有相邻设备都能收到这些帧。新的 VLAN 必须在管理域内的一台服务器模式的交换机上创建和配置，该信息可被同一管理域中所有其他交换机学习到。主要的通告类型有以下两种：

(1) 来自客户机的请求，由客户机在启动时发出，用以获取信息。

(2) 来自服务器的响应。

主要的信息类型有以下三种：

(1) 来自客户机的通告请求。

(2) 汇总通告，用于通知邻接的交换机目前的 VTP 域名和配置修改编号。

(3) 子集通告，如果在 VTP 服务器上增加、删除或者修改了 VLAN，交换机会首先发送汇总通告，然后发送一个或多个子集通告。子集通告中包括 VLAN 列表和相应的 VLAN 信息。如果有多个 VLAN，为了通告所有的信息，可能需要发送多个子集通告。VTP 通告中可包含如下信息：

- 管理域名称。
- 配置版本号。
- MD5 摘要，当配置了口令后，MD5 是与 VTP 一起发送的口令，如果口令不匹配，更新将被忽略。
- 更新者身份，发送 VTP 汇总通告的交换机的身份。

4. VTP 域内安全

为了使 VTP 管理域更安全，可以建立 VTP 域和口令，同时给需要加入 VTP 域管理的客户交换机上配置相同 VTP 域名和口令，操作步骤如下：

第一步，在服务器模式下配置 VTP 域和口令，并设定为“Server”模式，比如：

```
Switch# configure terminal
Switch(config)# vtp domain test.com                    ! 配置域名
```

```
Switch(config)# vtp mode server                ! 配置 VTP 运行模式
Switch(config)# vtp password test              ! 配置 VTP 口令
Switch(config)# end
Switch(config)# show vtp status 查看 VTP 配置
```

第二步，在客户模式下配置 VTP 域名和口令，并设定为“client”模式，比如：

```
Switch# configure terminal
Switch(config)# vtp domain test.com        ! 配置域名
Switch(config)# vtp mode client            ! 配置 VTP 运行模式
Switch(config)# vtp password test          ! 配置 VTP 口令
Switch(config)# end
Switch(config)# show vtp status            ! 查看 VTP 配置
```

5. VTP 修剪

VTP 修剪(VTP Pruning)是 VTP 的一个功能，它能减少中继链路端口上不必要的信息量，比如指定某 VLAN 被修剪，来提高中继链路的带宽利用率。在 Cisco 交换上，VTP 修剪功能缺省是关闭的，可以在全局模式下使用“vtp pruning”命令启用该功能。

3.5.3　在 Cisco 交换机上配置 VTP

在开始配置 VTP 和 VLAN 之前，必须做一些规划：

(1) 确定 VTP 版本。

(2) 决定交换机是已有管理域中的成员，还是另外成立一个新的 VTP 管理域，如果要加入到已有的管理域中，则确定 VTP 域名和口令。

(3) 确定交换机的 VTP 工作模式。

(4) 是否需要启用 VTP 修剪功能。

要说明如何利用 Cisco VTP 实现 VLAN，我们以图 3-5 所示的三台交换机为例进行配置，实现 VTP 域管理 VLAN。假设图 2-14 中 SW1 为 Cisco 3550 交换机，SW2 和 SW3 均为 Cisco 2950 交换机。规定 SW1 为 VTP 服务器模式，VTP 域为 test.com，口令为 test；SW2 和 SW3 为 VTP 客户模式；动态获取 VTP 服务器上 VLAN 信息，VLAN 有 VLAN1 、VLAN2、VLAN3 和 VLAN4，其中 VLAN1 为默认的；在 SW2 上没有 VLAN4，所以需要启用 VTP 修剪。

具体操作如下：

1. 在 SW1 上建立 VTP 域和相关 VLAN 信息

配置代码如下：

```
Switch# configure terminal
Switch(config)# hostname  SW1               ! 配置主机名为 SW1
SW1(config)# vtp domain test.com            ! 配置域名
SW1(config)# vtp mode server                ! 配置 VTP 运行模式
SW1(config)# vtp password test              ! 配置 VTP 口令
```

```
SW1(config)# interface f0/11 - 12                 ! 选定 11 和 12 口作为 Trunk
SW1(config-if)#switchport mode Trunk
SW1(config-if)# switchport Trunk encapsulation isl     ! 缺省也为 ISL，可以省略该步骤
SW1(config-if)# end

SW1# vlan database
SW1(vlan)# vlan 2 name Sales                      ! 创建 VLAN
SW1(vlan)# vlan 3 name soft
SW1# show vtp status                              ! 查看 VTP 配置
SW1(vlan)# end
```

2. 在 SW1 上启用 VTP 修剪

由于 SW1 交换机的 11 口与 SW2 的 11 口相连接，SW1 的 12 口与 SW3 的 12 口相连接，SW2 上不需要实现 VLAN4，所以可以在 SW1 上启用 VTP 修剪，在 11 口上配置 VTP 修剪列表，除去 VLAN4，减少不必要的 VLAN 信息通告，提高 Trunk 链路带宽利用率。方法如下：

```
SW1# configure terminal
SW1(config)#vtp pruning               ! 启动 VTP 修剪
SW1(config)# interface f0/11          ! 选定 11 端口建立 VTP 修剪列表
SW1(config-if)# switchport Trunk pruning vlan remove 4
SW1(config-if)# switchport Trunk encapsulation isl   ! 缺省也为 ISL，可以省略该步骤
SW1(config-if)# end
SW1# show vtp status                  ! 查看 VTP 配置
```

说明：从可修剪列表中去除某 VLAN，用“**switchport Trunk pruning vlan remove** *vlan-id*”命令完成，其中 vlan-id 用逗号分隔不连续的 VLAN-ID，其间不要有空格，用短线表明一个 ID 范围(比如去除 VLAN12、13、14、16、18)，命令如下所示：

```
switchport Trunk pruning remove 12-14,16,18
```

如果需要关闭修剪，可以在全局命令模式下用“no vtp pruning”命令完成。

3. 在 SW2 和 SW3 上实现 VTP 客户

由于 SW2 和 SW3 的要求一样，下面以 SW2 配置为例来说明：

```
Switch# configure terminal
Switch(config)# hostname  SW2                     ! 配置主机名为 SW2
SW2(config)# vtp domain test.com                  ! 配置域名
SW2(config)# vtp mode client                      ! 配置 VTP 运行模式
SW2(config)# vtp password test                    ! 配置 VTP 口令

SW2(config)# interface  f0/11                     ! 选定 11 口端口为 Trunk
SW2(config-if)# switchport mode Trunk
SW1(config-if)# switchport Trunk encapsulation isl     ! 缺省也为 ISL，可以省略该步骤
```

```
SW2(config-if)# end
SW2# show vtp status                                 ! 查看 VTP 配置
```

4. 将 SW2 和 SW3 上的端口划分到指定 VLAN

由于 SW2 和 SW3 的配置方法一样，下面仍以 SW2 配置为例来说明：

```
SW2# configure terminal
SW2(config)# interface f0/2                          ! 选定接口
SW2(config-if)# switchport  access  vlan 2           ! 将端口划分到 VLAN2
SW2(config-if)# interface f0/3                       ! 选定接口
SW2(config-if)# switchport  access  vlan 3           ! 将端口划分到 VLAN2
SW2(config-if)# end
```

习　题　三

1. 简述 VLAN 和 IEEE 802.1Q 协议及其结构。
2. 实现跨交换机的 VLAN 配置，需要什么技术支持？

实　验　三

某实验室有 49 台 PC 主机，共分成 6 组，请利用 VLAN 技术进行划分和管理。

第 4 章 交换机的安全配置

交换机的主要功能是提供网络数据包优化和转发，存在被攻击或入侵的危险。一旦入侵者得到交换机的控制权限，所有通过该交换机转发的数据包都将受到威胁。通常情况下，管理员可以通过安全配置，加强交换机的安全。

4.1 终端访问安全

通过限制对交换机、路由器等网络设备的访问，能够最大限度地避免可能来自内部或外部的恶意网络攻击，并可有效地预防未授权用户或权限较低的网络管理员修改网络配置，从而保护网络传输的稳定和安全。可以通过 Console 端口、AUX 端口和 VTY 远程方式管理路由器和交换机，对于这三种登录方式的控制能够直接影响网络设备的安全性。

4.1.1 配置控制台访问口令

保护交换机应先从防止它们受到未经授权的访问开始。从控制台可以直接执行所有配置选项。要访问控制台，需要能在本地实际接触到设备。如果未正确保护控制台端口，恶意用户就可能破坏交换机配置。

要防止控制台端口受到未经授权的访问，应使用“password<password>”线路配置模式命令在控制台端口上设置口令。使用“line console 0”命令可以从全局配置模式切换到控制台0的线路配置模式，控制台0是Cisco交换机的控制台端口。提示符更改为(config-line)#，表示交换机现在处于线路配置模式。在线路配置模式下，可以通过输入“password<password>”命令来设置控制台口令。要确保控制台端口的用户必须输入口令才能访问，请使用“login”命令。如果不发出 login 命令，即使定义了口令，交换机仍不会要求用户输入口令。具体操作步骤和命令如表 4-1 所示。

表 4-1 配置控制台访问口令的具体操作步骤和命令

步 骤	命 令	含 义
1	Switch# configure terminal	进入全局配置模式
2	Switch(config)# #line con 0	从全局配置模式切换为控制台 0 的线路配置模式
3	Switch(config-line)# password Cisco	将 Cisco 设置为交换机控制台 0 线路的口令。使用“no password”命令从控制台线路上移除口令
4	Switch (config-line)#login	将控制台线路设置为需要输入口令后才会允许访问。使用“no login”命令取消在登录控制台线路时输入口令的要求
5	Switch(config)# end	回到特权模式

4.1.2　配置虚拟终端访问口令

当为网络设备设置了管理 IP 地址后，就可以借助 TELNET 以 IP 地址方式远程访问和管理该设备了。默认情况下，没有为 TELNET 设置密码。因此，为了网络设备的安全管理，必须设置 TELNET 密码。

Cisco 交换机的 vty 端口用于远程访问设备，使用 vty 终端端口可执行所有配置选项。访问 vty 端口不需要实际接触交换机，因此保护 vty 端口非常重要。如果 vty 端口保护不当，恶意用户就可能破坏交换机配置。要防止 vty 端口受到未经授权的访问，可以设置 vty 口令，在交换机允许访问之前，用户必须输入该口令。要在 vty 端口上设置口令，用户必须进入线路配置模式。Cisco 交换机上可以有很多 vty 端口，多端口允许多位管理员连接并管理交换机。要保护所有 vty 线路，请确保在所有线路上都设置口令，并强制要求登录。未对某些线路加以保护将有损安全性，并使未经授权的用户有机可乘。使用 line vty 0 4 命令可以从全局配置模式切换到 vty 线路 0 到 4 的线路配置模式。(注：如果交换机有更多 vty 线路，请相应调整范围以保护所有这些线路。例如，Cisco 2960 有线路 0 到 15。)设置完成后，可以使用“show running-config”命令验证配置，使用“copy running-config startup config”命令保存工作。具体操作步骤和命令如表 4-2 所示。

表 4-2　配置虚拟终端访问口令的具体操作步骤和命令

步 骤	命　　令	含　　义
1	Switch# configure terminal	进入全局配置模式
2	Switch(config)# #line vty 0 4	从全局配置模式切换为控制台 0 的线路配置模式
3	Switch(config-line)# password Cisco	将 Cisco 设置为交换机 TELNET 的口令。使用“no password”命令从控制台线路上移除口令
4	Switch (config-line)#login	将 TELNET 设置为需要输入口令后才会允许访问。使用“no login”命令取消在登录控制台线路时输入口令的要求
5	Switch(config)# end	回到特权模式

4.1.3　登录密码设置

Cisco 的 Enable 密码与 Windows 的 Administrator 密码作用和重要性类似。一方面，只有使用 Enable 密码，才能实现对交换机的配置和管理；另一方面，只要得到 Enable 密码，就可以对交换机进行任意配置和管理，还可以查看交换机上当前配置的所有设置，包括某些未加密的口令。因此，保护对特权执行模式的访问就显得尤为重要。具体操作步骤和命令如表 4-3 所示。

默认状态下，Cisco 设备的 Enable 密码为空，所以，在对交换机进行初始配置时，必须为其设置 Enable 密码。“enable password”全局配置命令用于指定口令以限制对特权执行模式的访问。但是“enable password”命令存在的一个问题是，它将口令以明文的形式存储在 startup-config 和 running-config 中。如果有人获得了存储的 startup-config 文件，或者以特权执行模式登录到 TELNET 或控制台会话进行临时访问，则他们可能看到口令。因此，

Cisco 引入了一个新的口令选项来控制对特权执行模式的访问，该选项以加密格式存储口令。在全局配置模式提示符下输入“enable secret”命令以及所要的口令，这样就可以指定加密形式的使能口令，也就是所谓的使能加密口令。如果配置了使能加密口令，则交换机将使用使能加密口令，而不使用使能口令，并且两种口令不能并列使用。此外，Cisco IOS 软件还内置了一种保护机制，用来防止设置的使能加密口令与使能口令相同。

如果需要取消必须提供口令才能访问特权执行模式的要求，可以在全局配置模式下使用“no enable password”和“no enable secret”命令。

表 4-3　配置执行模式口令的具体操作步骤和命令

步骤	命　令	含　义
1	Switch# configure terminal	进入全局配置模式
2	Switch(config)# enable password *password*	创建一个新的口令，password 是表示用户级别的口令，明文输入的口令的最大长度为 25 个字符(包括数字字符)。口令中不能有空格(单词的分隔符)、不能有问号或其他不可显示字符
2	Switch(config)# enable secret [level *level*] {*encryption-type*　*password*}	创建一个新的口令，password 是表示用户级别的口令，明文输入的口令的最大长度为 25 个字符(包括数字字符)。口令中不能有空格(单词的分隔符)、不能有问号或其他不可显示字符
	或 swich(config)#no enable secret [level]	删除口令和用户级别
3	Switch(config)# end	回到特权模式
4	Swich# show running-config	验证你的配置
5	Switch# copy　running-config startup-config	保存配置(可选)

4.1.4　配置和管理 SSH

一般而言网维人员都习惯使用 CLI 来进行设备配置和日常管理，常会使用 TELNET 来远程登录设备。大部分设备都提供标准的 TELNET 接口，开放 TCP 23 端口。虽然 TELNET 在连接建立初期也需要核查账号和密码，但是此过程中，以及后续会话中，都是以明文方式传送所有数据，容易造成窃听而导致泄密。TELNET 并不是一个安全的协议，建议采用 SSH 协议来取代 TELNET 进行设备的远程登录。SSH 与 TELNET 一样都提供远程连接的手段。但是 SSH 传送的数据(包括账号和密码)都会被加密，且密钥会自动更新，极大提高了连接的安全性。SSH 可以非常有效地防止窃听、防止使用地址欺骗手段实施的连接尝试。如果不需要远程登录 TELNET 服务，则禁止它。如支持 SSH 功能，则禁止 TELNET，开启 SSH。交换机在缺省状态下 SSH 服务是关闭的，具体配置 SSH Server 服务的操作方法如下：

```
Router(Config)# crypto key generate rsa
The name for the keys will be: router.blushin.org
Choose the size of the key modulus in the range of 360 to 2048 for your General Purpose keys.
```

```
Choosing a key modulus greater than 512 may take a few minutes.
    How many bits in the modulus[512]: 2048
    Generating RSA Keys...
    [OK]
    ! 生成 RSA 密钥对
    switch(Config)# username BShin privilege 10 password G00dP5wd
    ! 配置本地数据库，用于 SSH 认证
    switch(Config)# line vty 0 4
    switch(Config-line)# transport    input ssh
    switch(Config-line)# login local
    ! 配置 VTY 登录协议使用 SSH，并使用本地数据库认证，也可以使用其他认证方式，如 AAA
    switch(Config)#no line vty 0 4
    ! 禁止 TELNET
```

接下来我们可以在管理工作站上安装第三方 SSH 客户端软件，使用 SSH 进行交换机管理。

4.1.5　终端访问限制

登录一台路由器可以通过 Console 端口、AUX 端口和 VTY 远程方式，因此对于这三种登录方式的控制直接影响网络设备的安全性。在三种登录方式下需要设置认证和超时选项并使用本地用户名加密码的方式增加安全性。

下面以 VTY 远程方式为例说明如何限制对交换机的访问。当网络管理员远程登录到路由器或交换机的控制台、且已进入特权模式时，如果此时网络管理员有事离开计算机，就会使控制台处于无人看管状态，此时，任何用户都可以修改网络设备的配置。因此，对空闲会话必须进行超时设置，使得控制台在一段时间的空闲后自动断开与网络设备的连接，从而可提供额外的安全保障，默认超时限制值为 10 分钟。具体操作步骤和命令如表 4-4 所示。

表 4-4　配置虚拟终端超时时间的具体操作步骤和命令

步 骤	命　　令	含　　义
1	Switch# configure terminal	进入全局配置模式
2	Switch(config)# #line vty 0 4	从全局配置模式切换为控制台 0 的线路配置模式
3	Switch(config-line)# exec-timeout *seconds*	设置超时连接的时间。取值范围为 0～35 791，建议采用 180
4	Switch(config-line)#login local	设置登录时采用本地的用户数据
5	Switch(config)# end	回到特权模式

下面举例说明如何限制 Console 端口、AUX 端口和 VTY 远程方式对交换机的访问：

```
Switch(config)#line con 0
Switch(config-line)#exec-timeout 180
```

```
Switch(config-line)# login local
Switch(config-line)#line aux 0
Switch(config-line)#exec-timeout 180
Switch(config-line)#login local
Switch(config-line)#line vty 0 4
Switch(config-line)#exec-timeout 180
Switch(config-line)#login local
! 配置 SSH 超时 (可选)
R2(config)#ip ssh time-out  15
R2(config)#ip ssh authentication-retries 2
```

4.1.6 配置特权等级

通过设置口令保护和划分特权级别来实现网络管理的灵活性和安全性，是控制网络上的终端访问和管理交换机的最简单办法。用户级别范围是0～15级，级别0是最低的级别。交换机设备系统只有两个受口令保护的授权级别：普通用户级别(0 级)和特权用户级别(15级)。用户模式只有“Show”的权限和其他一些基本命令；特权模式拥有所有的权限，包括修改、删除配置。在实际情况下，如果给一个管理人员分配用户模式权限，可能不能满足实际操作需求，但是分配给特权模式则权限太大，容易发生误操作或密码泄漏。使用特权等级，可以定制多个等级特权模式，每一个模式拥有的命令可以按需定制。

我们可以通过设置和改变各级别的口令，同时将一些较高级别的命令的权限授予一些较低的级别，就像创建一个“Guest”用户一样，该用户只有少量的可执行的命令，可以进行授权的命令模式包括全部配置模式、特权模式和接口配置模式。具体操作步骤和命令如表4-5所示。

表4-5　设置和该表各级别口令的使用的具体操作步骤和命令

步 骤	命　令	含　义
1	Switch# configure terminal	进入全局配置模式
2	Switch(config)# enable secret [level *level*] {*password*}	创建一个新的口令或者修改一个已经存在的用户级别的口令。Level 表示用户级别(可选)，其范围为0～15。Level 0是普通用户级别，如果不指明用户的级别则缺省为15级(最高授权级别)。 password 是表示用户级别的口令，明文输入的口令的最大长度为 25 个字符(包括数字字符)。口令中不能有空格(单词的分隔符)、不能有问号或其他不可显示字符
	或 Switch (config)#no enable secret [level]	删除口令和用户级别
3	Switch (config)#username *username* privilege *level* password *password*	设置管理人员的登录用户名、密码和相应的特权等级

续表

步骤	命　　令	含　　义
4	Switch(config)# privilege *mode* level *level command*	设置命令的级别划分。 mode 代表命令的模式，其中：configure 表示全局配置模式，exec 表示特权命令模式，interface 表示接口配置模式。 level 代表授权级别，范围为 0～15。level 1 是普通用户级别，level 15 是特权用户级别，在各用户级别间切换可以使用“enable”命令。 command 代表要授权的命令。 **注意：**一旦一条命令被赋予一个特权等级，比该特权等级低的其他特权等级均不能使用该命令
5	Switch(config)# end	回到特权模式
6	Swich# show running-config	验证你的配置
7	Switch# copy running-config startup-config	保存配置(可选)

下面举例说明如何配置特权等级：

```
Switch(config)#enable secret level 5 csico5
Switch(config)#enable secret level 10 Cisco10
! 设置 5 级和 10 级的特权密码
Switch(config)#username user5 privilege 10 password password5
Switch(config)#username user10 privilege 10 password password10
! 设置登录名为 user5 的用户，其特权等级为 5、密码为 password5
! 设置登录名为 user10 的用户，其特权等级为 10、密码为 password10
Switch(config)#privilege exec level 5 show ip route
Switch(config)#privilege exec level 5 show ip
Switch(config)#privilege exec level 5 show
Switch(config)#privilege exec level 10 debug ppp chap
Switch(config)#privilege exec level 10 debug ppp error
Switch(config)#privilege exec level 10 debug ppp negotiation
Switch(config)#privilege exec level 10 debug ppp
Switch(config)#privilege exec level 10 debug
Switch(config)#privilege exec level 10 clear ip route *
Switch(config)#privilege exec level 10 clear ip route
Switch(config)#privilege exec level 10 clear ip
Switch(config)#privilege exec level 10 clear
! 设置 5 级和 10 级特权等级下能够使用的命令
```

4.2　基于交换机端口的安全控制

我们在局域网组建的时候，会考虑到把流经端口的异常流量限制在一定的范围内，许多交换机都具有这种基于端口的安全控制功能，能够实现风暴控制、端口保护、端口安全和端口速率限定。其中的广播风暴抑制可以限制广播流量的大小，对超过设定值的广播流量进行丢弃。但是，这种流量控制功能只能对经过端口的各类流量进行简单的速率限制，将单播、广播、组播的异常流量限制在一定的范围内，而无法区分哪些是正常流量，哪些是异常流量。同时，设定一个合适的阈值也比较困难。

目前，Cisco、华为、锐捷等网络交换机上几乎都支持基于端口的安全控制功能，下面的内容将主要以 Cisco 为例描述如何进行基于端口的安全控制。

4.2.1　风暴控制

1．概述

在以太网网络中，广播数据是必然存在的，是一种正常的数据。但是，有时候由于网络蠕虫病毒、攻击者或者网络错误的配置等发送大量的广播，会导致网络拥塞和报文传输超时，影响网络的正常通信，因此需要通过交换机来发现和限定这种异常流量(风暴流量)的发生，这时交换机将暂时禁止相应类型的数据包的转发直至数据流恢复正常。

2．配制风暴控制

缺省情况下，Cisco 二层交换机针对广播的风暴控制功能均被关闭。我们可以在交换机的接口模式下打开其广播的风暴控制开关。表 4-6 所示为配置风暴控制功能的步骤。

表 4-6　风暴控制功能的配置步骤

步 骤	命　　令	含　　义
1	Switch# configure terminal	进入全局配置模式
2	Switch(config)#interface interface-id	进入接口配置模式
3	Switch(config-if)#storm-control broadcast level x	打开对广播风暴的控制功能，设置网络风暴阈值，数值是按百分比算的，如果你是百兆口，数值设为“1”，那就代表 1%
4	Switch(config-if)#end	回到特权模式
5	Switch# sh storm-control broadcast	验证配置
6	Switch#copy running-config startup-config	保存配置(可选)

我们可以在接口配置模式下通过“no storm-control broadcast level”命令来关闭接口相应的风暴控制功能。

3．显示风暴控制使能状态

我们可以在特权模式下，通过“show storm-control broadcast”命令来查看接口的风暴控制使能状态。

下面的例子为显示交换机 Fa0/3 接口的风暴控制功能的使能状态：

```
Switch#show  storm-control  broadcast
Interface  Filter State   Upper       Lower       Current
---------  -------------  ----------- ----------- ----------
Fa0/1      Link Down      10.00%      10.00%      0.00%
```

4.2.2　端口保护控制

在有些局域网应用环境下，要求一台交换机上的有些端口之间不能互相通信。在这种条件下，这些端口之间的通信，不管是单播帧还是广播帧，以及多播帧，都只能通过三层设备进行通信。我们可以在 Cisco 交换机上，通过将端口设置为保护模式来达到此目的。Cisco 的交换机还可以支持将 Aggregated Port(链路聚合端口)设置为保护口。

但是，当我们将某些端口设为保护口之后，保护口之间互相将无法通信，而保护口与非保护口之间可以正常通信。当我们将两个保护口设为一个 SPAN 端口对时，SPAN 的源端口发送或接收的帧将按照 SPAN 的设置发到目的 SPAN 端口。因此，我们最好不要将目的 SPAN 端口设为保护口。具体完成端口保护控制的操作按照表 4-7 所示的步骤进行。

表 4-7　端口保护控制的配置步骤

步 骤	命　　令	含　　义
1	Switch# configure terminal	进入全局配置模式
2	Switch(config)# interface *interface-id*	选定一个接口，并进入接口配置模式
3	Switch(config-if)# switchport　protected	将该接口设置为保护口
	Switch(config-if)# no switchport protected	取消该接口的保护口
4	Switch(config-if)# end	退回到特权模式
5	Switch# show interfaces　switchport	验证配置
6	Switch# copy running-config startup-config	保存配置(可选)

4.2.3　端口阻塞控制

在 Cisco 二层交换机的缺省情况下，交换机任意端口会将接收到的广播报文、未知名多播报文、未知名单播报文转发到所有与该端口在同一个 VLAN 的其他端口，这样将造成其他端口流量负担的增加。通过端口阻塞(Port Blocking)功能，用户可以有针对性对广播/未知名多播/未知名单播报文中的任意一种或者多种进行屏蔽，拒绝/接收其他端口转发的任意一种或多种报文。

在交换机上配置端口阻塞与风暴控制有相似的地方，也有很大差别，风暴控制是有条件的限制，不是完全拒绝接收，而端口阻塞是对不需要的报文进行完全拒收。

我们可以按照表 4-8 所示的配置步骤完成端口阻塞控制。

表 4-8　端口阻塞的配置步骤

步 骤	命　　令	含　　义
1	Switch# configure terminal	进入全局配置模式
2	Switch(config)# interface *interface-id*	选定一个接口，并进入接口配置模式
3	Switch(config-if)# switchport block broadcast	打开对广播报文的屏蔽功能
	Switch(config-if)# switchport block multicast	打开对未知名多播报文的屏蔽功能
	Switch(config-if)# switchport block unicast	打开对未知名单播报文的屏蔽功能
4	Switch(config-if)# end	退回到特权模式
5	Switch# show interfaces *[interfaces-if]*	验证配置
6	Switch# copy running-config startup-config	保存配置(可选)

我们可以在接口配置模式下通过“no switch block {broadcast|multicast|unicast}”命令来关闭接口相应的端口阻塞功能。

例如，打开物理端口 FastEthernet 0/1 上对广播报文的屏蔽功能，并验证配置。

```
Switch# configure terminal
Switch(config)# interface FastEthernet 0/1
Switch(config-if)# switch block broadcast
Switch(config-if)# end
Switch(config)# show interfaces FastEthernet 0/1
```

4.2.4　端口安全性

1. 概述

通常，在局域网组建的时候，网络管理员可以直接通过交换机的端口安全性控制拒绝非法的 IP、或 MAC 的工作站接入网络。利用端口安全这个特性，我们可以通过限制允许访问交换机上某个端口的 MAC 地址以及 IP(可选)来严格控制对该端口的输入。当我们打开了端口安全功能，并且为端口配置了一些安全地址后，除了源地址为这些安全地址的数据包外，这个端口将不转发其他任何源地址中含非安全地址的报文。此外，我们还可以限制一个端口上能包含的安全地址的最大个数，如果你将最大个数设置为 1，并且为该端口配置一个安全地址，则连接到这个口的工作站(其地址为设定的安全地址)将独享该端口的全部带宽。

为了增强安全性，我们还可以将 IP 地址和 MAC 地址绑定起来，或者只绑定 MAC 地址作为安全地址。如果一个端口被配置为一个安全端口，当其安全地址的数目已经达到允许的最大个数后，如果该端口收到一个源地址不属于端口上的安全地址的数据包时，一个安全违例将产生。当安全违例产生时，我们可以通过配置来选择多种方式来处理违例，比如丢弃接收到的报文，发送违例通知或关闭相应端口等。

当我们设置了安全端口上安全地址的最大个数后，就可以选定要控制的某接口，在该接口模式下使用如下命令方式加满端口上的安全地址，以达到控制非法工作站接入网络的目的：

switchport port-security mac-address *mac-address*　**[ip-address** *ip-address***]**

其中在选定 mac-address 选项后，设定 mac-address 的值为某 MAC 地址，如果选定了

ip-address 地址，就设定 ip-address 的值为某 IP。选项 ip-address 可选，如果选定了就表示绑定 MAC 和 IP 一致的工作站可以接入该端口进入网络。

如果我们没有使用以上的命令，就是让该端口自动学习地址，这些自动学习到的地址将变成该端口上的安全地址，直到达到端口许可的最大个数。如果使用以上的命令进行了 IP 绑定，就将不能再通过自动学习来增加安全地址。当然，我们也可以手工配置一部分安全地址，剩下的部分让交换机自己学习。

交换机端口安全在缺省情况下，所有端口均关闭端口安全功能，最大安全地址个数为 128，没有设定安全地址，违例处理方式处于保护(protect)状态。

我们开启并设定了端口安全地址后，如果产生了违例，我们可以设置下面几种违例的处理模式：

· protect：当安全地址个数满后，安全端口将丢弃未知地址(不是该端口的安全地址中的任何一个数据包)。

· restrict：当违例产生时，将发送一个 SNMP Trap 通知。

· shutdown：当违例产生时，将关闭端口并发送一个 Trap 通知。

2. 配置端口安全的限制方法

配置端口安全时有如下一些限制：

(1) 一个安全端口不能是一个 aggregate port。

(2) 一个安全端口不能是 SPAN 的目的端口。

(3) 一个安全端口只能是一个 Access port。

无论是在哪种交换机上启用了 IEEE 802.1x 认证功能的端口都不能再启用端口安全，而启用了端口安全的端口不能再启用 IEEE 802.1x，这是因为认证功能就可以保证使用网络者的合法，因此对于启用了 IEEE 802.1x 认证功能的端口，该端口所关联的 ACLs 设置将不能生效。

同时，我们应该注意在一个安全端口上的安全地址的格式应保持一致，即一个端口上的安全地址要么全是绑定了 IP 地址的安全地址，要么都是不绑定 IP 地址的安全地址。如果一个安全端口同时包含这两种格式的安全地址，则不绑定 IP 地址的安全地址将失效(因为绑定 IP 地址的安全地址优先级更高)。

3. 配置安全端口及违例处理方式

配置安全端口及违例处理的操作步骤如表 4-9 所示。

表 4-9　安全端口及违例处理的操作步骤

步 骤	命　　令	含　　义
1	Switch# **configure terminal**	进入全局配置模式
2	Switch(config)# **interface *interface-id***	选定要设定安全的端口
3	Switch(config-if)# **switchport mode access**	设置接口为 access 模式
4	Switch(config-if)# **switchport port-security**	打开该接口的端口安全功能
5	Switch(config-if)# **switchport port-security maximum *value***	设置接口上安全地址的最大个数，value 取值范围是 1～128，缺省值为 128

续表

步骤	命　　令	含　　义
6	Switch(config-if)# **switchport port-security violation {protect | restrict | shutdown}**	设置处理违例的方式。 protect：保护端口，当安全地址个数满后，安全端口将丢弃未知名地址。 restrict：当违例产生时，将发送一个Trap通知。 shutdown：当违例产生时，将关闭端口并发送一个Trap通知。当端口因为违例而被关闭后，你可以在全局配置模式下使用“errdisable recovery”命令来将接口从错误状态中恢复过来
7	Switch(config-if)# **end**	回到特权模式
8	Switch # **show port-security interface [*interface-id*]**	验证配置
9	Switch # **copy running-config startup-config**	保存配置(可选)

在接口配置模式下，你可以使用“no switchport port-security”命令来关闭一个接口的端口安全功能。使用“no switchport port-security maximum”命令来恢复为缺省个数。使用“no switchport port-security violation”命令来将违例处理置为缺省模式。例如，可以启用接口 fastethernet 0/1 上的端口安全功能，将最大地址个数设置为 18，将违例方式设置为 protect。

```
Switch# configure terminal
Switch(config)# interface fastethernet 0/1
Switch(config-if)# switchport mode access
Switch(config-if)# switchport port-security
Switch(config-if)# switchport port-security maximum 18
Switch(config-if)# switchport port-security violation protect
Switch(config-if)# end
```

4．配置安全端口上的安全地址

当我们启用了端口的安全性并设定了违例处理方式后，需要控制哪些工作站主机是合法接入，所以要在指定的安全端口上配置安全地址。安全地址的配置步骤如表 4-10 所示。

表 4-10　端口安全地址的配置步骤

步 骤	命　　令	含　　义
1	Switch# **configure terminal**	进入全局配置模式
2	Switch(config)# **interface *interface-id***	选定安全端口
3	Switch(config-if)# **switchport port-security [mac-address *mac-address*] [ip-address *ip-address*]**	配置接口上的安全地址。 mac-address：绑定 MAC 地址。 ip-address：绑定 IP 地址
4	Switch(config-if)# **end**	回到特权模式
5	Switch # **show port-security address**	验证配置
6	Switch # **copy running-config startup-config**	保存配置(可选)

如果需要取消以上的配置，我们就可以在接口配置模式下，使用“no switchport port-security [mac-address *mac-address*][ip-address *ip-address*]”命令来删除该接口的安全地址。

例如，可以为接口 fastethernet 0/1 配置一个安全地址：00f0.0800.0730，并为其绑定一个 IP 地址：192.168.8.200。

```
Switch# configure terminal
Switch(config)# interface FastEthernet 0/1
Switch(config-if)# switchport mode access
Switch(config-if)# switchport port-security
Switch(config-if)# switchport port-security mac-address 00f0.0800.0730 ip-address
 192.168.8.200
Switch(config-if)# end
```

5. 配置安全地址的老化时间

为了动态的管理安全地址，让其在一定时间后重新更新，可以为其设定一个老化时间，即在安全接口上启用老化功能。我们首先需要设置安全地址的最大个数，这样，就可以让交换机自动地增加和删除接口上的安全地址。

我们可以按照表 4-11 所示的步骤来配置端口安全地址老化功能。

表 4-11　端口安全地址老化功能的配置步骤

步 骤	命　　令	含　　义
1	Switch# **configure terminal**	进入全局配置模式
2	Switch(config)# **interface *interface-id***	选定安全端口
3	Switch(config-if)# **switchport port-security aging{ static | time *time* }**	Static：加上这个关键字，表示老化时间将同时应用于手工配置的安全地址和自动学习的地址，否则只应用于自动学习的地址。 Time：表示这个端口上安全地址的老化时间，范围是 0～1440 分钟，如果设置为“0”，则老化功能实际上被关闭。老化时间按照绝对的方式的计时，也就是一个地址成为一个端口的安全地址后，经过指定的时间后，这个地址就将被自动删除
4	Switch(config-if)# **end**	回到特权模式
5	Switch # **show port-security address**	验证配置
6	Switch # **copy running-config startup-config**	保存配置(可选)

我们可以在接口配置模式下使用“no switchport port-security aging”命令来关闭一个接口的安全地址老化功能(time 老化时间为“0”)，使用“no switchport port-security aging static”命令来使老化时间仅应用于动态学习到的安全地址。

例如，可以配置一个接口 FastEthernet 0/1 上的端口安全的老化时间，将老化时间设置

为 10 分钟，老化时间应用于静态配置的安全地址。

```
Switch# configure terminal
Switch(config)# interface FastEthernet 0/1
Switch(config-if)# switchport port-security aging time 10
Switch(config-if)# switchport port-security aging static
Switch(config-if)# end
```

4.3 绑定 IP 和 MAC 地址

许多安全设置都是基于 IP 地址的，而用户的 IP 地址却可以手动随意设置。因此，还应当同时采取另外一种安全措施，即在交换机中将 IP 地址与 MAC 地址绑定在一起。这样，即使用户设置了 IP 地址，也由于 MAC 地址不同而不能获得相应的权限，从而保证网络的安全。使用表 4-2 所示的配置步骤，可将 MAC 地址与 IP 地址绑定在一起。

表 4-12　MAC 地址与 IP 地址绑定的配置步骤

步 骤	命　　令	含　　义
1	Switch# **configure terminal**	进入全局配置模式
2	Switch(config)# **app** *ip-address mac-address* **arpa**	绑定 IP 地址与 MAC 地址。若欲绑定若干 IP 地址，需要重复该操作
3	Switch # **copy running-config startup-config**	保存配置(可选)

4.4 动态 ARP 检测

地址解析协议(ARP)解决了通过 IP 地址获取相应 MAC 地址的问题(通过 32 位的 IP 地址获得 48 位的 MAC 地址)。ARP 工作在 BSI 模型的第二层(数据链路层)，它可以用查询列表(也称作 ARP 缓存)建立 IP 地址到 MAC 地址的映射关系。有很多攻击都是针对连接在三层网络上的设备或主机展开的，而它们大都通过用毒化 ARP 缓存的方式来实现。恶意用户可以拦截同一个网段中去往其他主机的流量，并且在网络中广播伪造的 ARP 响应，从而毒化该网段中其他设备的 ARP 缓存。很多已知的 ARP 攻击都会对私人数据、机密信息以及敏感信息造成严重的破坏。为使这类攻击不再大行其道，必须确保二层交换机只转发合法的 ARP 请求/响应。

动态 ARP 检测是一种能够验证网络中 ARP 地址解析协议数据报的安全特性。通过该特性，网络管理员能够拦截、记录和丢弃具有无效 MAC 地址、IP 地址绑定的 ARP 数据包。例如，主机 B 向主机 A 发送信息，但是在它的 ARP 缓存中没有主机 A 的 MAC 地址。主机 B 在广播域为所有主机发出广播信息来获得和主机 A 的 IP 地址相联系的 MAC 地址。所有在广播域中的主机接收到 ARP 请求后，主机 A 以它的 MAC 地址回应。然而，即使 ARP 请求没有被接收到，由于 ARP 允许来自一个主机的免费回应，故 ARP 电子欺骗攻击和 ARP

缓存毒害就可能发生。受到攻击之后，来自攻击下的所有设备的通信，都将穿过攻击者的计算机然后再到路由器、交换机或者主机。

4.4.1　在 DHCP 环境下配置动态 ARP 检测

在 DHCP 环境下，动态 ARP 检测可以用来核实网络中的 ARP 数据包，它可以把一个 IP 到 MAC 地址绑定的映射关系储存进一个可靠的数据库中(DHCP Snooping 绑定表)，并在将数据包转发到目的地之前，用这个数据库对它进行核实。如果动态 ARP 检测发现 ARP 数据包的 IP-MAC 地址绑定关系是无效的，它就会丢弃这个数据包。当 DHCP Snooping 特性在 VLAN 或者交换机上启用的同时，DHCP Snooping 绑定表就会生成。动态 ARP 检测的配置需要在特权 EXEC 模式下实现，配置动态 ARP 检测的配置步骤如表 4-13 所示。

表 4-13　在 DHCP 环境下动态 ARP 检测的配置步骤

步 骤	命　　令	含　　义
1	Switch# **configure terminal**	进入全局配置模式
2	Switch(config)# **show cdp　nerghbors**	绑定 IP 地址与 MAC 地址。若欲绑定若干 IP 地址，需要重复该操作
3	Switch(config)#**ip　arp　inspection　vlan** vlan-range	在任意 VLAN 中启用动态 ARP 检测。在默认情况下，动态 ARP 检测在所有的 VLAN 中是不可启用的
4	Switch(config)# interface　interface-id	指定接口连接到另一台交换机，并且进入接口配置模式
5	Switch(config-if)#ip arp inspection trust	配置两台交换机之间的信任连接，默认情况下，所有的接口都是非信任的
6	Switch(config-if)#end	回到特权模式
7	Switch# show ip　arp　inspection interface Switch#show　ip　arp　inspection　vlan vlan-range	校验配置

若要禁用动态 ARP 检测，可以用“no ip arp inspection vlan vlan-range”全局配置命令。若要返回到非信任状态的接口，可以使用“no ip arp inspection trust”接口配置命令。

4.4.2　在无 DHCP 环境下配置动态 ARP 检测

在非 DHCP 环境中，由于缺少 DHCP Snooping 绑定表，用户需要通过自定义 ARP ACL 来静态配置主机的 IP-MAC 地址映射。而在这种环境中，动态 ARP 检侧需要根据这种用户定义的 ARP ACL 来对 ARP 数据包进行检查。在交换机上，使用全局配置模式下的“arp access-list [acl-name]”命令可以对 ARP ACL 进行定义。然后，再把这个 ARP ACL 应用于那些特定的 VLAN。动态 ARP 检测的配置需要在特权 EXEC 模式下实现，配置动态 ARP 检测的配置步骤如表 4-14 所示。

表 4-14　在非 DHCP 环境下动态 ARP 检测的配置步骤

步 骤	命　令	含　义
1	Switch# **configure terminal**	进入全局配置模式
2	Switch(config)# **arp access-list** *acl-name*	定义一个 ARP ACL，并且进入 ARP 访问表配置模式。默认情况下，ARP 访问表无定义
3	Switch(config-arp-acl)#**permit ip host** *send-ip* **mac host** *sender-mac*	从指定的主机允许 ARP 数据包
4	Switch(config-arp-acl)# **exit**	返回全局配置模式
5	Switch(config)#**ip arp inspection filter** *arp-acl-name* **vlan** *vlan-range*	在 VLAN 中应用 ARP ACL。默认情况下，没有 ARP ACL 应用到任何 VLAN 中
6	Switch(config)#**interface** *interface-id*	指定交换机 A 连接交换机 B 的接口，并进入接口配置模式
7	Switch(config-if)# no ip arp inspection trust	在非信任状态下，配置交换机 A 连接交换机 B 的接口
8	Switch(config-if)#end	返回特权模式
9	Switch#**show arp access-list** Switch#**show ip arp inspection vlan** vlan-range Switch# **ip arp inspection interface**	校验配置

若要移除 ARP ACL，可以使用“no arp access-list”全局配置命令。而若要移除 ARP ACL 到 VLAN 的连接，可以使用“no ip arp inspection filter arp-acl-name vlan vlan-range”全局配置命令。

4.5　基于 IEEE 802.1x 的 AAA 服务

在传统的局域网环境中，只要有物理的连接端口，未经授权的网络设备就可以接入局域网，或者是未经授权的用户可以通过连接到局域网的设备进入网络，从而给企业造成了潜在的安全威胁。另外，在学校、智能小区等需要计费的网络中，验证用户接入的合法性也非常重要。IEEE 802.1x 作为解决这个问题的良药，已经被集成到二层智能交换机中，可用于完成对用户的接入安全审核。

4.5.1　概述

1. 什么是 AAA 认证服务

AAA 是 Authentication，Authorization and Accounting(认证、授权和计费)的简称，它提供了一个对认证、授权和计费这三种安全功能进行配置的一致性框架，实际上是对网络安全的一种管理。这里的网络安全主要是指访问控制，包括：

- 哪些用户可以访问网络服务器。

- 具有访问权的用户可以得到哪些服务。
- 如何对正在使用网络资源的用户进行计费。

针对以上问题，AAA 必须提供认证功能、授权功能和计费功能。

- Authentication：认证用于判定用户是否可以获得访问权，限制非法用户。
- Authorization：授权用户可以使用哪些服务，控制合法用户的权限。
- Accounting：记账功能记录用户使用网络资源的情况，包括用户身份、访问网络的起始和结束时间、执行命令等信息；为收费、审计和报告提供依据。

1) 认证功能

AAA 支持以下认证方式：

(1) 不认证：对用户非常信任，不对其进行合法检查。一般情况下不采用这种方式。

(2) 本地认证：将用户信息(包括本地用户的用户名、密码和各种属性)配置在设备上。本地认证的优点是速度快，可以降低运营成本；缺点是存储信息量受设备硬件条件限制。

(3) 远端认证：支持通过 RADIUS 协议或 TACACS+ 协议进行远端认证，设备作为客户端，与 RADIUS 服务器或 TACACS+ 服务器通信。对于 RADIUS 协议，可以采用标准或扩展的 RADIUS 协议。

2) 授权功能

AAA 支持以下授权方式：

(1) 直接授权：对用户非常信任，直接授权通过。

(2) 本地授权：根据设备上为本地用户账号配置的相关属性进行授权。

(3) RADIUS 认证成功后授权：RADIUS 协议的认证和授权是绑定在一起的，不能单独使用 RADIUS 进行授权。

(4) TACACS+ 授权：由 TACACS+ 服务器对用户进行授权。

3) 计费功能

AAA 支持以下计费方式：

(1) 不计费：不对用户计费。

(2) 远端计费：支持通过 RADIUS 服务器或 TACACS+ 服务器进行远端计费。AAA 一般采用客户端/服务器结构，客户端运行于被管理的资源侧，服务器上集中存放用户信息。因此，AAA 框架具有良好的可扩展性，并且容易实现用户信息的集中管理。

2. 几种常见认证方式

1) PPPoE 认证

PPPoE 的本质就是在以太网上运行 PPP 协议。由于 PPP 协议认证过程的第一阶段是发现阶段，广播只有在二层网络才能发现宽带接入服务器。因此，也就决定了在客户机和服务器之间，不能有路由器或三层交换机。另外，由于 PPPoE 点对点的本质，在客户机和服务器之间，限制了组播协议存在，这样，将会在一定程度上影响视频业务的开展。除此之外，PPP 协议需要再次封装到以太网中，所以效率较低。

2) Web + DHCP 认证

采用旁路方式网络架构时，不能对用户进行类似带宽管理。另外，DHCP 是动态分配

IP 地址，但其本身的成熟度加上设备对这种方式支持力度还较小，故在防止用户盗用 IP 地址等方面，还需要额外的手段来控制。除此之外，用户连接性差，易用性不够好。

3) IEEE 802.1x + RADIUS 认证

IEEE 802.1x 协议为二层协议，不需要到达三层，而且接入交换机无需支持 IEEE 802.1q 的 VLAN，对设备的整体性能要求不高，可以有效降低建网成本。业务报文直接承载在正常的二层报文上，用户通过认证后，业务流和认证流实现分离，对后续的数据包处理没有特殊要求。在认证过程中，IEEE 802.1x 不用封装帧到以太网中，效率相对较高。图 4-1 所示的为采用锐捷交换设备的典型 IEEE 802.1x + RADIUS 认证方法。

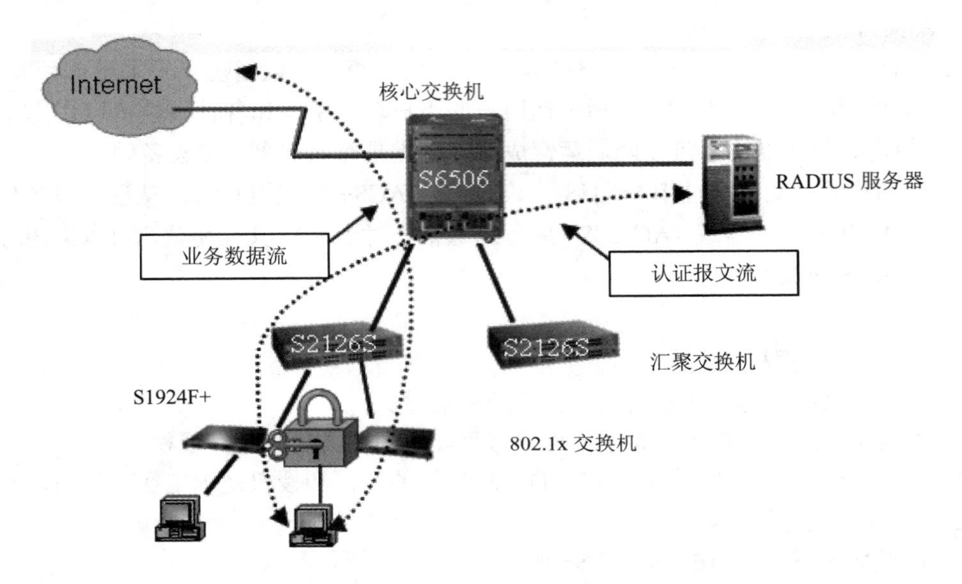

图 4-1　IEEE 802.1x + RADIUS 认证

4.5.2　基于 IEEE 802.1x 的认证配置

1. IEEE 802.1x 介绍

随着网络建设规模的迅速扩大，以及网络技术的发展，用户数量急剧增加和对宽带业务多样性的要求更加突出，导致网络上原有的认证系统不能更好地适应其变化。而 IEEE 802.1x 协议具有完备的用户认证、管理功能，可以很好地支撑宽带网络的记账、安全、运营和管理要求。IEEE 802.1x 是 IEEE 2001 年 6 月通过的基于端口访问控制的接入管理协议标准。应用了 IEEE 802.1x 的交换机提供了 Authentication、Authorization 和 Accounting 三种安全功能，即 AAA 认证服务。

IEEE 802.1x 是一种基于端口的网络接入控制技术，在局域网设备的交换机物理端口进行接入认证和控制。连接在该类端口上的用户设备如果能通过认证，就可以访问局域网内的资源；如果不能通过认证，则无法访问 LAN 内的资源，相当于物理上断开连接，如图 4-1 所示。

IEEE 802.1x 的体系结构中包括三个部分：客户端请求系统(Supplicant System)、认证系统(Authenticator System)和认证服务器(Authentication Sever System)。图 4-2 为三者的一次典

型认证过程和报文交互过程。图中描述了客户端请求和认证系统之间通过 EAPOL 协议交换信息，而认证系统和认证服务器通过 RADIUS 协议交换信息，通过这种转换完成认证过程。EAPOL 协议封装于 MAC 层之上，类型号为 0x888E。同时，IEEE 标准为该协议申请了一个组播 MAC 地址 01-80-C2-00-00-03，用于初始认证过程中的报文传递。

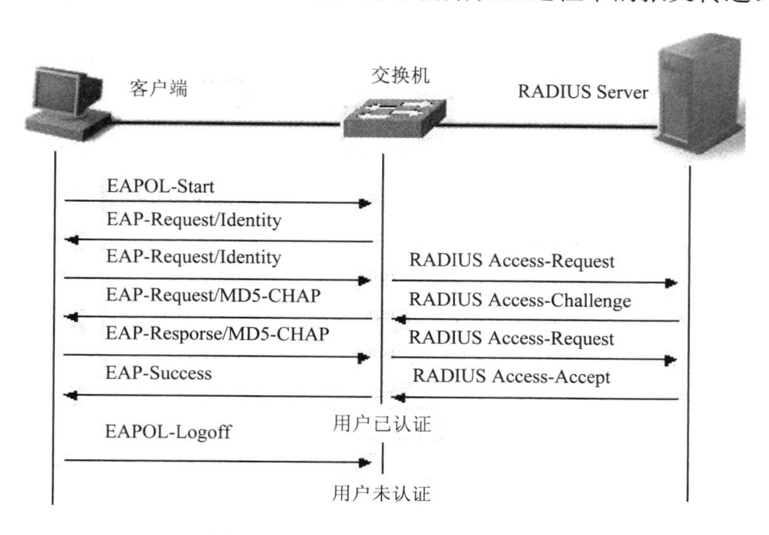

图 4-2　IEEE 802.1x 的认证过程

IEEE 802.1x 体系结构中三个部分的具体描述如下：

1) 客户端请求系统(Supplicant System)

该系统是最终用户所扮演的角色，一般是个人 PC。它请求对网络服务的访问，并对认证系统的请求报文进行应答。客户端必须运行符合 IEEE 802.1x 客户端标准的软件。

2) 认证系统(Authenticator System)

该系统一般为交换机等接入设备。该设备的职责是根据客户端当前的认证状态控制其与网络的连接状态。在客户端与 RADIUS 服务器之间，该设备扮演着中介角色：从客户端要求用户名时，核实从服务器端的认证信息，并且转发给客户端。因此，交换机除了扮演 IEEE 802.1x 的认证系统的角色，还扮演 RADIUS(认证服务器)客户角色，因此，我们可以把交换机称作 NAS (Network Access Server)，它要负责把从客户端收到的回应封装到 RADIUS 格式的报文并转发给 RADIUS Server，同时它要把从 RADIUS Server 收到的信息解释出来并转发给客户端。

扮演认证系统角色的设备有两种类型的端口：受控端口(controlled Port)和非受控端口(uncontrolled Port)。连接在受控端口的用户只有通过认证才能访问网络资源；而连接在非受控端口的用户无需经过认证便可以直接访问网络资源。我们把用户连接在受控端口上，便可以实现对用户的控制；非受控端口主要是用来连接认证服务器，以便保证服务器与交换机的正常通信，示意图如图 4-1 所示。

3) 认证服务器(Authentication Sever System)

认证服务器通常为 RADIUS 服务器，认证过程中与认证系统配合，为用户提供认证服务。认证服务器保存了用户名、密码以及相应的授权信息，一台服务器可以对多台认证系

统提供认证服务，这样就可以实现对用户的集中管理，同时认证服务器还可以提供用户的记账、审计和报表等功能。

2. 配置 802.1x 注意事项

(1) 只有支持 802.1x 的交换机才能进行配置。

(2) 802.1x 既可以在二层下又可以在三层下的交换机上运行。

(3) 要先设置认证服务器的 IP 地址，才能打开 802.1x 认证。

(4) 打开端口安全的端口不允许打开 802.1x 认证。

(5) Aggregate Port 不允许打开 802.1x 认证。

(6) 可以在全局模式下使用“dot1x　default”命令把所有参数设置成默认认值。

3. 配置 IEEE 802.1 x 认证

IEEE 802.1x 协议与 LAN 是无缝融合的。IEEE 802.1x 利用了交换 LAN 架构的物理特性，实现了 LAN 端口上的设备认证。在认证过程中，LAN 端口要么充当认证者，要么扮演请求者。在作为认证者时，LAN 端口在需要用户通过该端口接入相应的服务之前，首先进行认证，如若认证失败则不允许接入。在作为请求者时，LAN 端口则负责向认证服务器提交接入服务申请。基于端口的 MAC 锁定只允许信任的 MAC 地址向网络中发送数据。来自任何“不信任”的设备的数据流会被自动丢弃，从而确保最大限度的安全性。IEEE 802.1x 认证配置的过程如表 4-15 所示。

表 4-15　IEEE 802.1x 认证配置的过程

步骤	命令	含义
1	Switch# **configure terminal**	进入全局配置模式
2	Switch(config)# **aaa new-model**	启用 AAA
3	Switch(config)#**aaa authentication dot1x {default}** *method1 [method2]*	创建 802.1x 认证方法列表，如果不指定名称列表，将创建一个默认列表。默认方法列表被自动应用于所有端口。在方法(method)中，键入“group radius”关键字，将使用列表中所有的 RADIUS 服务器认证
4	Switch(config)# **dot1x system-auth-control**	在交换机上启用 802.1x 全局认证
5	Switch(config)# **aaa authorization network {default} group radious**	(可选)配置交换机在所有网络有关服务请求(如用户访问列表、VLAN 分配等)中使用 RADIUS 认证
6	Switch(config)# **interface** *interface-id*	指定欲配置为 802.1x 认证的端口。若欲同时指定多个认证端口，应当先使用“interface range”命令以简化操作
7	Switch(config-if)# **dot1x port-control auto**	在该端口启用 802.1x 认证
8	Switch(config-if)#**end**	返回特权配置模式
9	Switch# **show dot1x**	校验当前设置

4. 配置交换机与 RADIUS Server 之间的通信

RADIUS Server 维护了所有用户的信息：用户名、密码、该用户的授权信息以及该用户的记账信息等。所有的用户集中于 RADIUS Server 管理，而不必分散于每台交换机，便于管理员对用户的集中管理。

交换机要能正常地与 RADIUS Server 通信，必须进行如下设置：

(1) 在 RADIUS Server 端，要注册一个 RADIUS Client。注册时要告知 RADIUS Server 交换机的 IP、认证的 UDP 端口(若记账还要添记账的 UDP 端口)、交换机与 RADIUS Server 通信的约定密码，还要选上对该 Client 支持 EAP 扩展认证方式。

(2) 在交换机端，为了让交换机能与 RADIUS Server 进行通信，交换机端要设置 RADIUS Server 的 IP 地址，认证和记账的 UDP 端口，与 RADIUS Server 通信的约定密码。

具体操作步骤如表 4-16 所示。

表 4-16　设置 RADIUS Server IP 地址的操作步骤

步骤	命　令	含　义
1	Switch# **configure terminal**	进入全局配置模式
2	Switch(config)# **radius-server host** *{hostname|ip-address}* **auth-port** *port-number* **key** *string*	配置 RADIUS Server 参数 hostname | ip-address：指定 RADIUS 服务器的主机名或 IP 地址。 auth-port port-number：指定认证请求的 UDP 目的端口。默认为 1812，可取值范围为 0～65536。 key string：指定在交换机和 RADIUS 服务器之间的认证或加密密钥。这个密钥是一个字符串，必须与 RADIUS 服务器上使用的密钥相匹配。若欲使用多个 RADIUS 服务器，重复输入该命令
3	Switch(config)# **end**	退回到特权模式
4	Switch# **show radius-server**	查看 RADIUS Server 设置

我们可以使用“no radius-server auth-port”命令将 RADIUS Server 认证 UDP 端口恢复为缺省值 1812，使用“no radius-server key”命令删除 RADIUS Server 认证密码。

例如，设置 Server IP 为 192.168.8.254、认证 UDP 端口为 600，并约定密码。

```
Switch#configure terminal
Switch(config)# radius-server host 192.168.8.254 auth-port 600 key xxd
Switch(config)# end
```

5. 配置重新认证周期

可以实施对 802.1x 客户的定期重新认证，并且指定重新认证的周期。默认情况下，两次认证的间隔为 3600 秒。如果人员流动性较大，且对安全性要求较高，可以缩短重新认证的时间。具体操作步骤如表 4-17 所示。

表 4-17　配置重新认证周期的操作步骤

步骤	命　　令	含　　义
1	Switch# **configure terminal**	进入全局配置模式
2	Switch(config)# **interface** *interface-id*	选择需要设置的接口
3	Switch(config-if)# **dot1x reauthentication**	启用定期重新认证。默认状态下，该功能被禁用
4	Switch(config-if)# **dot1x timeout reauth-period** *seconds*	设置两次重新认证之间的时间间隔，单位为秒。取值范围为 1～65 535，默认为 3600 秒
5	Switch# **show dot1x interface** *interface-id*	查看接口配置

6. 修改安静周期

所谓安静周期，是指当客户端无法通过认证后，再次认证所需要等待的时间。为了使用户尽快得到再次重新尝试输入密码以正确登录网络的机会，可以缩短安静周期。当然，应当在一些比较可靠的接口设置。具体操作步骤如表 4-18 所示。

表 4-18　配置安静周期的操作步骤

步骤	命　　令	含　　义
1	Switch# configure terminal	进入全局配置模式
2	Switch(config)# interface *interface-id*	选择需要设置的接口
3	Switch(config-if)# dot1x timeout quiet-period *seconds*	指定认证失败后，可以重新认证所需等待的时间。默认状态为 60 秒，可取值范围为 1～65 535 秒
4	Switch(config-if)# end	退回到特权模式
5	Switch# show dot1x interface *interface-id*	查看接口配置

限于篇幅，其他关于阀值、认证等参数的配置不再描述，读者可以参考相关的交换机配置手册。下面给出一个基于 IEEE 802.1x 配置实例，设置 Server IP 为 172.21.32.73、认证 UDP 端口为 1812，并约定密码：

```
switch#config  t ;                  ! 进入全局配置模式
switch(config)#aaa new-model ;  ! 启用 aaa 认证
switch(config)#aaa authentication dot1x default group RADIUS;
                                    ! 配置 802.1x 认证使用 RADIUS 服务器数据库
switch(config)#aaa authorization network default group radius;
                                    ! 配置 802.1x 网络授权使用 RADIUS 服务器
switch(config)#radius-server host 172.21.32.73 auth-port 1812 acct-port 1813 key vrv ;
          ! 指定主 RADIUS 服务器地址为 172.21.32.73，通信密钥为 vrv，端口为 1812 和 1813
switch(config)#radius-server vsa send authentication   ;
          ! 配置 VLAN 分配必须使用 IETF 所规定的 VSA 值
```

```
switch(config)#radius-server retransmit 1 ；！ 如果认证失败后，尝试向 RADIUS 服务器认证次数
switch(config)#int range f0/1 - 3 ；              ！ 进入需要开启 802.1x 认证的端口 f0/1 - 3，
                                                  ！ 如果其他端口需要开启，将端口号改变即可
switch(config-if-range)#switchport mode access ；        ！ 设置端口模式为访问模式
switch(config-if-range)#authentication port-control auto
switch(config-if-range)#dot1x port-control auto ；       ！f0/1 到 f0/3 端口开启 dot1x 认证
exit
switch(config)#dot1x system-auth-control ；              ！ 全局启动 dot1x 认证
```

4.6　交换机访问控制列表

随着网络数据量的日益增大，对各种技术的应用也在持续扩张，呈爆炸式增长的数据在网络中流动。在这种情况下，假如没有适当的安全机制，那么每个网络就都可以和其他网络相互访问，而无法对合法的访问行为和非法的访问行为进行任何区分。控制网络访问的基本步骤之一，就是在网络内控制数据流量。而实现这个目标的方法之一，就是使用访问控制列表(Access control list，ACL)。ACL 不仅简便高效，而且在所有主流 Cisco 产品上都可以使用。交换机的访问控制列表与路由器的访问控制列表原理以及配置思路一样，只是在配置命令和安全控制的程度上有所区别，也不是所有的交换机都支持，支持的程度也有所差别。我们将在后面访问控制一章中详细讲述。

习　题　四

1. 基于交换机端口的安全实现，有哪些控制方法？
2. 什么是 AAA 服务，IEEE 802.1x 的认证过程是什么？
3. 完成基于 IEEE 802.1x 认证时，客户端是否需要安装支持该协议的软件，接入层交换机是否必须支持 IEEE 802.1x 或路由网关(或三层接口)支持 IEEE 802.1x 也可以？

实　验　四

针对某楼宇 5 楼主机用户经常受到扫描攻击事件、IP 地址冲突等现象，请你设计一个不需要 AAA 认证的方案来解决该问题，同时说明方案中交换机设备应该选择什么型号的。

第 5 章　网络互联技术及路由器基本配置

TCP/IP 协议栈是 Internet 上所采用的基本通信协议，是一系列网络协议的总和，它定义了电子设备如何连入因特网，以及数据如何在它们之间进行传输。当发送方和接收方位于不同网络时，必须将以太网帧发送到路由器，路由器负责不同网络之间的数据包传送。作为不同网络之间互相连接的枢纽，路由器系统构成了基于 TCP/IP 的 Internet 的主体脉络，它的处理速度是网络通信的主要瓶颈之一，它的可靠性则直接影响着网络互连的质量。因此，在园区网、地区网、乃至整个 Internet 研究领域中，路由器技术始终处于核心地位，其发展历程和方向成为整个 Internet 研究的一个缩影。

5.1　TCP/IP 协议与 IP 地址

TCP/IP(Transmission Control Protocol/Internet Protocol)即传输控制协议/网际协议，是一组用于实现网络互连的通信协议集，它包括上百个各种功能的协议，如：远程登录、文件传输和电子邮件等，而 TCP 协议和 IP 协议是保证数据完整传输的两个基本的重要协议，是目前 Internet 上所采用的基本通信协议。而且局域网、城域网几乎都采用了兼容性强的 TCP/IP，是目前 Internet 事实上的标准。

TCP/IP 协议相对比较集中，而 IP 协议是 TCP/IP 中最为核心的协议。而协议中 IP 地址用于标识数据报的源地址和目标地址，在 TCP/IP 网络中主要采用了两种 IP 地址版本：IPv4 和 IPv6。其中 IPv4 为 32 位二进制的 IP 地址，被广泛使用；而 IPv6 为 128 位二进制的地址，主要是下一代 Internet 网络采用的地址分配方案，目前一些 ISP 商已经提供了 IPv6 接入平台。本书中没有特别说明 IP 版本的时候，均指 IPv4。

5.1.1　TCP/IP 中的协议

TCP/IP 协议通常为协议族，其中包括多种不同的子协议，如图 5-1 所示。

TCP/IP体系	TCP/IP协议族
应用层	HTTP、SMTP、Telnet、SNMP、DNS、MMS、POP3等
传输层	TCP、UDP
网络互联层	IP、ICMP等
网络接口层	以太网、ATM 帧中继、FDDI 等

图 5-1　TCP/IP 协议族

1．网际互联协议——IP 协议

网际互联协议即 IP 协议，工作在 TCP/IP 协议结构的网际互联层，属于被路由协议。IP 协议的基本功能是提供无连接的数据包传送服务和数据包路由选择服务，但不保证服务的可靠性。IP 协议提供以下功能：

(1) IP 地址寻址功能：指出发送和接收 IP 数据

包的源 IP 地址及目的 IP 地址。

(2) IP 数据包的分段和重组功能：不同网络的数据链路层可传输的数据帧的最大长度(MTU)不一样，比如，10 Mb/s 以太网是 1500 字节、16 Mb/s 的令牌环是 17 914 字节、FDDI 是 4352 字节。因此，源主机的 IP 协议能根据不同链路情况，对数据包进行分段封装；而目标主机的 IP 协议能根据 IP 数据包中的分段和重组标识，将各个 IP 数据包分段重新组装为原数据包，然后向上层协议传递。

(3) 路由转发功能：根据 IP 数据包中目的 IP 地址，确定是本网传送还是跨网传送。若目的 IP 地址属于本网，就不用转发；若目的 IP 不属于本网，则通过路由器将数据包转发到另一个网络或下一个路由器，直至转发到目的主机所在的网络。

2. 网际控制报文协议——ICMP 协议

由于 IP 协议提供的是一种不可靠的和无连接的数据包服务，为了对 IP 数据包的传送进行差错控制，需要由 ICMP 协议对未能完成传送的数据包给出出错的原因，以便源节点对此做出相应的处理。

3. 地址解析协议——ARP 协议

IP 网络数据包能够在网络中正常传输，首先需要介质访问控制子层的 MAC 地址来确定发送的目的 MAC 地址。因而需要通过 ARP 协议来动态发现对方主机的 48 位二进制 MAC 地址。在 TCP/IP 网络中，网络接口层主要采用以太网技术，以太网技术在同一个局域网中具有网络广播的能力，发送带有 ARP 广播请求的网络数据后，同一物理局域网中所有主机都可以收到这个请求，能够根据 ARP 协议解析来获取对方主机 IP 对应的 MAC 地址，然后将结果返回给带有 MAC 地址的源主机，最终完成了 ARP 解析过程。同时在源主机和目的主机的 ARP 缓冲区中存放了对方 MAC 和 IP 的对应项，为后续的数据通信提供地址查询表。

4. 反向地址解析协议——RARP 协议

RARP 是 ARP 的反向过程，实现的是将主机的 MAC 地址映射为对应 IP 地址，通过这种 RARP 请求方式可以从服务器上获取 IP 地址。在无盘工作站中通过 BOOTP 协议方式发送 RARP 广播请求来实现 RARP 解析。

5. 传输控制协议——TCP 协议

TCP 建立在 IP 提供的基础服务上，支持面向连接的、可靠的数据传输服务，即进行通信的双方在传输数据之前，必须首先建立连接(类似虚电路)，其次传输数据的过程中，需要维持连接，传输结束后，需要终止连接。TCP 还具有确认与重传机制、差错控制和流量控制等功能，以确保报文段传送的顺序和传输无错，即实现了 TCP 的三次握手协议。常见 TCP 提供的服务与上层应用程序所对应的服务默认端口有：TELNET 服务端口 23，Web 服务端口 80，SMTP 服务端口 25，POP3 服务端口 110，FTP 服务端口 21 和端口 20 等。

6. 用户数据报协议——UDP 协议

UDP 协议直接利用 IP 协议来传送报文，没有繁琐的顺序控制、差错控制和流量控制等功能，因而它的服务和 IP 协议一样是无连接的和不可靠的服务，即 UDP 报文也会出现丢失、重复、失序等现象。但是它开销小、效率高，因而适用于速度要求较高而功能简单的类似请求/响应方式的数据通信。通常采用 UDP 的应用层协议有 DNS(端口号 53，提供 DNS

客户端查询域名)，SNMP(端口号 161)，TFTP(端口号 69)，DHCP 服务器(端口号 67)等。

5.1.2　IP 地址

IP 数据包在发送网络和目的网络之间流转，所以 IP 地址方案中必须包括源网络和目标网络的标识符。通过使用目的网络标识符，IP 协议可以向目的网络发送数据分组，当数据分组到达与目的网络相连接的路由器时，IP 协议必须定位于目的网络相连的主机。这种方式与邮政系统类似，当发送一封信件时，首先要根据邮政编码把信发送到收件人所在的城市邮局；然后，邮局根据街区地址找到最终的收件人。

因此，IP 地址实际上应包含两个部分，一个部分标识主机所连接的网络，另一个部分标识该主机在该网络中的编号。

1．IP 地址介绍

目前，在 TCP/IP 网络中主要采用了两种 IP 地址版本：IPv4 和 IPv6。其中 IPv4 为 32 位二进制的 IP 地址，被广泛使用。IPv4 版本的 IP 地址为了表示方便，将 32 位二进制按照 8 位一组，分成 4 组，采用“点分十进制”方法描述，满足用户的使用习惯，例如 222.18.134.129。

IP 地址由两部分组成：网络 ID(net-id)和主机 ID(host-id)。网络 ID 具有唯一性，用来识别不同的网络；而主机 ID 用来区分同一网络上的不同主机。相同网络 ID 中的每个主机 ID 必须是唯一的。

2．IP 地址和 MAC 地址的区别

IP 地址与 MAC 地址之间并没有什么必然的联系，其中 IP 地址是指 Internet 协议使用的逻辑地址，而 MAC 地址(48 位二进制)是 Ethernet 协议使用的物理地址。

MAC 地址是识别局域网(LAN)主机或网络设备节点的标识。在局域网网络底层的物理传输过程中，首先，Ethernet 交换机根据 Ethernet 数据包包头中的 MAC 源地址和 MAC 目的地址实现数据包的交换和传递；然后局域网主机根据 Ethernet 数据包包头中的 MAC 目的地址进行判断来接收与自己地址相同的 Ethernet 数据包。

在局域网出口的网关处，路由器处理网络数据包是依据 IP 地址，而局域网内交换设备处理网络数据包则是依据 MAC 地址。在网络数据传输中，这两种地址是并存的。

3．IP 地址的分类

IP 地址可分为 A、B、C、D、E 五类，可作为主机 IP 地址的是前三类地址，如图 5-2 和表 5-1 所示(其中，xxx 表示主机 ID)。

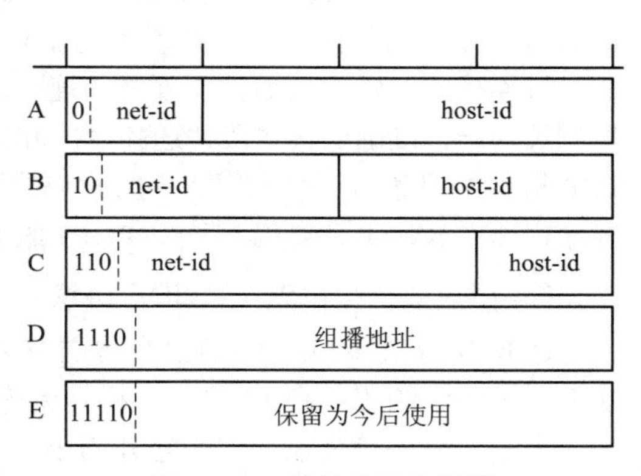

图 5-2　IP 地址的五种类型

说明：

(1) 主机 ID 位全为“1”的地址表示该网络中的所有主机，即广播地址。

(2) 主机 ID 位全为“0”的地址表示该网络本身，即网络地址。

(3) 以“127”开头的地址作为本地回环测试地址，所以将在 A 类中被排除。

网络中分配给主机的 IP 地址不包括广播地址和网络地址。因此，每一网络中可用作主机的 IP 地址数＝2^n-2(其中 n 为主机 ID 的二进制位数)。

表 5-1　IP 分类及地址范围

地址类型	地址范围	说　明
A 类	001.xxx.xxx.xxx～126.xxx.xxx.xxx	8 位为网络 ID，24 位为主机 ID
B 类	128.000.xxx.xxx～191.255.xxx.xxx	16 位为网络 ID，16 位为主机 ID
C 类	192.000.000.xxx～223.255.255.xxx	24 位为网络 ID，8 位为主机 ID
D 类	224.000.000.000～239.255.255.255	组播地址
E 类	240.000.000.000～255.255.255.255	保留地址

在使用 IP 地址的时候，有一些特殊的 IP 地址是不能作为主机的 IP 地址的，但是这些特殊地址可以出现在网络通信的网络数据包中，如表 5-2 所示。

表 5-2　特殊 IP 地址

网络 ID	主机 ID	作为源地址	作为目的地址	含　义
全 0	全 0	允许	不允许	在本网络上的本主机
全 0	任意	允许	不允许	在网络上的某个主机
全 1	全 1	不允许	允许	只在本网络上进行广播
任意	全 1	不允许	允许	对网络 ID 上的所有主机进行广播

通常会给私有网络分配免费的 IP 地址，而在 Internet 网上却被认为是非法的 IP 地址，但这些 IP 地址可以在不同企业或单位私有网络中重复使用。在 A、B、C 三类网络中提供的私有 IP 地址如表 5-3 所示。

表 5-3　私有 IP 地址范围

地址类型	私有 IP 地址范围	网络个数
A 类	10.0.0.0～10.255.255.255	1
B 类	172.16.0.0～172.31.255.255	16
C 类	192.168.0.0～192.168.255.255	256

5.1.3　IP 地址的子网划分

IP 地址使用的子网划分，是将一个大的主类网络划分成若干个小的子网网络。当不进行子网划分时，网络中只能使用 A 类、B 类和 C 类三种网络的主类地址。

通常我们可以根据 IP 地址第一个十进制数位的值范围，即可判断它属于 A 类、B 类和 C 类中的哪一个主类网络地址，进而可确定该 IP 地址的网络 ID 和主机 ID，而不需要子网掩码的辅助。但是，通过 IP 子网划分，网络管理员可以在已经得到某一网络的 IP 地址空间中创建子网络，以满足分配给不同部门或不同用户类，便于管理和使用的需求。子网 ID 与网络 ID 相结合，不仅可以把位于不同物理位置的主机组合在一起，还可以通过分离关键设备或者优化数据传送等措施提高网络安全性能，降低网络流量。

在 Internet 或 TCP/IP 网络中，通过子网划分，或者通过路由器不同接口连接的网段就

是子网，同一子网的 IP 地址必须具有相同的网络 ID，如图 5-3 所示。子网的划分需要借助子网掩码来实现，通过子网掩码，可以区分出一个 IP 地址的网络 ID 和主机 ID，甚至子网号。

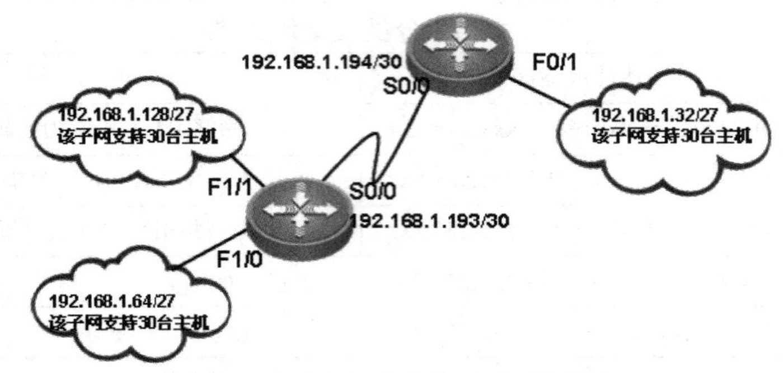

图 5-3　由路由器完成的子网网络划分

子网掩码也是一组 32 位的二进制数组成，形式上与 IP 地址一样。子网掩码是从左到右连续为“1”的地址，其中整个为“1”的部分对应的 IP 地址位为网络地址号；子网掩码的剩余部分为“0”，它对应 IP 地址位的主机地址号。同一子网中的子网掩码相同，其作用是确定 IP 地址的子网网络地址。

1．默认子网掩码

A、B、C 三类网络都有一个默认子网掩码(即标准子网掩码)，其具体描述如下：

A 类默认子网掩码：255.0.0.0。

B 类默认子网掩码：255.255.0.0。

C 类默认子网掩码：255.255.255.0。

2．非标准子网掩码(即有子网划分的情况)

为了提高 IP 地址的使用效率和对分散主机的管理，可以通过从主机地址高位开始连续借位(余下的为主机位)，形成新的子网掩码，即屏蔽出子网位，将所给定的一个网络划分成多个子网。通过这种划分方法，可建立更多的子网。

一个被子网化的 IP 地址包含三部分：网络 ID 号、子网 ID 号和主机 ID 号。比如一个主机 IP 地址为 222.18.135.76，它的子网掩码为 255.255.255.192，根据 IP 地址分类推算出该 IP 地址为 C 类网络，而子网掩码不是默认子网掩码，已对主机号借位 2 位，我们可计算出该 IP 地址的子网划分情况，计算如下：

$$\&\frac{11011110.00010010.10000111.\underline{01}001100}{11111111.11111111.11111111.\underline{\underline{11}}000000}\ (\text{对应位进行逻辑与运算})$$

$$=11011110.00010010.10000111.01000000=222.18.135.64$$

从上面的计算可以得到主机号范围为 1～62，子网号为 64，也得到了该子网中可作为主机 IP 地址的范围为 222.18.135.65～222.18.135.126。

5.1.4　可变长子网掩码与无类域间路由

1．可变长子网掩码

可变长子网掩码(Variable Length Subnet Mask，VLSM)实际上是相对于标准的主类网络的默认子网掩码来说的。A 类的第一段是网络号(前 8 位)，B 类地址的前两段是网络号(前 16 位)，C 类的前三段是网络号(前 24 位)。而 VLSM 的作用就是在主类网络的 IP 地址的基础上，从它们的主机号部分借出相应的位数来做网络号，也就是增加网络号的位数。各类网络可以用来再划分的位数如下：A 类有 24 位可以借；B 类有 16 位可以借；C 类有 8 位可以借。因此，VLSM 是一种产生不同大小子网的网络分配机制。一个主类网络可以配置不同的掩码，即可划分成多个子网，结果对网络管理和使用具有更大的灵活性。

VLSM 技术对高效分配 IP 地址(较少浪费)以及减少路由表大小都起到非常重要的作用。但是，我们应该注意使用 VLSM 时，所采用的路由协议必须能够支持 VLSM，常见能够支持的路由协议有 RIP(V2 版本)、OSPF、EIGRP 和 BGP 等。

例如：某软件公司有两个主要部门，分别为市场部和研发部。其中研发部又分为软件开发组和软件测试组。该公司目前拥有一个完整的 C 类 IP 地址 192.168.1.0，默认子网掩码为 255.255.255.0。公司网管员为了便于分级管理，决定采用 VLSM 技术，将原主类网络划分成为二级子网(不考虑全 0 和全 1 子网)，如表 5-4 所示。

表 5-4　VLSM 划分实例

<table>
<tr><th>主 C 类地址</th><th>一级子网地址</th><th>二级子网</th><th>部门 IP 地址范围</th></tr>
<tr><td rowspan="3">192.168.1.0
255.255.255.0</td><td>192.168.1.64
255.255.255.192</td><td></td><td>市场部(62 个地址)
192.168.1.65～
255.255.255.126</td></tr>
<tr><td rowspan="2">192.168.1.128
255.255.255.192</td><td>192.168.1.128
255.255.255.224</td><td>软件开发组(30 个地址)
192.168.1.129～
192.168.1.158</td></tr>
<tr><td>192.168.1.160
255.255.255.224</td><td>软件测试组(30 个地址)
192.168.1.161～
192.168.1.190</td></tr>
</table>

注：在实际网络建设中，必要的时候可以进一步将网络划分成三级或者更多级子网。同时，可以考虑使用子网号全“0”和全“1”的情况(网络设备必须支持)，以节省网络地址空间。

2. 无类域间路由

无类域间路由(Classless Inter-Domain Routing，CIDR)是为了解决 IP 地址空间即将耗尽的问题。CIDR 的基本思想是取消地址的分类结构，即不使用传统的有类网络地址的概念，不再区分 A、B、C 类网络地址，而是将 IP 网络地址空间看成是一个整体，并划分成连续的地址块。然后，采用分块的方法进行分配。CIDR 可以用来做 IP 地址汇总(或称超网，Super netting)，可以解决 Internet 网络主干路由器中必要路由信息的无限增长的问题，即可以将连续的地址空间块总结成一条路由条目，这样会大大减少路由器路由表中路由条目的数量，提高了路由选择效率。

在 CIDR 技术中，常使用子网掩码中表示网络 ID 号的二进制位长度来区分一个网络地址块的大小，称为 CIDR 前缀。如 IP 地址 192.168.1.0，子网掩码 255.255.255.0 可表示成 192.168.1.0/24；IP 地址 172.16.21.0，子网掩码 255.255.0.0 可表示成 172.16.21.0/16；IP 地

址 192.168.1.193，子网掩码 255.255.255.252 可表示成 192.168.1.193/30。

利用 CIDR 实现地址汇总有两个基本条件：

(1) 待汇总地址的网络号拥有相同的高位。

(2) 待汇总的网络地址数目必须是 2n，如 2 个、4 个、8 个、16 个等。否则，可能会导致路由黑洞(即汇总后的网络可能包含并不存在的子网)。

例如：某市中学申请到 8 个 C 类连续的网络地址 221.191.224.0～221.231.8.0。在采用 CIDR 技术对这 8 个 C 类网络地址块进行路由汇总后，新的子网掩码为 255.255.248.0，CIDR 前缀为/21 就可以表示成一个网络块，最后的描述为 221.191.224.0/21，如图 5-4 所示。

主类网络号	地址二进制编码					汇总后的网络
221.191.224.0	11011101.	10111111.	11100	000.	00000000	221.191.224.0
221.191.225.0	11011101.	10111111.	11100	001.	00000000	
221.191.226.0	11011101.	10111111.	11100	010.	00000000	
221.191.227.0	11011101.	10111111.	11100	011.	00000000	
221.191.228.0	11011101.	10111111.	11100	100.	00000000	
221.191.229.0	11011101.	10111111.	11100	101.	00000000	
221.191.230.0	11011101.	10111111.	11100	110.	00000000	
221.191.231.0	11011101.	10111111.	11100	111.	00000000	
新的子网掩码	11111111.	11111111.	11111	000.	00000000	255.255.248.0

图 5-4　CIDR 技术应用

5.1.5　IPv6 协议

1．IPv6 技术简介

目前，IPv6 是能够无限制地增加 IP 网址数量、拥有巨大网址空间和卓越网络安全性能等特点的新一代互联网协议。

IPv6 能够带来以下好处：

(1) 地址空间巨大：IPv6 地址空间由 IPv4 的 32 位扩大到 128 位，2 的 128 次方形成了一个巨大的地址空间，可以“让地球的每一粒沙子都拥有 IP 地址”。

(2) 地址层次丰富分配合理：IPv6 的管理机构将某一确定的 TLA 分配给某些骨干网的 ISP，然后骨干网 ISP 再灵活地为各个中小 ISP 分配 NLA，而用户从中小 ISP 获得 IP 地址。

(3) 实现 IP 层网络安全：IPv6 要求强制实施 IPSec 安全协议。IPSec 支持验证头协议、封装安全性载荷协议和密钥交换 IKE 协议，这三种协议将是未来 Internet 的安全标准。

(4) 无状态自动配置，即插即用：IPv6 通过邻居发现机制能为主机自动配置接口地址和缺省路由器信息，使得从互联网到最终用户之间的连接不需要经过用户干预就能够快速建立起来。

(5) QoS 考虑：新增加了流标记域，解决 QoS 问题。

2．IPv6 的地址格式

IPv6 地址长度为 128 位的二进制数，采用十六进制表示，其中的每 16 位组成一个字段，共 8 个字段，每一个字段之间使用“ : ”(冒号)分开。通常，IPv6 可以用以下三种格式表示

ipv6 地址：

(1) 首选的 IPv6 地址表示为以下格式：

XXXX:XXXX:XXXX:XXXX:XXXX:XXXX:XXXX:XXXX

其中每个 X 代表一个十六进制数字。IPv6 地址范围如下：

0000:0000:0000:0000:0000:0000:0000:0000～ffff:ffff:ffff:ffff:ffff:ffff:ffff:ffff

(2) 省略前导零表示。通过省略前导零指定 IPv6 地址：

例如，IPv6 地址 1f50:0000:0000:0000:000d:0c5d:304f:666a 可写成 1f50:0:0:0:d: c5d: 304f: 326b。

(3) 双冒号表示。通过使用双冒号(::)代替一系列零来指定 IPv6 地址。例如，IPv6 地址 12d6:0:0:0:0:0:0:2 可写成 12d6::2。

IPv6 地址的另一种可选格式组合了冒号与带点表示法，因此可将 IPv4 地址嵌入到 IPv6 地址中。对最左边 96 个位指定十六进制值，对最右边 32 个位指定十进制值，以此来指示嵌入的 IPv4 地址。

在 IPv4 和 IPv6 混合的网络环境中，需要确保 IPv6 节点和 IPv4 节点之间的兼容性。我们可以选用 IPv6 的另一种可选格式，通常有以下两种表示方法：

(1) 通过 IPv4 映射的 IPv6 地址。

此类型的地址用于将 IPv4 节点表示为 IPv6 地址。它允许 IPv6 应用程序直接与 IPv4 应用程序通信。例如，0:0:0:0:0:6666:222.18.135.12 和 ::666:222.18.135.120/96(短格式)。

(2) 兼容 IPv4 的 IPv6 地址。

此类型的地址用于隧道传送。它允许 IPv6 节点通过 IPv4 基础结构通信。例如，0:0:0:0:0:0: 222.18.135.12 和:: 222.18.135.12/96(短格式)。

3. IPv6 单播、组播、泛播地址

IPv6 地址有三种类型：单播、组播和泛播。具体表示如下：

- 单播：一个主机或网络设备接口的标识符。
- 组播：一组接口(一般属于不同节点)的标识符。
- 泛播：一组接口(一般属于不同节点)的标识符。组播地址在某种意义上可以由多个节点共享，组播地址成员的所有节点均期待着接收发给该地址的所有数据包。但是，泛播地址与组播地址类似，同样是多个节点共享一个泛播地址，不同的是，只有一个节点期待接收给泛播地址的数据包。

5.2 路由器简介

以太网交换机在数据链路层(第二层)运行，用于在同一网络中的设备之间转发以太网帧。但是，当源 IP 地址和目的 IP 地址位于不同网络时，必须将以太网帧发送到路由器。路由器的作用就是将各个网络彼此连接起来，即路由器负责不同网络之间的数据包传送。IP 数据包的目的地可以是国外的 Web 服务器，也可以是局域网中的电子邮件服务器。在很大程度上，网际通信的效率取决于路由器的性能，即取决于路由器是否能以最有效的方式转发数据包。

路由器其实也是计算机，它的组成结构类似于任何其他计算机(包括 PC)。世界上第一台路由器是一台接口信息处理机(IMP)，出现在美国国防部高级研究计划署网络(ARPANET) 中。IMP 是一台 Honeywell 316 小型计算机，1969 年 8 月 30 日，ARPANET 在它的支持下开始运作。

5.2.1　路由器的硬件构成

路由器类型和型号多种多样，但每种路由器都具有相同的通用硬件组件。根据型号的不同，这些组件在路由器内部的位置有所差异。图 5-5 展示了路由器的关键部件，其 CPU(或微处理器)的类型、ROM 与 RAM 的大小，以及 I/O 端口的数目和介质转换器根据产品的不同各有相应的变化，但每一个路由器都有图中所示的各个硬部件。通过分析各硬部件的功能，我们就能了解路由器整体上的工作方式及其所提供的功能。

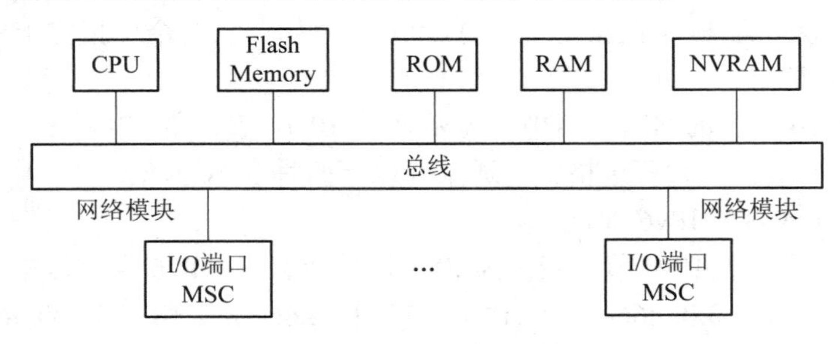

图 5-5　路由器的构成模块

1. CPU

CPU 即中央处理单元或者称为微处理器，负责执行组成路由器操作系统(OS)的指令，以及执行通过控制台(Console)和 TELNET 连接输入的用户命令。因此，CPU 的处理能力与路由器的处理能力直接相关。

2. 闪存(Flash Memory)

闪存是一种可擦写的、可编程类型的 ROM。在许多路由器上，FlashMemory 作为一种选择性的硬部件，负责保存 OS 的映像(image)和路由器的微码(microcode)。因为修改 Flash Memory 无需更换和移动芯片，在要定期修改存储内容的情况下，其代价低，且使用方便。用户可以在 Flash Memory 中存储多个 OS 的映像，只要空间允许。这项功能对于测试新的映像十分有用。路由器的 Flash Memory 还能通过使用普通文件传输协议(Trival File Transfer Protocol，TFTP)将 OS 的映像加载到另一个路由器上。

3. ROM

ROM 即只读存储器，其中所包含的代码执行加电检测，这一点与许多 PC 所执行的加电自检(Power On Self-Test，POST)是相同的。ROM 中的启动程序还负责加载 OS 软件。尽管许多路由器需要软件升级时，只能通过更换路由器系统板上的 ROM 芯片才能做到，但另一些路由器可能使用不同类型的存储方式来保存 OS。

4. RAM

RAM 即随机存取存储器，用来保存路由表，进行报文缓存等，在许多流量流向一个通用接口时，报文可能不能直接输出到接口，此时 RAM 可以提供报文排队所需的空间。在设备操作期间，RAM 还能提供保存路由器配置文件所需的存储空间。路由器关电时，RAM 中的内容将被清除。

5. NVRAM

NVRAM 即非易失的 RAM(Nonvolatile RAM，NVRAM)，在路由器关电时，仍能保持其上内容。通过在 NVRAM 中保存配置文件的一个拷贝，路由器在电源故障时可以快速地恢复。使用 NVRAM 后，路由器就不再需要硬盘或软盘来保存其配置文件了。

6. 输入/输出(Input/Output，I/O)接口

I/O 接口是报文进出路由器的连接装置。每一个 I/O 端口都连到一个特定介质转换器(Media-Specific Converter, MSC)上，MSC 提供物理接口到特定类型介质，如以太网、令牌环网等。由于路由器经常需要连接不同类型的子网，因此路由器上接口众多，另外不同厂家的路由器以及同一厂家的不同型号路由器的接口也不尽相同。

5.2.2 路由器的软件构成

路由器有两个关键的软件：操作系统映像和配置文件。

操作系统映像由启动装载程序定位，这基于对配置寄存器的设置。映像被定位之后，将被加载到内存中的低地址部分。操作系统映像包括一系列的例程，这些例程支持在设备之间传输数据、管理各种网络功能、修改路由表，以及执行用户命令等。

配置文件由路由器管理员创建，所包含的语句被操作系统用来执行各种 OS 功能。例如，在配置文件中，可以用语句定义一个或多个访问表，并告诉操作系统将不同的访问表应用于不同的接口上，以提供对流经路由器的报文以一定程度的控制。虽然配置文件中定义了影响路由器操作的各个功能，但实际执行这些操作的还是操作系统。操作系统翻译并执行配置文件中的语句。

Cisco 路由器采用的操作系统软件称为 Cisco Internetwork Operating System (IOS)。与计算机上的操作系统一样，Cisco IOS 会管理路由器的硬件和软件资源，包括存储器分配、进程、安全性和文件系统。与其他操作系统一样，Cisco IOS 也有自己的用户界面。尽管有些路由器提供图形用户界面(GUI)，但命令行界面(CLI)是配置 Cisco 路由器的最常用方法。本书将全部使用 CLI。

Cisco 路由器启动时，存放在 NVRAM 中的配置文件 startup-config 会复制到 RAM，并存储为 running-config 文件。IOS 接着会执行 running-config 中的配置命令。网络管理员输入的任何更改均存储于 running-config 中，并由 IOS 立即执行。在本章中，我们将讨论配置 Cisco 路由器所用到的一些基本 IOS 命令。在后续章节中，我们将学习用于静态路由配置、检验和故障排除的命令，以及各种路由协议，如 RIP、OSPF 和 EIGRP。

5.2.3 路由器的接口

路由器可连接多个网络，这意味着它具有多个接口，每个接口属于不同的 IP 网络，路由器的通用外观图如图 5-6 所示。当路由器从某个接口收到 IP 数据包时，它会确定使用哪个接口来将该数据包转发到目的地。路由器用于转发数据包的接口可以位于数据包的最终目的网络(即具有该数据包目的 IP 地址的网络)，也可以位于连接到其他路由器的网络(用于

送达目的网络)。路由器连接的每个网络通常需要单独的接口。这些接口用于连接局域网(LAN)和广域网(WAN)。LAN 通常为以太网，其中包含各种设备，如 PC、打印机和服务器。WAN 用于连接分布在广阔地域中的网络。例如，WAN 连接通常用于将 LAN 连接到 Internet 服务提供商(ISP)网络。

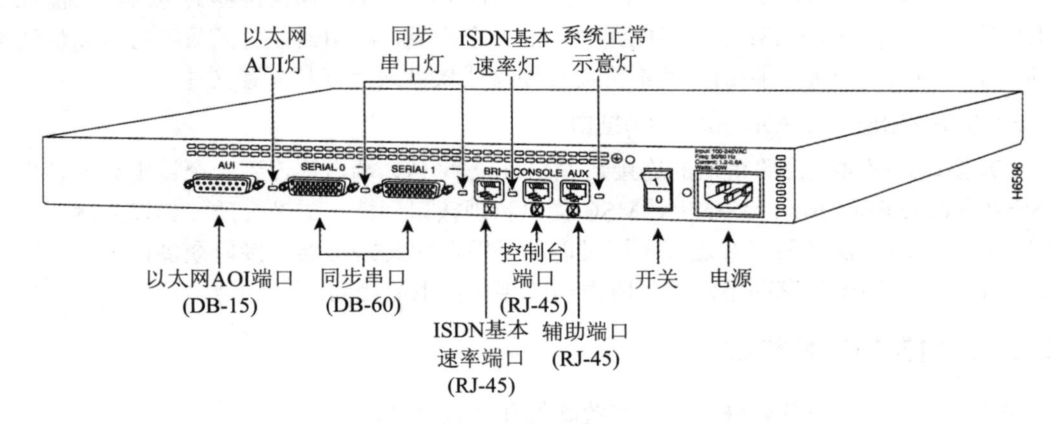

图 5-6　路由器的通用外观图

路由器接口众多，越是高档的路由器，其接口种类也就越多，因为它所能连接的网络类型越多。路由器的端口主要分局域网端口、广域网端口和配置端口三类，下面分别做简单的介绍。

1．局域网接口

常见的以太网接口主要有 AUI 接口、BNC 接口和 RJ-45 接口，还有 FDDI、ATM、千兆以太网等，以下分别介绍主要的几种局域网接口(也称端口)。

1) AUI 接口

AUI 接口就是用来与粗同轴电缆连接的接口，它是一种“D”型 15 针接口，这在令牌环网或总线型网络中是一种比较常见的接口之一。路由器可通过粗同轴电缆收发器实现与 10Base-5 网络的连接。但更多的则是借助于外接的收发转发器(AUI-to-RJ-45)，实现与 10Base-T 以太网络的连接。当然，也可借助于其他类型的收发转发器实现与细同轴电缆(10Base-2)或光缆(10Base-F)的连接。AUI 接口外观如图 5-7 所示。

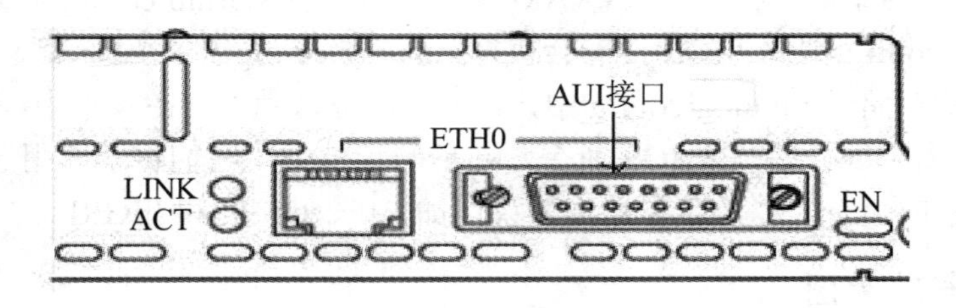

图 5-7　AUI 接口外观

2) RJ-45 接口

RJ-45 接口是最常见的接口，它是双绞线以太网接口。由于在快速以太网中也主要采用双绞线作为传输介质，按照以太网的不同标准以及接口的通信速率的不同，RJ-45 接口又可分为 10Base-T、100Base-TX、千兆兆、10G 以太网 RJ-45 接口。以太网接口外观如图 5-8 所示。

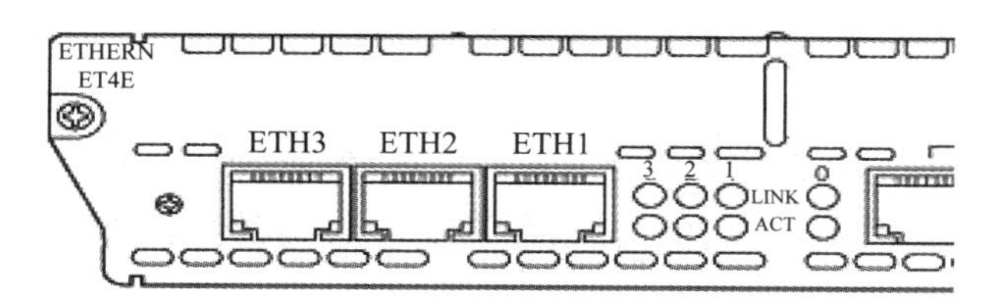

图 5-8　以太网接口外观

3) SC 接口

SC 接口也就是我们常说的光纤接口(端口)，用于与光纤的连接。光纤端口通常是不直接用光纤连接至工作站的，而是通过光纤连接到快速以太网或千兆以太网等具有光纤端口的交换机。这种端口一般只有高档路由器才具有，都以“100b FX”标注，如图 5-9 所示。

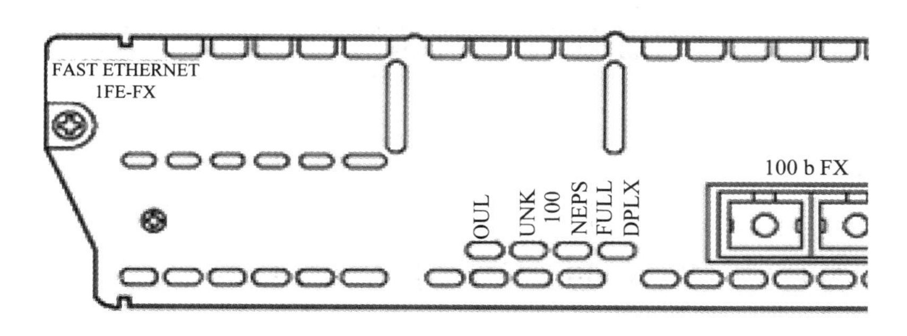

图 5-9　SC 接口外观

2. 广域网接口

路由器不仅能实现局域网之间连接，更重要的应用还是在于能实现局域网与广域网、广域网与广域网之间的连接，下面介绍几种常见的广域网接口。

1) 高速同步串口

在路由器的广域网连接中，应用最多的接口是“高速同步串口”(SERIAL)，如图 5-10 所示。

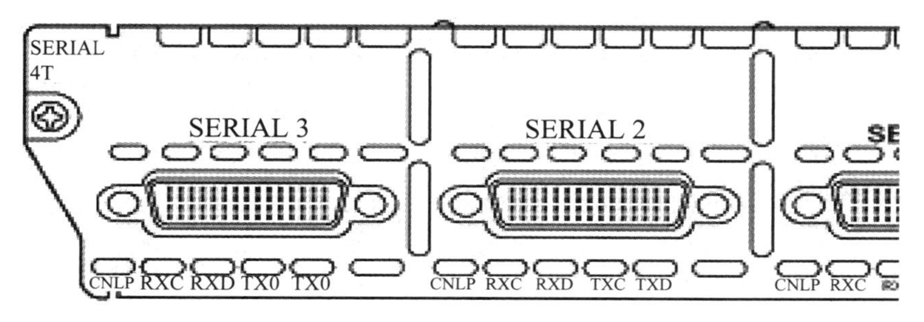

图 5-10　高速同步串口示意图

这种接口主要是用于连接目前应用非常广泛的 DDN、帧中继(Frame Relay)、X.25、PSTN(模拟电话线路)等网络连接模式。在企业网之间有时也通过 DDN 或 X.25 等广域网连

接技术进行专线连接。这种同步接口一般要求速率非常高，因为一般来说通过这种接口所连接的网络的两端都要求实时同步。

2) 异步串口

异步串口(ASYNC)主要是应用于 Modem 或 Modem 池的连接，如图 5-11 所示。它主要用于实现远程计算机通过公用电话网拨入网络。这种异步端口相对于上面介绍的同步接口来说在速率上要求就低许多，因为它并不要求网络的两端保持实时同步，只要求能连续即可，主要是因为这种接口所连接的通信方式速率较低。

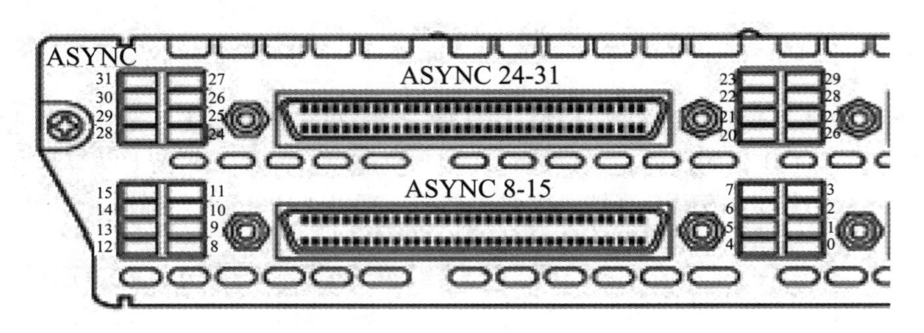

图 5-11　异步串口示意图

3) ISDN BRI 接口

由于 ISDN 这种互联网接入方式连接速度上有它独特的一面，所以曾经在 ISDN 刚兴起时得到了充分的应用。ISDN BRI 接口用于 ISDN 线路通过路由器实现与 Internet 或其他远程网络的连接，可实现 128 kb/s 的通信速率。ISDN 有两种速率连接接口，一种是 ISDN BRI(基本速率接口)；另一种是 ISDN PRI(基群速率接口)。ISDN BRI 接口采用 RJ-45 标准，与 ISDN NT1 连接时使用 RJ-45-to-RJ-45 直通线。图 5-12 所示的为 ISDN BRI 接口。

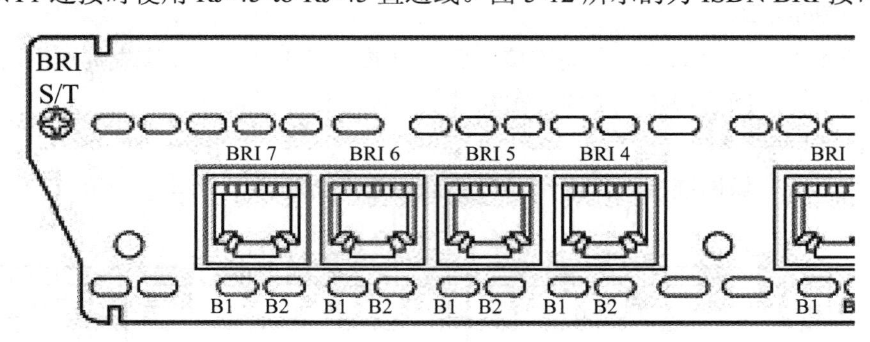

图 5-12　BRI 接口示意图

3．路由器配置接口

路由器的配置接口有两个，分别是“Console”和“AUX”，“Console”通常是在进行路由器的基本配置时通过专用连线与计算机连用，而“AUX”是用于路由器的远程配置连接的。

1) “Console”接口(端口)

“Console”接口使用配置专用连线直接连接至计算机的串口，利用终端仿真程序(例如

Windows 下的“超级终端”)进行路由器本地配置。路由器的“Console”接口多为 RJ-45 接口。图 5-13 所示的示意图中就包含了一个“Console”配置接口。

8E RTAL 1
8E RTAL 0
CONN
8FE MANUAL APPORE IN8TAL LATION
CONN
WIC
2N5
WO
CONSOLE　AUX

图 5-13　“Console”接口示意图

2) “AUX”接口

“AUX”接口为异步接口，主要用于远程配置，也可用于拨号连接，还可通过收发器与 MODEM 进行连接。“AUX”接口与“Console”接口通常同时提供，因为它们各自的用途不一样。“AUX”接口示意图仍参见图 5-13。

5.3　路由和数据包转发简介

路由器的主要用途是连接多个网络，并将数据包转发到自身的网络或其他网络。由于路由器的主要转发决定是根据第三层 IP 数据包(即根据目的 IP 地址)做出的，因此路由器被视为第三层设备。作出决定的过程称为路由。路由器在收到数据包时会检查其目的 IP 地址。如果目的 IP 地址不属于路由器直连的任何网络，则路由器会将该数据包转发到另一路由器。每个路由器在收到数据包后，都会搜索自身的路由表，寻找数据包目的 IP 地址与路由表中网络地址的最佳匹配。如果找到匹配项，就将数据包封装到对应外发接口的第二层数据链路帧中。

5.3.1　路由选择

路由选择是寻找从一个设备到另一个设备最有效(最快、最短、最经济)的路径过程，而完成这个过程的设备就是路由器。

路由器工作在 OSI 模型中的第三层，即网络层。路由器利用网络层定义的“逻辑”上的 IP 地址来区别不同的网络，实现网络的互连和隔离，保持各个网络的独立性。路由器不转发广播消息，而把广播消息限制在各自的网络内部，发送到其他网络的数据先被送到路由器，再由路由器根据路由表项转发出去。

当 IP 子网中的一台主机发送 IP 分组给同一 IP 子网的另一台主机时，它将直接把 IP 分组送到网络上，对方就能收到。而要送给不同 IP 子网上的主机时，它要选择一个能到达目的子网上的路由器，把 IP 分组送给该路由器，由路由器负责把 IP 分组送到目的地。如果没有找到这样的路由器，主机就把 IP 分组送给一个称为“缺省网关”(Default Gateway)的路由器。“缺省网关”是每台主机上的一个配置参数，它是接在同一个网络上的某个路由

器端口的 IP 地址。路由器转发 IP 分组时，只根据 IP 分组目的 IP 地址的网络号部分，选择合适的端口，把 IP 分组送出去。同主机一样，路由器也要判定端口所接的是否是目的子网，如果是，就直接把分组通过端口送到网络上，否则，也要选择下一个路由器来传送分组。路由器也有它的缺省网关，用来传送不知道往哪儿送的 IP 分组。这样，通过路由器把知道如何传送的 IP 分组正确转发出去，不知道往哪儿送的 IP 分组送给“缺省网关”路由器，这样一级级地传送，IP 分组最终将送到目的地，送不到目的地的 IP 分组则被网络丢弃了。

Internet 就是成千上万个 IP 子网通过路由器互连起来的国际性网络。这种以路由器为基础的网络(Router Based Network)，形成了以路由器为节点的“网间网”。在“网间网”中，路由器不仅负责对 IP 分组的转发，还要负责与别的路由器进行联络，共同确定“网间网”的路由选择和路由维护。

5.3.2 路由表

路由器的主要功能是将数据包转发到目的网络，即转发到数据包目的 IP 地址，为此路由器需要搜索存储在路由表中的路由信息。路由表是保存在 RAM 中的数据文件，其中存储了与直连网络以及远程网络相关的信息，也包含网络或下一跳的关联信息。路由表中的这些关联信息告知路由器：要以最佳方式到达某一目的地，可以将数据包发送到特定路由器(即在到达最终目的地的途中的下一跳)。下一跳也可以关联到通向下一目的地的传出或送出接口。

路由选择表每个条目中都保存着以下重要信息：

(1) 协议类型：创建路由表项的路由选择协议的类型。

(2) 目的地/下一跳：告诉路由器特定的目的地是直接连接在路由器上还是通过另一个路由器到达，这个位于到达最终目的地途中的路由器被称之为“下一跳”路由器。当路由器收到一个分组后，它就会查找目的地地址并试图将这个地址与路由选择表条目匹配。

(3) 路由选择度量标准：不同的路由选择协议使用不同的路由选择度量标准。路由选择度量标准用来判别路由的“好坏”。例如，RIP 使用“跳数”作为自己的路由选择度量标准，IGRP 使用带宽、负载、延迟和可靠性来创建合成的度量标准。

(4) 出站接口(下一跳地址)：数据必须从这个接口被发送出去以到达最终目的地。

路由器与另一个路由器之间的通信，通过传送路由选择更新消息来维护它们的路由表。根据特定的路由选择协议，更新消息可以周期性地发送或者仅仅当网络拓扑中发生变化的时候才发送。路由选择协议也决定在路由更新的时候是仅仅发送有变化的路由还是发送整个路由表。通过分析来自邻近路由器的路由选择更新，路由器能够建立和维护它自己的路由选择表。

5.3.3 交换与路由的比较

路由与交换的区别是交换工作在 OSI 模型的第二层(数据链路层)，路由选择工作在第三层，这个区别说明：在把数据从源发送到目的地的过程中，路由选择和交换利用的信息是不同的。

“交换”一词最早出现于电话系统，特指实现两个不同电话机之间话音信号的交换，完成该工作的设备就是电话交换机。从本意上来讲，交换只是一种技术概念，即完成信号由设备入口到出口的转发。因此，只要是符合该定义的所有设备都可被称为交换设备。当它被用来描述数据网络第二层的设备时，实际指的是一个桥接设备(我们经常说到的以太网交换机实际是一个基于网桥技术的多端口第二层网络设备)；当它被用来描述数据网络第三层的设备时，又可以指一个路由设备。它为数据帧从一个端口到另一个任意端口的转发提供了低时延、低开销的通路。交换机内部核心处有一个“交换矩阵”，为任意两端口间的通信提供通路；或者是有一个快速交换总线，以使由任意端口接收的数据帧从其他端口送出。在实际设备中，交换的功能往往由专门的芯片(ASIC)完成。

交换的最大好处是快速，由于交换机只须识别帧中 MAC 地址，直接根据 MAC 地址产生选择，转发端口算法简单，便于 ASIC 实现，因此转发速度极高。

路由的主要作用是进行路由选择，生成及维护路由表，并将数据包按照路由信息转发到相应的下一跳地址(或目标网络)。主干网上的路由器必须知道到达所有下层网络的路径，这需要维护庞大的路由表，并对连接状态的变化作出尽可能迅速的反应。在地区网中，路由器的主要作用是网络连接和路由选择，即连接下层各个基层网络单位——园区网，同时负责下层网络之间的数据转发。在园区网内部，路由器的主要作用是分隔子网。互联网的基层单位大多数是局域网(LAN)，其中所有主机处于同一逻辑网络中。随着网络规模的不断扩大，局域网演变成以高速主干和路由器连接的多个子网所组成的园区网，路由器就是分隔这些子网的设备，它负责子网间的报文转发和广播隔离，在边界上的路由器则负责与上层网络的连接。

由此我们可以发现，交换是同一个“子网”中的数据转发，而路由涉及多个不同的子网之间的寻径与数据转发。

5.3.4　路由器转发 IP 包流程

如前所述，路由器通过检查数据包的目的 IP 地址来决定首选转发路径，在向正确的接收接口发送数据包之前，需要将 IP 数据包封装到第二层数据链路帧中。路由器首先在路由表中查找，判明是否知道如何将分组发送到下一个站点(路由器或主机)，如果路由器不知道如何发送分组，通常将该分组丢弃；否则就根据路由表的相应表项将分组发送到下一个站点，如果目的网络直接与路由器相连，路由器就把分组直接送到相应的端口上。这个过程主要包括两项基本内容：寻径和转发。

1. 寻径

寻径即判定到达目的地的最佳路径，由路由选择算法来实现。由于涉及不同的路由选择协议和路由选择算法，因此寻径要相对复杂一些。为了判定最佳路径，路由选择算法必须启动并维护包含路由信息的路由表，其中路由信息因所依赖的路由选择算法而不尽相同。路由选择算法将收集到的不同信息填入路由表中，根据路由表可将目的网络与下一站(next hop)的关系告诉路由器。路由器间互通信息进行路由更新，更新维护路由表使之正确反映网络的拓扑变化，并由路由器根据量度来决定最佳路径。这就是路由选择协议(Routing protocol)，例如路由信息协议(RIP)、开放式最短路径优先协议(OSPF)和边界网关协议(BGP)

等。通过路由选择算法可得到以下三种路径决定结果中的一种：

(1) 直连网络：如果数据包目的 IP 地址属于与路由器接口直连的网络中的设备，则该数据包将直接转发至该设备。这表示数据包的目的 IP 地址是与该路由器接口处于同一网络中的主机地址。

(2) 远程网络：如果数据包的目的 IP 地址属于远程网络，则该数据包将转发至另一台路由器。只有将数据包转发至另一台路由器才能到达远程网络。

(3) 无法决定路由：如果数据包的目的 IP 地址即不属于直连网络也不属于远程网络，并且路由器没有默认路由，则该数据包将被丢弃。路由器会向该数据包的源 IP 地址发送 ICMP 不可达消息。

在前两种结果中，路由器将 IP 数据包重新封装成送出接口的第二层数据链路帧格式。

2. 转发

转发即沿已经寻径好的最佳路径传送信息分组。当路由器通过寻径确定送出接口之后，便需要将数据包封装成送出接口的数据链路帧。转发功能是指路由器在一个接口接收数据包并将其从另一个接口转发出去的过程，转发功能的重要责任是将数据包封装成适用于传出数据链路的正确数据帧类型。

从网络的体系结构及协议部分我们知道，网络中源端报文的数据流动是从上至下，逐层封装各层协议数据头，而在终端是从下至上，逐层解封装的过程。数据包封装过程如图 5-14 所示。

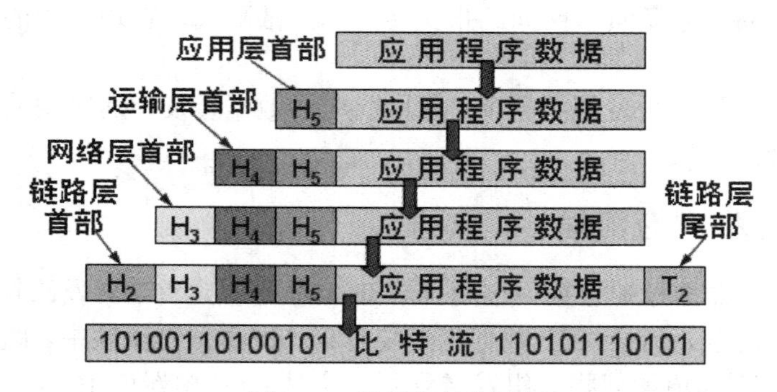

图 5-14　数据包封装过程

当路由器收到一个来自第二层的帧时，帧中的 MAC 地址被提取出来并对帧进行检查，这是为了确定这个帧的目的地址是否在本端口，或者这个帧是否为一个广播帧。这两种情况的结果是，数据要么被接收，要么被丢弃，被接收的帧要从帧尾提取信息用于循环冗余检验(CRC)，计算的结果用来验证在接口接收的帧是否有错误(如传输过程中引起的 bit 错误)。如果检查失败，帧就会被丢弃；如果检查有效，数据帧将会被剥去帧头、帧尾，其中的分组数据部分被送到第三层；路由器将会检查这个分组，看看这个分组是发给自己的还是被路由到互联网络中的其他设备上的；如果分组中的目的地址为路由器接口 IP 地址时，这种类型的分组的报头将会被剥离并送往第四层；如果分组需要被路由，那么分组中的目的地 IP 地址被用来与路由表中的项目进行比对，如果匹配了路由表中的一个条目或者一条缺省路由，分组将会发往路由条目中所指向的接口。

当分组被交换到出站接口时，新的 CRC 值加入帧尾，并且依照不同的接口类型(以太网、串行口、帧中继)，为分组加上适当的帧头，然后数据帧被发送到去往目的地的下一个广播域。第二层封装的类型由接口类型决定，例如，如果送出接口是快速以太网，则数据包将封装成以太网帧；如果送出接口被配置为使用 PPP 的串行接口，则 IP 数据包将封装成 PPP 帧。

5.4　路由器的基本配置

使用路由器之前，必须对路由器进行相关的配置，如登录安全口令、接口 IP 地址、速率、路由协议等。这些配置信息保存并形成一个配置文件(config.text)，由路由器操作系统加载并解释执行配置文件，从而路由器能按照配置文件的内容正确运行。思科路由器和思科交换机有许多相似之处。它们都支持类似的模式化操作系统、类似的命令结构和许多相同的命令。此外，两台设备采用相似的初始配置步骤。

一般说来，路由器可以支持多种方式进行配置，用户可以选择最合适的连接方式对路由器进行配置。常见路由器配置方式如下：

(1) 利用终端通过 Console 口进行本地配置。

(2) 利用异步口连接 Modem 进行远程配置。

(3) 通过 TELNET 方式进行本地或者远程配置。

(4) 预先编辑好配置文件，通过 TFTP 方式进行网络配置。

(5) 通过 Web 页面进行配置。

最通用的是前三种典型的配置方式，本节只对第一、二种配置方式进行说明，第三种方式在网络正常运行之后，也十分简单和快捷，是实际工作中使用最多的方法。

1. 利用“Console”口进行配置

在路由器第一次使用的时候，必须采用通过“Console”口方式对路由器进行配置的方法(某些提供 Web 界面配置的路由器除外)，具体的操作步骤如下：

第一步：如图 5-15 所示，将一个字符终端或者微机的串口通过标准的 RS232 电缆和路由器的“Console”口(也叫配置口)连接。

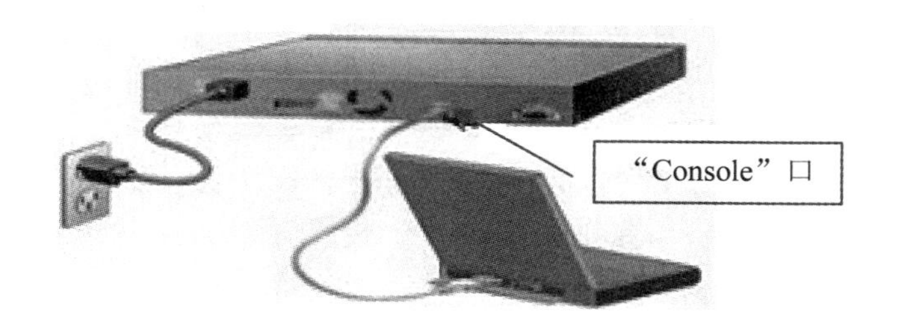

图 5-15　利用“Console”口配置连接图

第二步：配置终端的通讯参数。如果采用微机，则需要运行终端仿真程序，如 Windows 操作系统提供的 Hyperterm(超级终端)等。以下以超级终端(在附件→通讯中)为例，说明具体的操作过程。运行超级终端软件，建立新连接，选择和路由器的“Console”连接的串口，

设置通讯参数：每秒位数为 9600、8 位数据位、1 位停止位、无校验、无流控，并且选择终端仿真类型位 VT100。Windows 的超级终端的设置界面如图 5-16 所示。

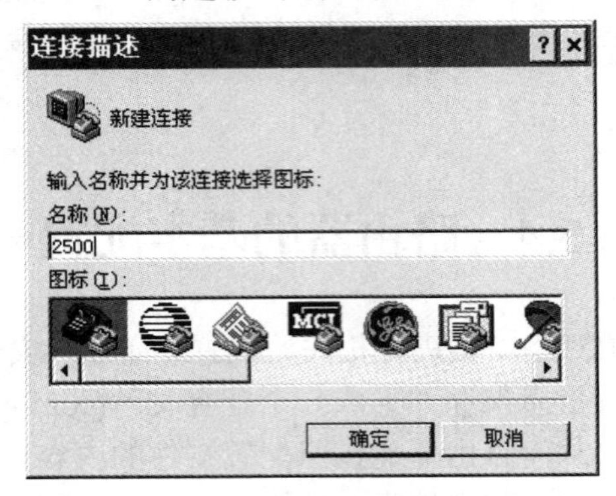

图 5-16　超级终端的设置界面

该步骤中，电话号码、区号等可以随便输入，如图 5-17 所示；在“连接时使用”下拉列表中选择串口时需要注意本机的串口编号，该编号可以在设备管理器中查看，如图 5-18 所示。

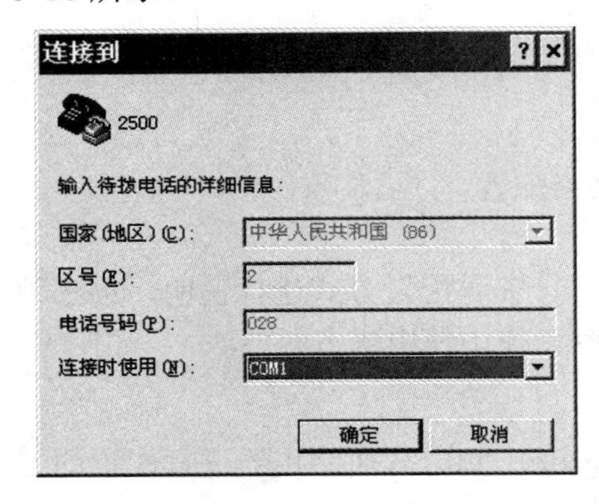

图 5-17　选择合适的串口

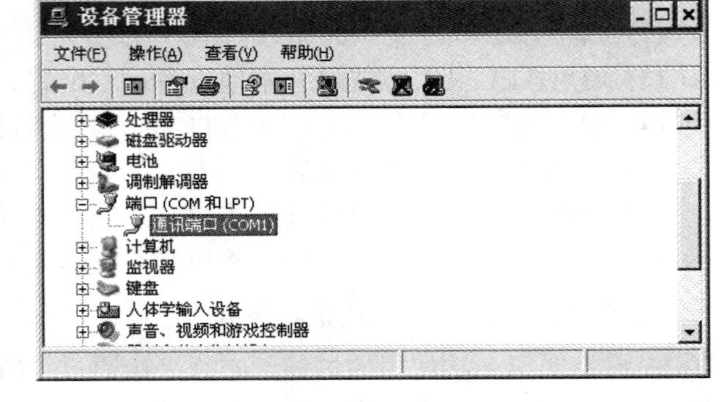

图 5-18　查看本机的串口

点击【确定】按钮以后，完成超级终端的设置如图 5-19 所示。(有时候我们还可以设置终端的仿真类型，默认为自动检测)。

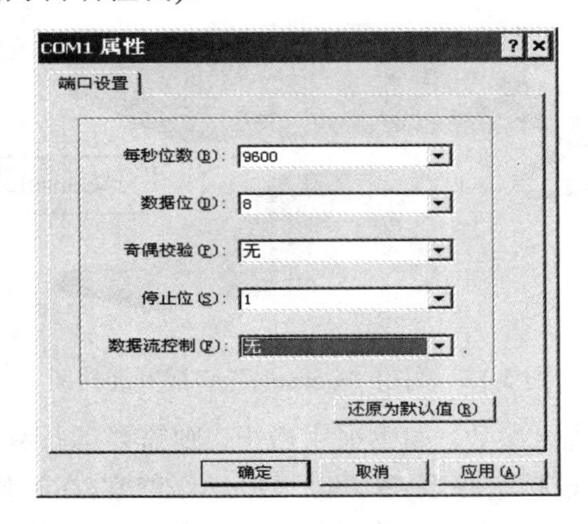

图 5-19　设置串口属性

第三步：路由器上电，启动路由器，这时将在终端屏幕，或者微机的超级终端窗口内显示自检信息，自检结束后提示用户键入【回车】，直到出现命令行提示符“xxx>”(此处 xxx 表示不同的路由器进入之后，默认名称不一样)。路由器启动画面如图 5-20 所示。

```
Continue with configuration dialog? [yes/no]: no
% Please answer 'yes' or 'no'.
Continue with configuration dialog? [yes/no]:

Press RETURN to get started!



Router>
Router>
Router>
Router>
Router>
Router>
Router>
Router>
```

图 5-20　路由器启动画面的局部显示

第四步：这时便可以在终端上或者在超级终端中对路由器进行配置，查看路由器的运行状态。如果需要帮助，可以随时键入“？”，路由器便可以提供详细的在线帮助信息。具体各种命令的细节请查阅后续的各章节。

2. 通过异步口搭建远程配置环境

路由器的第一次配置一定要通过路由器的“Console”口进行配置(某些提供 Web 界面配置的路由器除外)，其他情况下，也可以通过 Modem 拨号方式，与路由器的异步串口(包括异步口以及“AUX”口)上连接的 Modem 建立连接，搭建远程配置环境。下面以“AUX”口为例，详细说明如何通过拨号方式，建立远程配置环境。(在通过路由器的异步口搭建远程配置环境时，路由器首先要设置控制密码，否则只能进入普通用户层，无法进入特权层对路由器进行配置。)

第一步：如图 5-21 所示，在微机的串口上和路由器的异步口(图 5-21 中的“AUX”口，也称为备份口或者辅助口)上分别连接上异步 Modem。

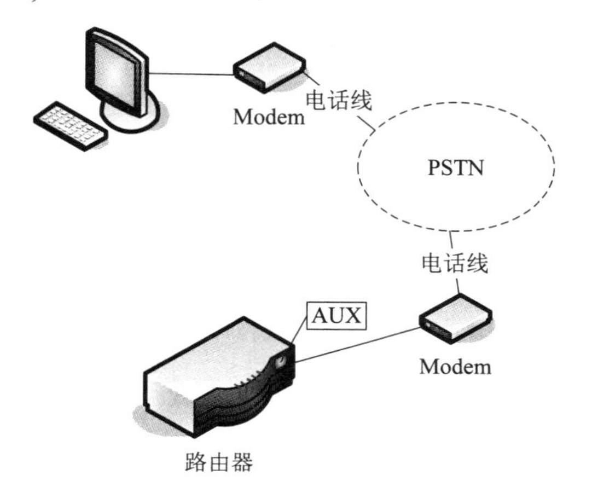

图 5-21　通过“AUX”口远程配置路由器

第二步：对连接在路由器 AUX 口上的异步 Modem 进行初始化，设置为自动应答方式，具体的方法是：将用于配置 Modem 的终端或者超级终端的波特率，设置成和路由器连接 Modem 的异步口波特率一致，并将 Modem 通过标准 RS232 电缆连接到微机的串口上，根据 Modem 的说明书，将 Modem 设置成为自动应答方式，一般的异步 Modem 的初始化序列为“AT&FS0 = 1&W”(注意这里的 0 为数字零)，出现“OK”提示则表明初始化成功，然后再将初始化过的 Modem 连接到路由器的 AUX 口上。

第三步：在用于远程配置的微机上运行终端仿真程序，比如 Windows 操作系统的超级终端等，建立新连接，和通过“Console”配置一样，设置终端仿真类型为 VT100，选择连接时使用的 Modem，并输入路由器端的电话号码，如图 5-22 所示。

注意选择“连接时使用”选项为安装的调制解调器。

第四步：如图 5-23 所示，利用远程微机进行拨号，与路由器异步口上连接的 Modem 建立远程连接，连接成功后，在终端上输入【回车】，直到出现命令行提示符“xxx>”。

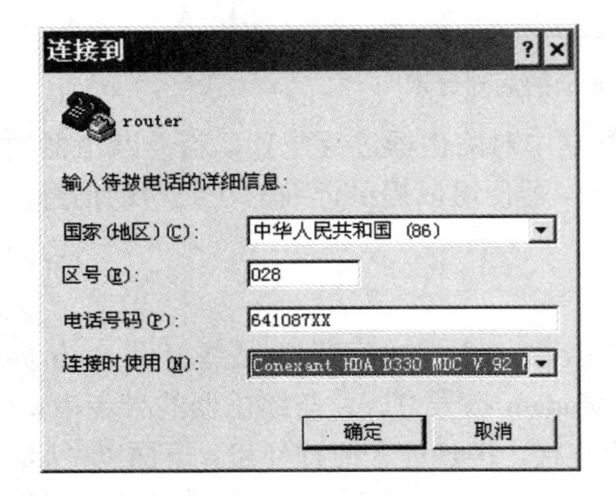

图 5-22　设置超级终端拨号

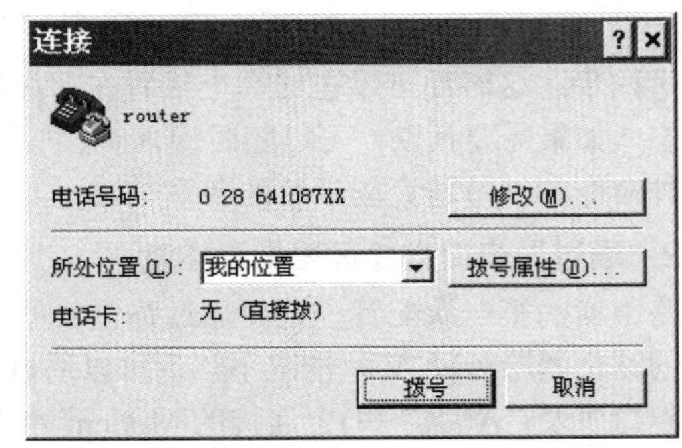

图 5-23　在远程微机上拨号

第五步：这时便可以利用远程微机对路由器进行配置，查看路由器的运行状态，如果需要帮助，可以随时键入“？”，路由器便可以提供详细的在线帮助信息。具体各种命令的细节请查阅后续各章节。

5.4.1　命令行接口

命令行接口是用户配置路由器最主要的途径，通过命令行接口，可以简单地输入配置命令，达到配置、监控、维护路由器的目的，路由器提供了丰富的命令集，可以简单地通过控制口(“Console”口)进行本地配置，也可以通过异步口进行远程配置，还可以通过 TELNET 客户端方便地在本地或者远程进行路由器配置。一般来说，路由器提供的命令行接口有如下特性：

(1) 可以通过“Console”口、“AUX”口进行本地或远程配置。

(2) 可以通过 Modem 拨号登录到路由器异步串口进行远程配置。

(3) 可以通过 TELNET 连接进行本地或远程配置。

(4) 配置命令分级保护，确保未授权用户无法侵入路由器。

(5) 用户可以随时键入“?”从而获得详细的在线帮助。

(6) 提供多种网络测试命令，如“ping”命令等，迅速诊断网络是否正常。

(7) 提供种类丰富、内容详尽的调试信息帮助诊断定位网络故障。

(8) 用“telnet”命令直接登录并管理其他路由器。

(9) 支持 TFTP 方便用户升级路由器。

(10) 支持 TFTP 用来上传下载配置文件。

(11) 提供类似 DOSKey 的功能，可以随时调出命令行历史记录，方便用户输入。

(12) 提供功能强大的命令行编辑功能。

(13) 提供命令补齐功能，减少输入的字符。

(14) 命令行解释器对关键字采取不完全匹配的搜索方法，用户只需键入没有冲突的关键字，即可解释执行，如对于“show running-config”命令只需输入“sh ru”即可。

5.4.2　路由器的命令模式

路由器提供了不同的命令模式，在不同的命令模式中，有各自完整的一套指令集(使用的指令、命令也有相同的部分)，也有不同的系统提示符，在各自的系统提示符下，简单的键入“？”，便可以列出在各自的命令模式下的所有可以使用的命令了，如图 5-24 所示。

```
Router>?
Exec commands:
  <1-99>       Session number to resume
  connect      Open a terminal connection
  disable      Turn off privileged commands
  disconnect   Disconnect an existing network connectio
  enable       Turn on privileged commands
  exit         Exit from the EXEC
  logout       Exit from the EXEC
  ping         Send echo messages
  resume       Resume an active network connection
  show         Show running system information
  ssh          Open a secure shell client connection
  telnet       Open a telnet connection
  terminal     Set terminal line parameters
```

图 5-24　使用“？”查看可用命令

在不同的命令模式下，可以方便地相互转换。对于不同的命令模式，RGNOS 提供了不同的分级保护方式，防止非法用户入侵路由器，提高网络的安全性。比如一开始进入配置，为普通用户模式，在这种命令模式下，只能查看简单的路由器运行状态和测试网络的连通性，无法对路由器的配置进行修改，键入“enable”后，正确地输入控制密码，就进入到特权用户模式，而输入“exit”后又退出到普通用户模式了。

以下为路由器的各种命令模式(本章如无特别说明，均使用思科路由器)。

- 普通用户模式。
- 特权用户模式。
- 全局配置模式。
- 路由协议配置模式。
- 接口配置模式。

- 子接口配置模式。
- 线路配置模式。

各命令模式的功能描述、系统提示符以及进入和退出命令的汇总如表 5-5 所示。

表 5-5　路由器模式种类

命令模式	提示符	进入命令	退出命令
普通用户模式	Router>	和路由器建立连接即可进入，如果为 TELNET 方式，需要输入登录密码	用“exit”命令断开连接
特权用户模式	Router #	在普通用户模式下输入“enable”，同时输入授权密码	用“exit”命令断开连接，用“disable”命令退出到普通模式
全局配置模式	Router (config)#	在特权模式下输入“configure terminal”命令	用“exit”命令退出到特权用户模式
路由协议配置模式	Router (config-router)#	全局配置模式下，据路由协议用“router”命令进入	用“exit”命令退出到全局用户模式
接口配置模式	Router (config-if)#	全局配置模式下，用“interface”命令进入	用“exit”命令退出到全局用户模式
子接口配置模式	Router (config-subif)#	全局配置模式下，根据子接口类型，用“interface”命令进入	用“exit”命令退出到全局用户模式
线路配置模式	Router (config-line)#	全局配置模式下，根据要配置的线路类型，用“line”命令进入	用“exit”命令退出到全局用户模式

路由器支持不同命令模式间的直接转换，比如在全局配置模式、路由协议配置模式、接口配置模式、子接口配置模式及线路配置模式下，只需要简单的按下组合键【Ctrl + Z】，便可以直接退出到特权用户模式，或者输入“end”指令，也可以直接退出到特权用户模式。而在由全局配置模式进入的各种配置模式下，可以直接相互转换，比如当前处于接口配置模式，可以简单地输入“line aux 0”，便直接到“AUX”口的配置模式下了，极大地方便了用户使用。

在各个模式下查看可用的命令时，显示内容通常会有 2 屏或 3 屏。显示内容底部的“More”意味着在按下【空格】键之后，可以查看输出的下一屏，或者按下【Enter】键，以查看下面的一行，按下任何其他键将结束显示。

5.4.3　路由器的基本配置

1. setup 交互式配置模式

多数路由器提供了 setup 交互式配置模式，如图 5-25 所示，以方便用户对一些基本参数进行设置，用户可以在该模式下对路由器的主机名、密码、接口 IP 地址等参数进行设置。这时用户只需要简单地回答路由器操作系统的问题，便可以轻松地进行配置。

```
Continue with configuration dialog? [yes/no]: yes

At any point you may enter a question mark '?' for help.
Use ctrl-c to abort configuration dialog at any prompt.
Default settings are in square brackets '[]'.


Basic management setup configures only enough connectivity
for management of the system, extended setup will ask you
to configure each interface on the system

Would you like to enter basic management setup? [yes/no]: yes
Configuring global parameters:

  Enter host name [Router]: nbr1000
```

图 5-25 路由器交互式配置

2. 命令行自动补齐功能

如果您忘记了一个完整的命令，或者希望可以减少输入的字符的数量，可以采用路由器提供的命令行自动补齐功能，只需要输入少量的字符，然后按【Tab】键，或者按组合键【Ctrl + I】键，路由器操作系统将会自动补齐省略的字符，成为完整的命令，当然必要条件是输入的少量字符已经可以确定一个唯一的命令了。

比如在特权用户层，您只需要输入“conf”，然后按【Tab】键或者组合键【Ctrl + I】，则由路由器自动为您补齐字母成为完整的“configure”命令。具体举例如下：

Router #conf<Tab>

Router #configure

3. 命令行历史记录

路由器提供了可以记录用户输入命令的功能，也就是所谓的命令行历史记录功能，这个功能在输入一些比较长、复杂的指令时特别有用，以前输入的所有的指令可以简单地通过上下光标键重新调出来，类似 DOSKey 的功能。

要调出用户最近输入的命令行，可以使用表 5-6 所示的键盘输入或者直接使用相关命令。

表 5-6 历史命令操作

命令或者键盘输入	作 用
【Ctrl + P】或者光标向上键	访问上一条历史命令，如果没有则响铃警告
【Ctrl + N】或者光标向下键	访问下一条历史命令，如果没有则响铃警告
Router >show history	查看命令行历史记录

一般路由器缺省都可以记录最近输入的 n 条指令，也可以通过指令设置命令行历史记录的缓冲区的大小，设置命令行历史记录缓冲区大小为 15 条记录的步骤如表 5-7 所示。

表 5-7　配置历史记录缓冲区大小为 15 条记录的步骤

步　骤	命　　令	功　　能
1	Router#configure terminal	进入全局配置模式
2	Router(config)#line console 0	进入控制口线路配置模式
3	Router(config-line)#history size 15	指定命令行历史记录缓冲区

4．增强的编辑命令

路由器提供了强大的命令行编辑功能，用户使用热键或者快捷键，可以方便地编辑命令行(不同路由器可能有所差别)。表 5-8 给出了常见热键说明。

表 5-8　热 键 说 明

键盘输入	作　　用
【Ctrl + B】或者光标键向左键	向左移动光标，最多可以移动到系统提示符
【Ctrl + F】或者光标键向右键	向右移动光标，最多可以移动到行末
【Esc，B】	向左回退一个词，直到系统提示符
【Esc，F】	向右前进一个词，最多到行末
【Ctrl + A】	光标直接移动到命令行的最左端
【Ctrl + E】	光标直接移动到命令行的末端

5．命令行在线帮助

在任何命令模式下，如果您不知道在该命令模式下有哪些可以使用的命令，可以在该命令模式的系统提示符下，简单地输入一个“？”，便可以获得该命令模式下所有的可以使用的命令和该命令的简短说明。具体举例如下：

```
Router>?
Exec commands:
Clear Reset functions
Exit Exit from the EXEC
disable Turn off privileged commands
enable Turn on privileged commands
help Description of the interactive help system
ping Send echo messages
show Show running system information
start-terminal-service Start terminal service
telnet Open a telnet connection
terminal Set terminal line parameters
```

对于一些命令，您可能知道这个命令是以某些字符开头的，但是完整的命令又不知道，这时可以用路由器操作系统提供的模糊帮助功能，只需要输入开头的少量几个字符，同时紧挨着这些字符再键入“？”，路由器便会列出以这些字符开头的所有的指令了。具体举例如下：

Router#c?

clear clock configure copy

在上面例子中，在特权用户模式下，输入“c？”，路由器操作系统便列出在特权用户模式下的以字符“c”开头的所有命令。

对于命令自动补齐功能，在上面的命令行编辑功能中已经说明了，更详细的说明可以参考前面的章节。

对于某些命令，不知道后面可以跟随哪些参数，或者有哪些的后续命令选项，路由器也提供了强大的帮助功能，只需要输入对应的命令，同时输入一个空格后，再输入“？”，便将该命令所有的后续命令显示出来，并且对各个后续命令选项给予简短的说明，或者可将参数类型列出来，并且给出各个参数的取值范围，保证输入指令的正确性。具体举例如下：

Router#copy ?

flash: Copy from flash: file system

running-config Copy from current system configuration

startup-config Copy from startup configuration

tftp: Copy from a TFTP server

以上例子列出了后续的所有命令，并且给予简短的说明。

下面的例子列出了各种参数类型，并且给出参数的取值范围，同时对各个参数作简短的说明。

Router(config)#access-list ?

<1-99> IP standard access list

<100-199> IP extended access list

<1300-1999> IP standard access list (expanded range)

<2000-2699> IP extended access list (expanded range)

6. 命令行错误提示信息

路由器操作系统对于用户输入的命令、参数进行严格的检查判断，对于错误的命令，不合法的参数会作出相应的错误提示，方便用户找出问题。常见的错误提示信息说明如表 5-9 所示。

表 5-9　常见的错误提示信息说明

错误提示信息	错误的原因
% Invalid input detected at '^' marker	输入的命令有错误，错误的地方在“^”指明的位置
% Incomplete command	命令输入不完整
% Ambiguous command: "command"	以“command”开头的指令有多个，指令输入不够明确
Password required, but none set	以 TELNET 方式登录时，需要在对应的 line vty num 配置密码，该提示是由于没有配置对应的登录密码
% No password set	没有设置控制密码，对于非控制台口登录时，必须配置使能控制密码，否则无法进入特权用户模式

7. 路由器的基本系统管理

路由器的基本系统管理包括进行如下配置：

- 配置路由器的名称。
- 设置路由器的日期和系统时钟。
- 重启动路由器。
- 保存路由器配置信息。

路由器系统基本配置如表 5-10 所示。

表 5-10　路由器系统基本配置

命　令	作　用
Router(config)#hostname *hostname*	设置路由器名称
Router#clock set hh:mm:ss date month year 或 Router#clock set hh:mm:ss month date year	设置路由器的日期和系统时钟，但重启路由器后该设置将失效
Router#calendar set hh:mm:ss date month year 或 Router#calendar set hh:mm:ss month date year	设置路由器的日期和系统时钟，与"clock set"命令的区别是重启路由器后该设置仍有效
Router#reload	重启动路由器

如果路由器不做任何配置，那么在缺省情况下，各个厂家路由器的名称不统一，即使是同一厂家的产品，其名称也跟具体型号有关系。

对于表 5-10 中的命令，以下分别举例说明：

(1) 将路由器的名称改成 myrouter：

```
Router#configure terminal                ! 进入全局配置模式
Router(config)#hostname myrouter         ! 设置路由器名称为 myrouter
myrouter (config)#^Z                     ! 退出全局配置模式
```

(2) 把系统时间改成 2010-07-25，08:00:00：

```
myrouter #sh clock                       ! 显示当前系统时间
clock: 2003-5-20 11:11:34
myrouter #clock set 08:00:00 27 july 2010   ! 设置路由器系统时间和日期
myrouter #show clock                     ! 确认修改系统时间生效
clock: 2010-7-25 08:00:39
```

(3) 在配置月份的时候，注意输入为月份英文单词的缩写。具体各个月份的英文单词如下：

january	february	march	april	may	june
一月	二月	三月	四月	五月	六月
july	august	september	october	november	december
七月	八月	九月	十月	十一月	十二月

(4) 将 RAM 中的当前配置信息(运行的配置)存放到 NVRAM 中作为下一次的启动配置。保存配置的操作例子如下：

```
Router # copy running-config  startup-config
Router # show   running-config   ! 显示当前配置
```

Router # show startup-config　　! 显示启动配置

或：

Router #**write**　　! 保存当前配置

Building configuration...

[OK]

(5) 重启动路由器的操作举例如下：

Router #**reload**　　! 重新启动路由器

Proceed with reload? [**yes**]　　! 确认重新启动路由器

重启动路由器命令在执行效果上，和路由器断电关机然后重新上电开机的效果相同，不过重启路由器命令允许远程维护路由器时重启动路由器，而不需要到路由器旁边关开机，方便维护。不过尽量不要重新启动路由器，否则会造成网络处于短暂的瘫痪状态，另外在重启路由器时，要确保路由器配置文件是否需要保存。

8. 路由器常用调试命令工具

在实际的网络管理中，需要去发现、隔离、解决网络故障，可以运用路由器提供的丰富的监控和调试手段，帮助用户诊断和解决在使用路由器中碰到的问题。用户能够使用监控工具来发现故障，用网络测试命令来定位和隔离故障，以及用其他的调试工具来解决问题，本节将介绍路由器提供的一些常见的监控、调试、测试指令。

1) show 查看信息命令集

为了提供足够的信息来判断系统的运行情况，路由器在特权用户模式下提供了一整套“show”命令集，包含大量的子命令，使用对应的“show”命令，可以显示出详细的路由器运行的系统信息，用来查看当前路由器的状态。表 5-11 所示为一些常用的“show”命令集，其他的大量的和接口、协议相关的“show”命令，可以参考路由器手册。

表 5-11　show 查看命令集

命　　令	功　　能
Router#show ?	显示所有的可用的“show”指令以及简短的说明
Router#show version	显示当前 RGNOS 的版本信息
Router#show clock	显示当前的系统时间
Router#show arp	显示系统的 arp 表
Router#show ip route	显示当前的系统路由表
Router#show debugging	显示各调试开关的状态
Router#show running-config	显示当前的系统配置信息
Router#show startup-config	显示保存在存储器中的配置信息
Router#show history	显示输入命令的历史记录
Router#show interfaces	显示所有的接口配置参数和统计信息
Router#show interfaces brief	显示简要的接口配置信息，包括 IP 地址和接口状态。此命令是排除故障的实用工具，也可以快速确定所有路由器接口状态

2) debug 调试命令集

各种“debug”(调试)指令对于路由器所支持的各种协议和功能，基本上都提供了相应的调试功能，可以有效地帮助用户诊断、定位和排除在使用路由器中的各种问题。

表 5-12 列出了部分常用的“debug”命令，与各协议和功能相关的更具体的“debug”命令和对其细节的注释，请参见具体路由器手册。使用“debug”功能，需要在特权用户模式下进行配置。

表 5-12　“debug”命令集

命　令	功　能
Router#debug ?	显示所有可用的“debug”指令及简短的说明
Router#show debugging	显示当前各个调试开关的状态
Router#debug all	打开系统所有的调试开关
Router#no debug all	关闭所有的调试开关
Router#debug async	打开异步口调试开关
Router#debug chat	打开 Modem 拨号脚本调试开关
Router#debug dialer	打开 DDR 调试开关
Router#debug driver	打开硬件驱动调试开关
Router#debug ethernet	打开以太网接口事件调试开关
Router#debug frame-relay	打开帧中继调试开关
Router#debug hdlc	打开 HDLC 调试开关
Router#debug ip	打开 IP 以及相关调试开关
Router#debug isdn	打开 ISDN 调试开关
Router#debug lapb	打开 lapb 协议调试开关
Router#debug ppp	打开 PPP 协议调试开关
Router#debug qos	打开 qos 队列调试开关
Router#debug snmp	打开 snmp 协议调试开关
Router#debug vlan	打开 VLAN 调试开关
Router#debug x.25	打开 X.25 调试开关

在 TELNET 客户端登录模式下，缺省的“debug”调试信息不会发送到 TELNET 客户端，如果需要在 TELNET 客户端显示调试信息，则需要在该终端会话的特权用户模式下，执行如下命令：

Router#terminal monitor

路由器包含有大量的调试命令，上表所列出的，仅仅是部分“debug”的第一级命令而已，还有许多的“debug”命令是有各自的子命令的，比如“debug ip”命令，后面还有许多的扩展选项，具体举例如下：

Router#debug ip ?

ospf ospf debug on/off

packet General IP debugging and IPSO security transactions

rip RIP protocol transactions

打开调试开关，将会占用 CPU 资源，某些调试开关的打开，甚至会严重占用 CPU 资源，影响路由器运行效率，所以如果没有必要，请不要轻易打开调试开关，尤其慎用“debug all”命令，在调试结束后，应注意关闭全部调试开关。

3) ping 连通性测试

为了测试网络的连通性，很多的网络设备都支持 echo 协议，该协议包括发送一个特殊的数据包给指定的网络地址，然后等待该地址应答回来的数据包。通过 echo 协议，可以评估网络的连通性、延时、网络的可靠性，利用路由器提供的“ping”指令，可以有效地帮助用户诊断、定位网络中的连通性问题。

“ping”命令运行在普通用户模式和特权用户模式下，在普通用户模式下时，只能运行基本的“ping”功能；而在特权用户模式下时，则还可以运行“ping”的扩展功能。“ping”指令格式如表 5-13 所示。

表 5-13　“ping”指令格式

命　　令	功　　能
Router#**ping** [**ip**] [*address* [**length** *length*][**ntimes** *times*] [**timeout** *seconds*]]	ping 网络连通性测试工具

普通的“ping”功能，可以在普通用户模式和特权用户模式下执行，缺省发出 5 个长度为 100Byte 的数据包发送到指定的 IP 地址，在指定的时间(缺省为 2 秒)内，如果有应答，则显示一个“!”，如果没有应答，则显示一个“.”，最后输出一个统计信息。以下为普通“ping”的实例：

```
Router #ping 192.168.1.1
Sending 5, 100-byte ICMP Echoes to 192.168.1.1, timeout is 2 seconds:
< press Ctrl+C to break >
!!!!!
Success rate is 100 percent (5/5), round-trip min/avg/max = 1/2/10 ms
```

扩展“ping”功能只能在特权用户模式下执行，在扩展“ping”中，可以指定发送数据包的个数、长度，超时的时间等等，和普通的“ping”功能一样，最后也输出一个统计信息。以下为一个扩展“ping”的实例：

```
Router #ping 192.168.1.2 length 1500 ntimes 100 timeout 3
Sending 100, 1000-byte ICMP Echoes to 192.168.1.2, timeout is 3 seconds:
< press Ctrl+C to break >
!!!!!!!!!!!!!!!!!!!!!!!!!!!!!!!!!!!!!!!!!!!!!!!!!!!!!!!!!!!!!!!!!!!!!!!!!!!!!!!!!!!!!!!!!!!!!!!!!!!!
Success rate is 100 percent (100/100), round-trip min/avg/max = 2/2/3 ms
```

4) traceroute 连通性测试

“ping”指令仅仅只能知道目的站点有无回应，而“traceroute”命令可以显示用于测试的数据包从源地址到目的地址以及所经过的所有网关，“traceroute”命令主要用于检查网络的连通性，并在网络故障发生时，准确地定位故障发生的位置。

在 IP 数据包格式章节中，我们已经了解了 TTL 字段。

一个数据包每经过一个网关，数据包中的 TTL 域的数据减“1”，当 TTL 域的数据为“0”时，该网关便丢弃这个数据包，并送回一个地址不可达的错误数据包给源地址。根据这个规则，“traceroute”命令的执行过程是：首先给目的地址发送一个 TTL 为“1”的数据包，第一个网关便送回一个 ICMP 错误消息，以指明此数据包不能被发送，因为 TTL 超时，之后将数据包的 TTL 域加“1”后重新发送；同样第二个网关返回 TTL 超时错误消息；这个过程将一直继续下去，直到到达目的地址，记录每一个回送 ICMP TTL 超时信息的源地址，最终就能够记录下数据从源地址到达目的地址，也就是 IP 数据包所经历的整个完整的路径。

“traceroute”命令可以在普通用户模式和特权用户模式下执行，具体的命令格式如表 5-14 所示。

表 5-14　“traceroute”指令

命　　令	功　　能
Router#traceroute [*protocol*][*destination*]	跟踪数据包发送网络路径

以下为应用“traceroute”的两个例子。

(1) 网络畅通时使用的“traceroute”命令的例子：

```
Router#traceroute 61.154.22.36
< press Ctrl+C to break >
Tracing the route to 61.154.22.36
1 192.168.12.1 0 msec 0 msec 0 msec
2 192.168.9.2 4 msec 4 msec 4 msec
3 192.168.9.1 8 msec 8 msec 4 msec
4 192.168.0.10 4 msec 28 msec 12 msec
5 202.101.143.130 4 msec 16 msec 8 msec
6 202.101.143.154 12 msec 8 msec 24 msec
7 61.154.22.36 12 msec 8 msec 22 msec
Router#
```

从上面的结果可以清楚地看到，从源地址要访问 IP 地址为 61.154.22.36 的主机，网络数据包都经过了哪些网关(1～6)，同时给出了到达该网关所花费的时间，这对于网络分析是非常有用的。

(2) 网络中某些网关不通时使用的“traceroute”命令的例子：

```
Router#traceroute 202.108.37.42
< press Ctrl+C to break >
Tracing the route to 202.108.37.42
1 192.168.12.1 0 msec 0 msec 0 msec
2 192.168.9.2 0 msec 4 msec 4 msec
3 192.168.110.1 16 msec 12 msec 16 msec
4 * * *
5 61.154.8.129 12 msec 28 msec 12 msec
```

6 61.154.8.17 8 msec 12 msec 16 msec
7 61.154.8.250 12 msec 12 msec 12 msec
8 218.85.157.222 12 msec 12 msec 12 msec
9 218.85.157.130 16 msec 16 msec 16 msec
10 218.85.157.77 16 msec 48 msec 16 msec
11 202.97.40.65 76 msec 24 msec 24 msec
12 202.97.37.65 32 msec 24 msec 24 msec
13 202.97.38.162 52 msec 52 msec 224 msec
14 202.96.12.38 84 msec 52 msec 52 msec
15 202.106.192.226 88 msec 52 msec 52 msec
16 202.106.192.174 52 msec 52 msec 88 msec
17 210.74.176.158 100 msec 52 msec 84 msec
18 202.108.37.42 48 msec 48 msec 52 msec

从上面的结果可以清楚地看到，从源地址要访问 IP 地址为 202.108.37.42 的主机，网络数据包都经过了哪些网关(1～17)，并且可以发现网关 4 出现了故障。

5.4.4　路由器接口配置

电信级路由器一般支持两种类型的接口：物理接口和逻辑接口。物理接口是指该接口在路由器上有对应的、实际存在的硬件接口，如以太网接口、同步串行接口、异步串行接口、ISDN 接口等。逻辑接口是指该接口在路由器上没有对应的、实际存在的硬件接口，逻辑辑口可以与物理接口关联，也可以独立于物理接口存在。如 Dialer 接口、NULL 接口、Loopback 接口、子接口等。实际上对于网络协议而言，无论是物理接口还是逻辑接口，都是一样对待的。

路由器一般支持的接口类型如表 5-15 所示。

表 5-15　路由器一般支持的接口类型

接口类型	接口配置名称	符合标准
异步串口	Async	EIA/TIA RS-232
同步串口	Serial	V.24、V.35、EIA/TIA-449、X.21、EIA-530
快速以太网口	FastEthernet	IEEE 802.3、RFC894
E1/CE1 口	E1	G.775、G.704、G.706、G.732
ISDN S/T 口	BRI	ITU-T I.430
ISDN U 口	BRI	G.961、ANSI T1.601
Dialer 接口	dialer	—
Loopback 接口	Loopback	—
NULL 接口	NULL	—
子接口	Serial0.1(例)	—
异步串口组	Group-Aync	—

1. 接口配置模式

要配置某个接口，必须先进入这个接口的配置模式。首先进入路由器的全局配置模式，然后输入相应的命令进入指定接口配置模式。命令格式如表 5-16 所示。

表 5-16　接口配置命令

命　令	作　用
Router(config)#interface *interface-type interface-number*	创建一个接口，并进入指定接口配置模式
Router(config)#no interface *interface-type interface-number*	删除指定接口

例如，进入快速以太网口第 0 槽的第 0 个端口，具体步骤如下：

```
Router#config terminal
Router(config)#interface FastEthernet 0/0
```

进入串口的 1 槽位 1 号端口，具体配置代码如下：

```
Router#config terminal
Router(config)#interface serial 1/1
```

进入快速以太网口第 0 槽的第 0 个端口的子接口 2，具体配置代码如下：

```
Router#config terminal
Router(config)#interface FastEthernet 0/0.2
```

进入各种接口类型的名称见上节的接口类型表 5-15。

对于 E1/CE1 口，接口号由槽号、端口号以及通道组号组成，如第 2 个槽上所插 E1/CE1 模块的第三个端口的第一个通道组表示为 serial 2/3:1。

异步串口和辅口都属于 Async 接口，接口号的排序原则为辅口的接口号在异步串口之后。例如：当路由器插入一块 8 异步口子卡时，异步串口的 1～8 端口号分别是 Async 1～Async 8，而辅口是 Aysnc 9，如果路由器上没有任何的异步串口模块，那么辅口的接口号是 Aync 1。

某些接口带有接口的特性，在创建并进入该接口时，可以指定该特性，例如：进入帧中继地点到点子接口，用命令“interface serial 1/0.1 point-to-point”。

2. 接口相关参数的配置

接口相关参数包括 IP 地址、接口描述信息、带宽(BandWidth)、队列等信息的参数。

除了 NULL 接口，每个接口都有其 IP 地址，IP 地址的配置是使用接口必须考虑的。带宽主要用于一些路由协议(如 OSPF 路由协议)计算路由量度和 RSVP 计算保留带宽。修改接口带宽不会影响物理接口的数据传输速率。

队列用以调整每个接口的发送和接收队列的大小，这个参数(Hold-Queue)可以调整接口处理突发数据的能力。相关配置指令如表 5-17 所示。

表 5-17　接口参数配置命令

命　令	作　用
Router(config-if)#ip address *ip-address ip-mask*	配置该接口的网络地址
Router(config-if)#no ip address	删除该接口的网络地址
Router(config if)#description interface	描述指定接口的用途，最大支持 80 个字符的描述串
Router(config-if)#no description	删除该接口用途的描述
Router(config-if)#mtu bytes	配置该接口的网络地址
Router(config-if)# no mtu	恢复 MTU 的缺省值
Router(config-if)#bandwidth *kilobits*	配置 bandwidth
Router(config-if)#no bandwidth	取消 bandwidth 的配置
Router(config-if)#Hold-Queue *Length* {in|out}	配置接口发送和接收队列大小
Router(config-if)#no Hold-Queue	取消接口队列的配置

下面举例说明一个以太网接口的配置：

```
Router(config)#interface   FastEthernet0/0
Router(config-if)#description Gateway_of_trans1ation
Router(config-if)#ip address 192.168.12.1 255.255.255.0
Router(config-if)#no shutdown
```

IP 地址和说明配置完成后，必须使用“no shutdown”命令激活接口，这与接口通电类似。接口还必须连接到另一个设备(集线器、交换机、其他路由器等)，才能使物理层处于活动状态。

3. 接口监控与维护

接口的监控与维护主要包含接口的相关信息的查看、接口统计信息的复位、接口的关闭与启用等。相关配置命令如表 5-18 所示。

表 5-18　接口监控与维护命令

命　令	作　用
Router#Show interface [serial] | [Async] | [FastEthernet] |…	显示接口的传输特性、协议特性的参数
Router(config-if)# shutdown	在需要的时候(如更换电缆)，关闭接口
Router(config-if)#no shutdown	重新启用接口

用“show interface serial1/0”命令显示接口信息举例如下：

```
Router#show interface serial1/0
serial 1/0 is DOWN , line protocol is DOWN
Hardware is Infineon DSCC4 PEB20534 H-10 serial
Interface address is: 192.168.10.10/24
MTU 1500 bytes, BW 2000 Kbit
Encapsulation protocol is PPP, loopback not set
```

```
Keepalive interval is 10 sec , set
Carrier delay is 2 sec
RXload is 1 ,Txload is 1
LCP Closed
Closed: ipcp
Queueing strategy: WFQ
5 minutes input rate 0 bits/sec, 0 packets/sec
5 minutes output rate 0 bits/sec, 0 packets/sec
1425 packets input, 22800 bytes, 0 no buffer
Received 0 broadcasts, 0 runts, 0 giants
0 input errors, 0 CRC, 0 frame, 0 overrun, 0 abort
1425 packets output, 22800 bytes, 0 underruns
0 output errors, 0 collisions, 2 interface resets
6 carrier transitions
V35 DTE cable
DCD = down DSR = down DTR = up RTS = up CTS = down
```

路由器接口配置还包括广域网口的配置，广域网协议的封装(见本书广域网部分)，以及逻辑接口的配置指令等，具体使用可参见路由器手册说明。

5.4.5　路由器口令配置

用户可以通过口令控制对路由器的访问和对特权模式命令的使用，甚至能够控制对不同的终端线的访问。

1．设置控制台访问口令

设置控制台访问口令的代码如下：

```
Router2500 >enable
Router2500 # configure    terminal
Router2500 (config) # line console 0
Router2500 (config-line) # login
Router2500 (config-line) # password xxxx
Router2500 (config-line) # end
Router2500 # exit
```

密码设置完成后，再次登录路由器时，出现如图 5-26 所示的提示界面：

```
Press RETURN to get started!


User Access Verification

Password:
```

图 5-26　路由器登录密码验证提示画面

2．设置远程终端访问口令

设置远程终端访问口令的代码如下：

RouterB >**enable**

RouterB # configure　terminal

RouterB (config) # **line**　**vty**　0　4

RouterB (config-line) # **login**

RouterB (config-line) # **password**　xxxx

RouterB (config-line) # **end**

RouterB # **exit**

密码设置完成后，通过 PC 登录远程 TELNET 路由器时，出现如图 5-27 所示的提示界面：

```
RouterA Con0 is now available
Press RETURN to get started.
User Access Verification

Password:
RouterA>enable
RouterA#telnet 172.16.20.2
Trying 172.16.20.2 ... Open
User Access Verification
Password:
RouterB#
```

图 5-27　远程登录密码验证提示界面

3．设置特权模式访问口令

设置特权模式访问口令有以下两种方式：

方式一：

Router2500 >**enable**

Router2500 # configure　terminal

Router2500 (config) # **enable password** reijie　　！密码明文显示

Router2500 (config) **# end**

方式二：(加密)

Router2500 # configure　termina

Router2500 (config) # no enable password　　！取消口令

Router2500 (config) # enable secret reijie　　！密文

这两种方式的区别在于："password"指令对密码不加密，而"secret"指令将口令加密，当二者同时配置时，以"secret"指令的配置为准。

密码设置完成后，再次登录路由器时，出现如图 5-28 所示的提示界面。

```
Router>
Router>en
Router>enable
Password:
```

图 5-28　特权模式口令验证提示界面

5.5　VLAN 间路由

通过前一章可知，在网络管理实践中通过在交换机上划分适当数目的 VLAN，不仅能有效隔离广播风暴，还能提高网络安全系数及网络带宽的利用效率。划分 VLAN 之后，VLAN 与 VLAN 之间是不能通信的，允许此类终端间通信的方法，称为 VLAN 间路由。在本节中，将学习 VLAN 间路由的概念，以及在网络中实现 VLAN 间路由的方法。

5.5.1　传统 VLAN 间路由

传统上的 VLAN 路由通过有多个物理接口的路由器实现，各接口必须连接到一个独立的网络，并配置不同的子网，如图 5-29 所示。路由器通过使其每个物理接口连接到唯一的 VLAN 来实现路由，每个接口也都配置有一个子网的 IP 地址，该子网与所连接的特定 VLAN 相关联。由于各物理接口配置了 IP 地址，与各个 VLAN 相连的网络设备可通过连接到同一 VLAN 的物理接口与路由器通信。配置时，网络设备可将路由器用作网关，以访问与其他 VLAN 相连接的设备。路由的过程中，源设备必须确定目的设备相对本地子网而言是本地设备还是远程设备。源设备会把源和目的 IP 地址与子网掩码做比较来完成此任务。如果目的 IP 地址已确定在远程网络中，那么源设备必须确定将数据包转发到何处才能到达目的设备。源设备将检查本地路由表，确定将数据发送到何处。设备会将其默认网关作为必须离开本地子网的所有流量的第二层目的地。这种通过将不同的物理路由器接口连接至不同的物理交换机端口来执行 VLAN 间路由的传统方法效率低下，在交换网络中通常不再使用。

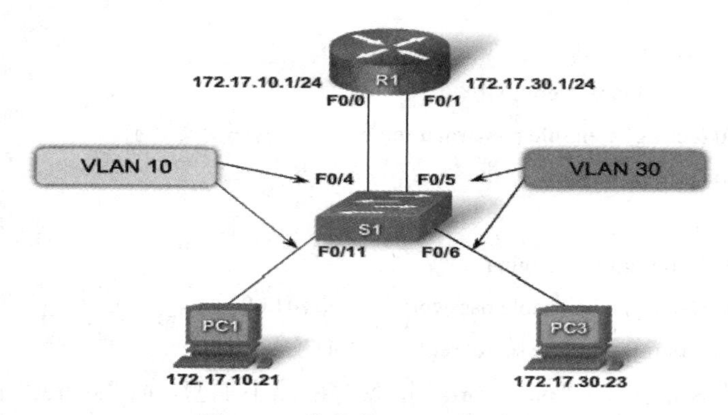

图 5-29　传统的 VLAN 间路由

5.5.2　单臂路由器 VLAN 间路由

使用物理接口的传统 VLAN 间路由具有明显的限制。路由器上连接不同 VLAN 的物理接口数量有限，当网络上 VLAN 数量增加时，如果每个 VLAN 上都有一个物理路由器接口，那么就会很快耗尽路由器上物理接口的容量。在更大的网络中，替代办法是使用 VLAN 中继和子接口。VLAN 中继允许单个物理路由器接口为多个 VLAN 路由流量。此技术被称为单臂路由器，它使用路由器上的虚拟子接口来克服基于物理路由器接口的硬件局限。子接口是基于软件的虚拟接口，可分配到各物理接口，每个子接口上分别配置有各自的 IP 地址和子网掩码，这使单个物理接口可以同时属于多个逻辑网络。单臂路由器 VLAN 间路由如图 5-30 所示。

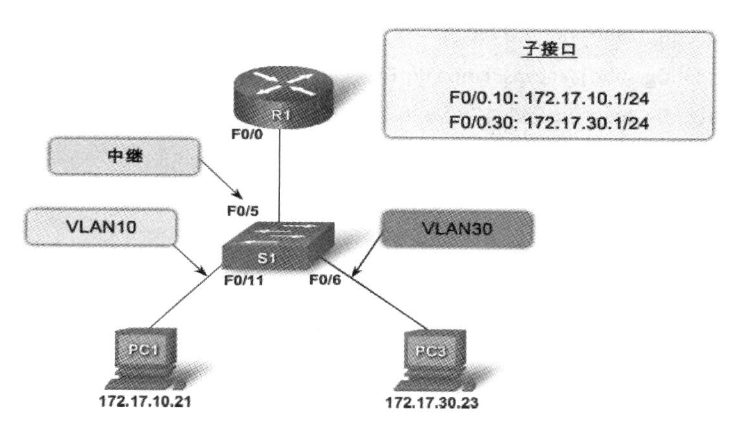

图 5-30 单臂路由器 VLAN 间路由

使用单臂路由器模式配置 VLAN 间路由时，路由器的物理接口必须与相邻交换机的 TRUNK 链路相连。在路由器上，子接口是为网络上每个唯一 VLAN 而创建的，每个子接口会分配有专属于其子网 VLAN 的 IP 地址，同时也为了便于为该 VLAN 标记帧。这样，路由器可以在流量通过 Trunk 链路返回交换机的时候区分不同子接口的流量。因此，这种相对于每个 VLAN 配置一个物理接口的传统 VLAN 间路由配置设计，使用单臂路由器模式配置 VLAN 间路由更适合有许多 VLAN 的网络，不仅节约了成本，还降低了配置的复杂性。下面以一个具体例子说明如何配置。

1) 配置交换机

```
sw# conf  t
sw(config)#vlan 10
sw(config-vlan)# name vlan10
sw(config)#exit
sw(config)#int fast 0/11
sw(config-if)#switchport access vlan 10
sw(config)#vlan 30
sw(config-vlan)# name vlan 30
sw(config)#exit
sw(config)#int fast 0/6
sw(config-if)#switchport access vlan 30

sw(config)#int fast 0/5
sw(config-if)#switchport mode Trunk        ! Trunk 模式
```

2) 配置路由器

```
Route# conf t
```

```
Route(config)#int fast 0/0.10    ! 子接口 1
Route(config-subif)#encapsulation dot1q 10
Route(config-subif)#ip addr 172.17.10.1   255.255.255.0
Route(config-subif)#int fast 0/0.30      ! 子接口 2
Route(config-subif)#encapsulation dot1q 30
Route(config-subif)#ip addr 172.17.30.1   255.255.255.0
Route(config-subif)# int fast 0/0
Route(config-if)#no shut
Route(config-if)#exit
```

习　题　五

1. TCP/IP 协议中有哪些核心的协议？

2. IP 地址 A、B、C 三类是如何划分的，地址 221.11.22.37 属于哪一类 IP 地址？私有地址的含义是什么？

3. 一个主机的 IP 地址是 202.112.14.37，子网掩码是 255.255.255.240，请计算这个主机所在网络的网络地址和广播地址。

4. 对于一个有 14 台主机的子网，在划分子网时，主机位至少要多少个 bit？

实　验　五

实验的拓扑结构如图 5-31 所示，请基于拓扑图完成路由器和交换机的配置，采用 VTP 实现 VLAN 的管理，并采用单臂路由实现 VLAN 之间的互通并进行验证。

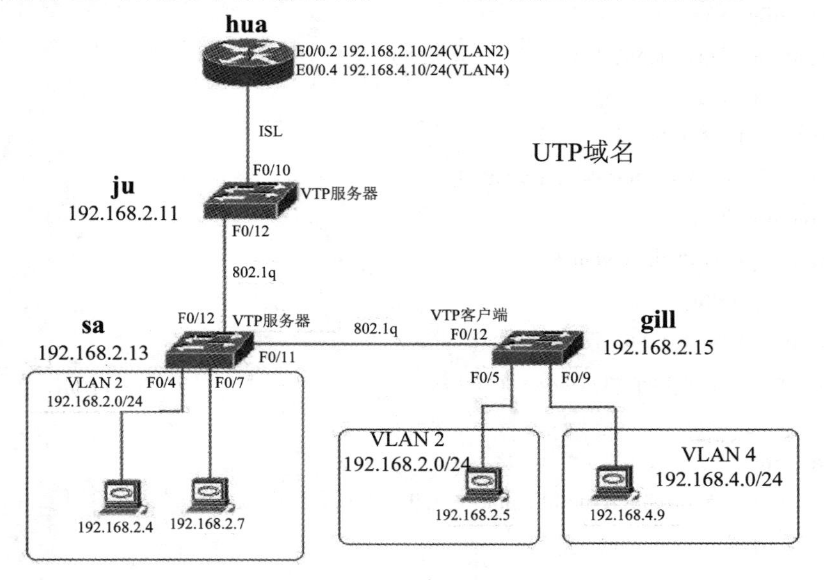

图 5-31　实验用图

第 6 章　路由协议及配置

路由器使用路由表中的信息转发数据包，为此需要搜索存储在路由表中的路由信息。在路由器上配置静态或动态路由前，路由器只知道与自己直连的网络，这些网络是在配置静态或动态路由之前唯一显示在路由表中的网络。通过配置静态路由或启用动态路由协议，可以将远程网络添加至路由表。在包含许多网络和子网的大型网络中，配置和维护这些网络之间的静态路由需要一笔巨大的管理和运营开销。当网络发生变化时(例如链路断开或增加新子网)，此运营开销尤其巨大。实施动态路由协议能够减轻配置和维护任务的负担，而且给网络提供了可扩展性。

6.1　路由表简介

从前面的章节我们已经知道，路由分为静态路由和动态路由，其相应的路由表称为静态路由表和动态路由表。静态路由表由网络管理员在系统安装时根据网络的配置情况预先设定，网络结构发生变化后由网络管理员手工修改路由表。动态路由随网络运行情况的变化而变化，路由器根据路由协议提供的功能自动计算数据传输的最佳路径，由此得到动态路由表。路由协议建立和维护包含路由信息的路由表，根据所使用的路由选择协议不同，路由信息也会有所不同。

路由表是路由器进行路径抉择的基础，路由器的路由表存储下列信息：

(1) 直连路由：这些路由来自于活动的直连网络。路由表中的直连网络就是直连到路由器某一接口的网络，当路由器接口配置有 IP 地址和子网掩码时，此接口即成为该相连网络的主机，接口的网络地址和子网掩码以及接口类型和编号都将直接输入路由表，用于表示直连网络。

(2) 远程路由：这些路由来自连接到其他路由器的远程网络。远程网络就是间接连接到路由器的网络，换言之，远程网络就是必须通过将数据包发送到其他路由器才能到达的网络，要将远程网络添加到路由表中，可以使用动态路由协议，也可以通过配置静态路由来实现。

在 Cisco IOS 路由器上，“show ip route”命令可用于显示路由器 IPv4 路由表。路由器将提供其他路由信息，包括如何获取路由、路由在表中存在的时间以及到达预定目的地要使用的具体接口。路由表内容如下：

```
router#show ip route
Codes: C - connected, S - static, R - RIP, D - EIGRP,
EX - EIGRP external, O- OSPF, IA - OSPF inter area
```

E1 - OSPF external type 1, E2 - OSPF external type 2,

* - candidate default

Gateway of last resort is 10.5.5.5 to network 0.0.0.0

C 172.16.11.0 is directly connected, serial1/2

O E2 172.22.0.0/16 [110/20] via 10.3.3.3, 01:03:01, Serial1/2

S* 0.0.0.0/0 [1/0] via 10.5.5.5

路由表的开头是对字母缩写的解释，主要是为了方便阐述路由的来源。“Gateway of last resort”说明存在缺省路由，以及该路由的来源和网段。

一般一条路由显示一行，如果太长可能分为多行。从左到右，路由表项中每个字段的意义如下：

(1) 路由来源：每个路由表项的第一个字段，表示该路由的来源。比如“C”代表直连路由，“S”代表静态路由，“O”代表用于标识使用 OSPF 路由协议从另一台路由器动态获取的网络，“*”说明该路由为缺省路由。

(2) 目标网段：包括网络前缀和掩码说明，如 172.22.0.0/16。

(3) 管理距离/量度值：管理距离代表该路由来源的可信度，不同的路由来源该值不一样，量度值代表该路由的花费。路由表中显示的路由均为最优路由，既管理距离和量度值都最小。两条到同一目标网段、来源不同的路由在安装到路由表中之前，需要进行比较，首先要比较管理距离，取管理距离小的路由；如果管理距离相同，就比较量度值；如果量度值也一样则将安装多条路由。

(4) 下一跳 IP 地址：说明该路由的下一个转发路由器。

(5) 存活时间：说明该路由已经存在的时间长短，以“时：分：秒”方式显示，只有动态路由通过学习到的路由才会有该字段。

(6) 下一跳接口：说明符合路由的 IP 包，将由该接口发送出去。

当选择使用哪个路由协议时，一般需要考虑以下因素：

- 网络的规模和复杂性。
- 是否要支持 VLSM(可变长度子网掩码)。
- 网络流量大小。
- 安全考虑。
- 可靠性考虑。
- 互联延迟特性。
- 组织的路由策略。

6.2 静态路由与配置

静态路由是在路由器中设置的固定的路由表。除非网络管理员干预，否则静态路由不会发生变化。由于静态路由不能对网络的改变作出反应，一般用于网络规模不大、拓扑结构固定的网络中。

静态路由的优点是简单、高效、可靠，另一个好处是网络安全保密性高。在所有的路由中，静态路由优先级最高。当动态路由与静态路由发生冲突时，以静态路由为准。在以下情况中应使用静态路由：

(1) 网络中仅包含几台路由器。在这种情况下，使用动态路由协议并没有任何实际好处，相反，动态路由可能会增加额外的管理负担。

(2) 网络仅通过单个 ISP 接入 Internet。因为该 ISP 就是唯一的 Internet 出口点，所以不需要在此链路间使用动态路由协议。

(3) 以集中星型拓扑结构配置的大型网络。集中星型拓扑结构由一个中央位置(中心点)和多个分支位置(分散点)组成，其中每个分散点仅有一条到中心点的连接。因为每个分支仅有一条路径通过中央位置到达目的地，所以不需要使用动态路由。

配置静态路由的命令是“ip route”。配置静态路由的完整语法是：

Router(config)#ip route network-address subnet-mask {ip-address | exit-interface }

静态路由命令参数说明如表 6-1 所示。

表 6-1　静态路由命令参数说明

参　数	描　述
network-address	要加入路由表的远程网络的目的网络地址
subnet-mask	要加入路由表的远程网络的子网掩码。可对此子网掩码进行修改
ip-address | exit-interface	一般指下一跳路由器的 IP 地址|将数据包转发到目的网络时使用的送出接口

6.2.1　静态路由配置示例

1．组网需求

需组网的静态路由拓扑示意图如图 6-1 所示。

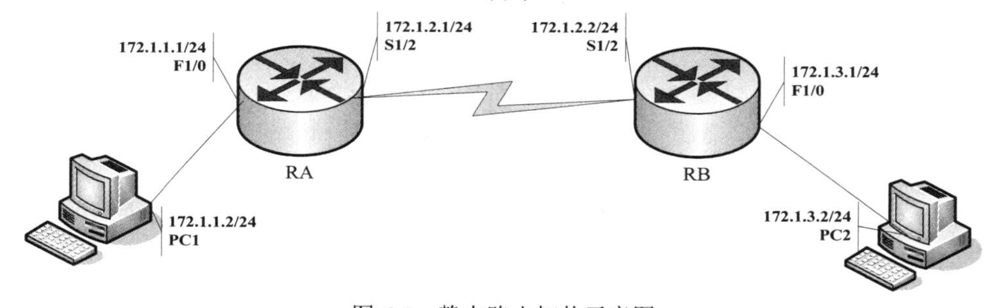

图 6-1　静态路由拓扑示意图

2．配置步骤

RA 的路由设置如下：

```
RA>enable
RA#configure terminal
RA(config)#ip route 172.1.3.0 255.255.255.0 172.1.2.2
(或 ip route 172.1.3.0 255.255.255.0 serial 1/2)
RA(config)#end
```

上述配置使得路由器 RA 得到了去网络 172.1.3.0/24 的路径，但要使 PC1 能和 PC2 通

信的话，还需要在路由器 RB 配置到网络 172.1.1.0/24 的回程路由，否则数据包无法从网络 172.1.3.0/24 回到网络 172.1.1.0/24，RB 静态路由配置如下：

```
RB>enable
RB#configure terminal
RB(config)#ip route 172.1.1.0 255.255.255.0 172.1.2.1
(或 ip route 172.1.1.0 255.255.255.0 serial 1/2)
RB(config)#end
```

配置完毕后可以使用“show ip route”命令检查路由表中的新静态路由：

```
S 172.1.3.0/24 [1/0] via 172.1.2.2
```

出现拓扑发生变化时，我们需要对以前配置的静态路由进行修改，现有的静态路由无法修改，必须将现有的静态路由删除然后重新配置一条。要删除静态路由，只需在用于添加静态路由的“ip route”命令前添加“no”即可，如：**no ip route** 172.1.1.0 255.255.255.0 172.1.2.1。

6.2.2　缺省路由配置示例

缺省路由一般使用在 stub 网络中(称末端或存根网络)，stub 网络是只有一条出口路径的网络，使用默认路由来发送那些目标网络没有包含在路由表中的数据包。缺省路由配置拓扑如图 6-2 所示。

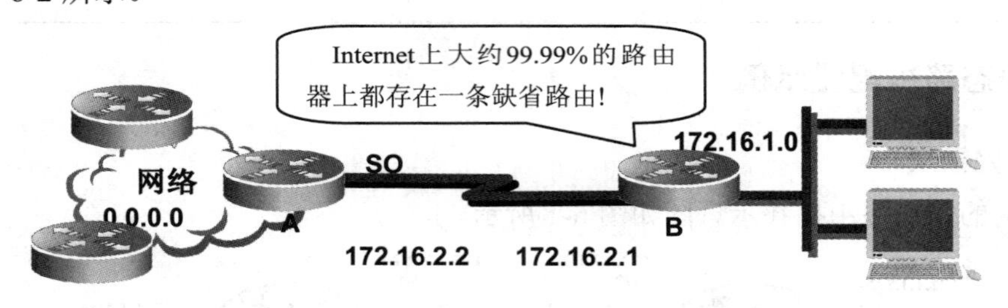

图 6-2　缺省路由配置拓扑

缺省路由可以看做是静态路由的一种特殊情况。配置缺省路由用如下命令：

```
router(config)#ip route 0.0.0.0 0.0.0.0      ! 转发路由器的 IP 地址/本地接口
```

按照上述拓扑，网络 172.16.1.0/24 到外网的出口只有通过路由器 B 的转发，而不存在其他路径，因此，缺省路由配置如下：

```
router(config)#ip route 0.0.0.0 0.0.0.0 172.16.2.2
```

上述配置表示路由器 B 对收到不是本网络的数据时，都向下一跳接口 172.16.2.2 转发。路由器上通常存在一条缺省路由，用来转发那些没有精确匹配到的路径的数据包。

6.3　动 态 路 由

路由协议是用于路由器之间交换路由信息的协议。通过路由协议，路由器可以动态共享有关远程网络的信息，并自动将信息添加到各自的路由表中。路由协议可以确定到达各个网络的最佳路径，然后将路径添加到路由表中。使用动态路由协议的一个主要的好处是：

只要网络拓扑结构发生了变化，路由器就会相互交换路由信息，通过这种信息交换，路由器不仅能够自动获知新增加的网络，还可以在当前网络连接失败时找出备用路径。与静态路由相比，动态路由协议需要的管理开销较少。不过，运行动态路由协议需要占用一部分路由器资源，包括 CPU 时间和网络链路带宽。尽管动态路由有诸多好处，但静态路由仍有其用武之地。有的情况下适合使用静态路由，而有的情况下则适合使用动态路由。

可以按路由协议的特点将其分为不同的类别，如图 6-3 所示。具体而言，路由协议可以按照以下内容分类：

- 目的：内部网关协议(IGP)或外部网关协议(EGP)。
- 操作：距离矢量、链路状态路由协议或路径矢量协议。
- 行为：有类协议(传统)或无类协议。

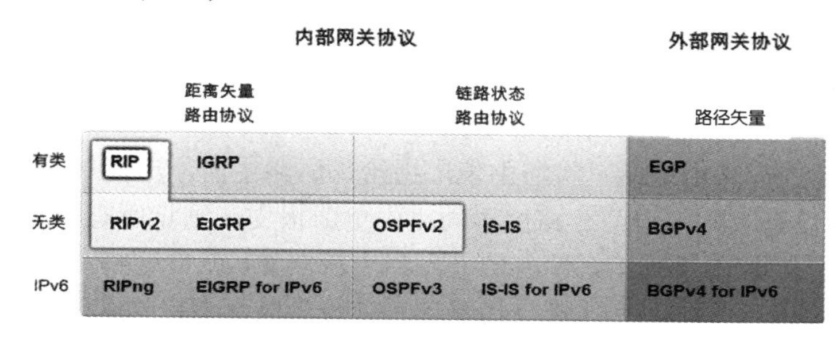

图 6-3 路由协议的类别

(1) 根据目的，可将路由协议分为内部网关协议(Interior Gateway Protocol，IGP)和外部网关协议(External Gateway Protocol，EGP，也叫域间路由协议)。域间路由协议有两种：外部网关协议(EGP)和边界网关协议(BGP)。

(2) 根据操作，动态路由协议可分为距离矢量路由协议(Distance Vector Routing Protocol)和链路状态路由协议(Link State Routing Protocol)。距离矢量路由协议基于 Bellman-Ford 算法，主要有 RIP、IGRP(IGRP 为 Cisco 公司的私有协议)；链路状态路由协议基于图论中非常著名的 Dijkstra 算法，即最短优先路径(Shortest Path First，SPF)算法，如 OSPF。在距离矢量路由协议中，路由器将部分或全部的路由表传递给与其相邻的路由器；而在链路状态路由协议中，路由器将链路状态信息传递给在同一区域内的所有路由器。

(3) 根据行为，可将路由协议分为有类协议(传统)或无类协议。有类路由协议和无类路由协议之间的最大区别是有类路由协议不会在其路由更新中发送子网掩码信息。而无类路由协议在路由更新中包含子网掩码信息。两个原始 IPv4 路由协议是 RIPv1 和 IGRP。根据类别(如 A 类、B 类或 C 类)在分配网络地址时创建了这两个路由协议。此时，路由协议不必在路由更新中包含子网掩码，因为可以根据网络地址的第一个二进制八位数来确定网络掩码。RIPv1 和 IGRP 在更新中不包含子网掩码信息的事实意味着它们无法提供可变长子网掩码(VLSMs)和无类域间路由(CIDR)。

6.4 RIP 协议及其配置

RIP (Routing Information Protocol)是最早的距离矢量路由协议。尽管 RIP 缺少许多更为

高级的路由协议所具备的复杂功能，但其简单性和使用的广泛性使其具有很强的生命力。RIP 使用“跳数”来衡量到达目的地的距离，称为路由量度，在 RIP 中，路由器到与它直接相连网络的“跳数”为“0”；通过一个路由器可达的网络的“跳数”为“1”，其余以此类推；不可达网络的“跳数”为“16”。下面简单介绍 RIP 协议工作原理：

(1) 各路由器初始时，在路由表中，只保存有与各自的接口直接相连的网段的直接路由。

(2) 当各路由器启用了 RIP 路由后，路由器就向其他路由器发送请求报文，等待对方发送响应报文后，路由表就发生变化，形成新的路由表。

(3) 路由器与它直接相连网络的跳数为“0”，通过一个路由器可达的网络的跳数为“1”，其余的以此类推。

(4) RIP 是为小型网络设计的，它的跳数计数限制为 16 跳。RIP 协议假定：如果从网络的一个终端到另一个终端的路由跳数超过 15 个，比如当一个路径达到 16 跳时，就被认为是可不到达的，这就限制了网络的规模。

(5) RIP 周期进行路由更新，将路由表广播给邻居路由器，广播周期为 30 秒。如果路由器经过 180 秒没有收到来自某一路由器的路由更新报文，则将所有来自此路由器的路由信息标志为不可达。若在其后 240 秒内仍未收到更新报文，就将这些路由从路由表中删除。

RIP 用更新和请求两种数据包进行传输更新，每个具有 RIP 功能的路由器在默认情况下每隔 30 秒利用 UDP 520 端口向与它直连的网络邻居广播(RIPv1)或组播(RIPv2)进行路由更新。因此路由器不知道网络的全局情况，如果路由更新在网络上传播慢，将会导致网络收敛较慢，造成路由环路。为了避免路由环路，RIP 采用水平分割、毒性逆转、定义最大跳数、闪式更新、抑制计时五个机制来避免路由环路。RIP 协议分为版本 1 和版本 2。不论是版本 1 或版本 2，都具备以下的特征：

- 是距离矢量路由协议。
- 使用跳数(Hop Count)作为度量值。
- 默认路由更新周期为 30 秒。
- 管理距离(AD)为 120。
- 支持触发更新。
- 最大跳数为 15 跳。
- 支持等价路径，默认 4 条，最大 6 条。
- 使用 UDP520 端口进行路由更新。

而 RIPv1 和 RIPv2 的区别如表 6-2 所示。

表 6-2　RIPv1 和 RIPv2 的区别

RIPv1	RIPv2
在路由更新的过程中不携带子网信息	在路由更新的过程中携带子网信息
不提供认证	提供明文和 MD5 认证
不支持 VLSM 和 CIDR	支持 VLSM 和 CIDR
采用广播更新	采用组播(224.0.0.9)更新
有类别(Classful)路由协议	无类别(Classless)路由协议

6.4.1　配置 RIP v1

路由器要运行 RIP 路由协议，首先需要创建 RIP 路由进程，并定义与 RIP 路由进程关联的网络。如表 6-3 所示，要创建 RIP 路由进程，在全局配置模式中可以执行以下命令：

表 6-3　RIPv1 路由配置命令

步骤	命　令	功　能
1	Router(config)#router rip	创建 RIP 路由进程
2	Router(config-router)#network *directly-connected-classful-network-address*	定义关联网络，在特定网络所属的所有接口上启用 RIP。输入参数为每个直连网络的有类网络地址

如果需要从设备上彻底删除 RIP 路由过程，请使用相反的命令“no router rip”，该命令会停止 RIP 过程并清除所有现有的 RIP 配置。“network”命令定义的关联网络有两层意思：① RIP 只对外通告关联网络的路由信息。② RIP 只向关联网络所属接口通告路由信息。如果该路由器上连接了多个网络都需要设置 RIP 协议，则需要将第二步的命令执行多次，每次定义一个网络。具体举例如下：

```
2501A(config-router)# network 172.16.0.0
2501A(config-router)# network 192.168.80.0
```

6.4.2　配置 RIP v2

默认情况下，配置了 RIP 过程的 Cisco 路由器上会运行 RIPv1。不过，尽管路由器只发送 RIPv1 消息，但它可以同时解释 RIPv1 和 RIPv2 消息。RIPv1 路由器会忽略路由条目中的 RIPv2 字段。如图 6-4 所示，可以使用“show ip protocols”命令显示，路由器 R2 配置为使用 RIPv1，但会接收两个版本的 RIP 消息。

```
R2#show ip protocols
Routing Protocol is "rip"
  Sending updates every 30 seconds, next due in 1 seconds
  Invalid after 180 seconds, hold down 180, flushed after 240
  Outgoing update filter list for all interfaces is
  Incoming update filter list for all interfaces is
  Redistributing: static, rip
  Default version control: send version 1, receive any version
    Interface             Send  Recv  Triggered RIP  Key-chain
    Serial0/0/0           1     1 2
    Serial0/0/1           1     1 2
  Automatic network summarization is in effect
  Routing for Networks:
    10.0.0.0
    209.165.200.0
  Passive Interface(s):
```

图 6-4　“show ip protocols”命令显示

如表 6-4 所示，要创建 RIP 路由进程，在全局配置模式中执行以下命令：

表 6-4　RIP 路由进程创建命令

步骤	命　令	功　能
1	Router(config)#router rip	创建 RIP 路由进程
2	Router(config-router)# version 2	将 RIP 版本修改为使用第 2 版
3	Router(config-router)#network *directly-connected-classful-network-address*	定义关联网络，在特定网络所属的所有接口上启用 RIP。输入参数为每个直连网络的有类网络地址

如果需要只启用 RIPv1，可以执行“version 1”命令，而执行“no version”命令则将

路由器返回默认设置(即只能发送版本 1 更新信息，但能侦听版本 1 或版本 2 的更新信息)。

6.4.3　关闭路由自动汇聚

RIP 路由自动汇聚，就是当子网路由穿越有类网络边界时，将自动汇聚成有类(A、B、C)网络路由。RIPv2 缺省情况下将进行路由自动汇聚，RIPv1 不支持该功能。

RIPv2 路由自动汇聚的功能，提高了网络的伸缩性和有效性。如果有汇聚路由存在，在路由表中将看不到包含在汇聚路由内的子路由，这样可以大大缩小路由表的规模。

通告汇聚路由会比通告单独的每条路由将更有效率，主要有以下原因：

(1) 当查找 RIP 数据库时，汇聚路由会得到优先处理。

(2) 当查找 RIP 数据库时，任何子路由将被忽略，减少了处理时间。

有时可能希望学到具体的子网路由，而不愿意只看到汇聚后的网络路由，这时就需要关闭路由自动汇总功能。

如表 6-5 所示，要配置路由自动汇聚，可以在 RIP 路由进程模式中执行以下命令：

表 6-5　路由自动汇总配置命令

命　令	作　用
Router(config-router)#no auto-summary	关闭路由自动汇总
Router(config-router)#auto-summary	打开路由自动汇总

6.4.4　验证配置

当动态路由协议配置完成后，需要验证配置是否正确，思科路由器提供了对应的命令。这些命令不仅可以用于 RIP 路由协议的验证，在检验其他路由协议(如 EIGRP 和 OSPF)的运行时，此命令也非常有用。

1．show ip route

“show ip route”命令检验从 RIP 邻居处接收的路由是否已添加到路由表中。输出中的 R 表示 RIP 路由。因为该命令将显示整个路由表(包括直连路由和静态路由)，所以在检查收敛情况时，一般首先使用此命令。因为网络收敛需要一定时间，所以当您执行该命令时，路由可能不会立即显示出来。但是，一旦所有路由器上的路由都得到正确配置，则“show ip route”命令将反映出每台路由器都有完整的路由表，其中包含到达拓扑结构中每个网络的路由。

2．show ip protocols

“show ip protocols”命令会显示路由器当前配置的 IPv4 路由协议设置。图 6-5 显示了部分 RIP 参数，包括以下内容：

(1) RIP 路由配置在路由器 R1 上，并在 R1 上运行。

(2) 不同计时器的值。例如，R1 会在 16 秒内发送下一次路由更新。

(3) 目前配置的 RIP 版本是 RIPv1。

(4) R1 目前正在有类网络边界进行总结。

(5) 由 R1 通告有类网络。R1 在其 RIP 更新中包含这些网络，由“network”命令定义关联网络。

(6) 列出的 RIP 邻居包括各自的下一跳的 IP 地址，R2 用于由该邻居发送的更新的相关 AD，以及从该邻居接收到上次更新的时间。

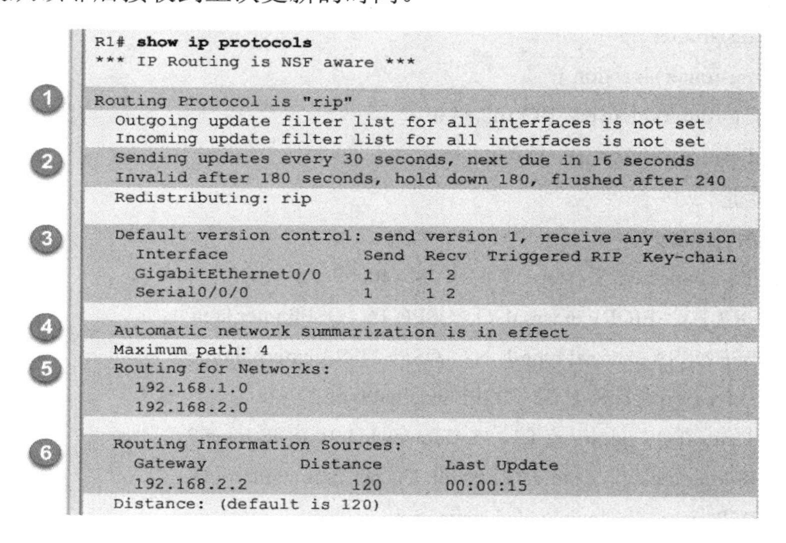

图 6-5　“show ip protocols”命令显示

6.4.5　RIP 实例

RIPv1 的配置拓扑举例如图 6-6 所示。

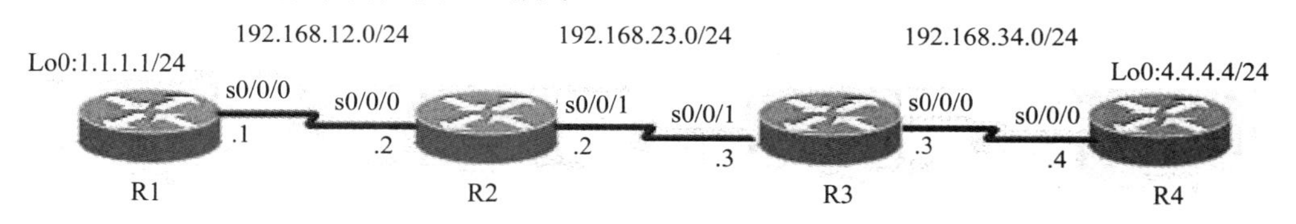

图 6-6　RIP v1 的配置拓扑举例

步骤 1：配置路由器 R1。

```
R1(config)#router rip                    ! 启动 RIP 进程
R1(config-router)#version 1              ! 配置 RIP 版本 1
R1(config-router)#network 1.0.0.0        ! 通告网络
R1(config-router)#network 192.168.12.0
```

步骤 2：配置路由器 R2。

```
R2(config)#router rip
R2(config-router)#version 1
R2(config-router)#network 192.168.12.0
R2(config-router)#network 192.168.23.0
```

步骤 3：配置路由器 R3。

```
R3(config)#router rip
R3(config-router)#version 1
R3(config-router)#network 192.168.23.0
R3(config-router)#network 192.168.34.0
```

步骤 4：配置路由器 R4。

```
R4(config)#router rip
R4(config-router)#version 1
R4(config-router)#network 192.168.34.0
R4(config-router)#network 4.0.0.0
```

步骤 5：验证。

```
R1#show ip route
Codes: C - connected, S - static, R - RIP, M - mobile, B - BGP
D - EIGRP, EX - EIGRP external, O - OSPF, IA - OSPF inter area
N1 - OSPF NSSA external type 1, N2 - OSPF NSSA external type 2
E1 - OSPF external type 1, E2 - OSPF external type 2
i - IS-IS, su - IS-IS summary, L1 - IS-IS level-1, L2 - IS-IS level-2
ia - IS-IS inter area, * - candidate default, U - per-user static route
o - ODR, P - periodic downloaded static route
Gateway of last resort is not set

C       192.168.12.0/24 is directly connected, Serial0/0/0
1.0.0.0/24 is subnetted, 1 subnets
C       1.1.1.0 is directly connected, Loopback0
R       4.0.0.0/8 [120/3] via 192.168.12.2, 00:00:03, Serial0/0/0
R       192.168.23.0/24 [120/1] via 192.168.12.2, 00:00:03, Serial0/0/0
R       192.168.34.0/24 [120/2] via 192.168.12.2, 00:00:03, Serial0/0/0
```

以上输出表明路由器 R1 学习到了 3 条 RIP 路由，其中路由条目“R　4.0.0.0/8 [120/3] via 192.168.12.2, 00:00:03, Serial0/0/0”的含义如下：

(1) R：路由条目是通过 RIP 路由协议学习来的。

(2) 4.0.0.0/8：目的网络。

(3) 120：RIP 路由协议的默认管理距离。

(4) 3: 度量值，从路由器 R1 到达网络 4.0.0.0/8 的度量值为 3 跳。

(5) 192.168.12.2：下一跳地址。

(6) 00:00:03：距离下一次更新还有 27(30-3)秒。

(7) Serial0/0/0：接收该路由条目的本路由器的接口。

同时通过该路由条目的掩码长度可以看到，RIPv1 确实不传递子网信息。

6.5　OSPF 协议及其配置

开放最短路径优先(Open Shortest Path First ，OSPF)协议是一种链路状态路由协议，旨在替代距离矢量路由协议 RIP。与 RIP 相比，虽然 RIPv2 作了很大的改善，但是 RIP 协议还是存在两个致命的弱点：收敛速度慢；网络规模受限制，最大跳数不超过 16 跳。OSPF 可弥补 RIP 在网络扩展方面的不足，克服 RIP 的弱点，一般可以胜任中大型、较复杂的网络环境。作为旨在弥补距离矢量协议的局限性和缺点从而发展出链路状态协议，OSPF 链路状态协议有以下优点：

(1) 无类：它被设计为无类方式，因此，它支持 VLSM 和 CIDR。

(2) 高效：路由变化触发路由更新(没有定期更新)，使用 SPF 算法选择最优路径。

(3) 快速收敛：它能迅速传播网络变化。

(4) 可扩展：在小型和大型网络中运行良好。 路由器可以分为多个区域，以支持分层结构。

(5) 安全：它支持消息摘要 5(MD5)身份验证。启用此功能时，OSPF 路由器只接受来自对等设备中具有相同预共享密钥的加密路由更新。

OSPF 是一种无类路由协议，它使用区域概念实现可扩展性。当 OSPF 路由域规模较大时，一般采用分层结构，即将 OSPF 路由域分割成几个区域(AREA)，区域之间通过一个骨干区域互联，每个非骨干区域都需要直接与骨干区域连接。本章主要介绍基本的单区域 OSPF 实施和配置。OSPF 的配置需要在各路由器(包括内部路由器、区域边界路由器和自治系统边界路由器等)之间相互协作。在未作任何配置的情况下，路由器的各参数使用缺省值，此时，发送和接收报文都无须进行验证，接口也不属于任何一个自治系统的分区。在改变缺省参数的过程中，务必保证各路由器之间的配置相互一致。

下面简单介绍 OSPF 协议工作原理，如图 6-7 所示。OSPF 要求每台运行 OSPF 的路由器都了解整个网络的链路状态信息，这样才能计算出到达目的地的最优路径。OSPF 的收敛过程由链路状态公告 LSA(Link State Advertisement)泛洪开始，LSA 中包含了路由器已知的接口 IP 地址、掩码、开销和网络类型等信息。收到 LSA 的路由器都可以根据 LSA 提供的信息建立自己的链路状态数据库 LSDB(Link State DataBase)，并在 LSDB 的基础上使用 SPF 算法进行运算，建立起到达每个网络的最短路径树。最后，通过最短路径树得出到达目的网络的最优路由，并将其加入到 IP 路由表中。

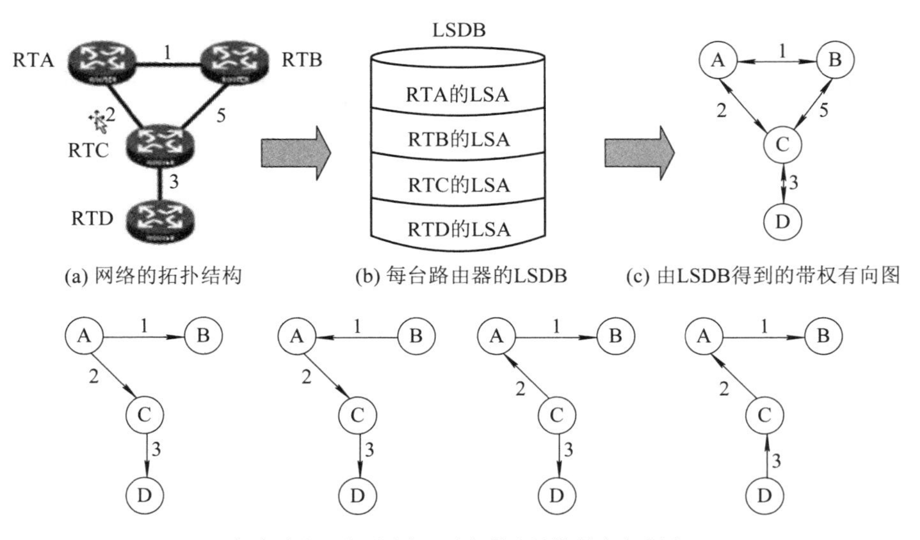

图 6-7　OSPF 协议工作原理

6.5.1 通配符掩码

创建 OSPF 路由进程过程中需要用到通配符掩码，通配符掩码是由 32 个二进制数字组成的字符串，路由器使用它来确定检查地址的哪些位匹配。在子网掩码中，二进制“1”等于匹配，而二进制“0”等于不匹配。在通配符掩码中，反码为真，具体表示如下：

- 通配符掩码位 0：匹配地址中对应位的值。
- 通配符掩码位 1：忽略地址中对应位的值。

计算通配符掩码最简单的方法是从 255.255.255.255 减去网络子网掩码。例如网络地址为 192.168.10.0/24，即子网掩码为 255.255.255.0。255.255.255.255 减去子网掩码 255.255.255.0，得出结果 0.0.0.255。因此，192.168.10.0/24 即通配符掩码为 0.0.0.255 的 192.168.10.0。

使用二进制通配符掩码位的十进制表示有时可能显得比较冗长。此时可使用关键字 host 和 any 来标识最常用的通配符掩码，从而简化此任务。这些关键字避免了在标识特定主机或网络时输入通配符掩码的麻烦。host 选项可替代 0.0.0.0 掩码。此掩码表明必须匹配所有 IP 地址位，即仅匹配一台主机。any 选项可替代 IP 地址和 255.255.255.255 掩码。该掩码表示忽略整个 IP 地址，这意味着接受任何地址。

6.5.2 创建 OSPF 路由进程

本节介绍如何创建 OSPF 路由进程，并定义与该 OSPF 路由进程关联的 IP 地址范围，以及该范围 IP 地址所属的 OSPF 区域。OSPF 路由进程只在属于该 IP 地址范围的接口发送、接收 OSPF 报文，并且对外通告该接口的链路状态。要创建 OSPF 路由进程，可以按照如表 6-6 所示步骤进行。

表 6-6　OSPF 创建进程步骤

步 骤	命　令	含　义
1	Router# configure terminal	进入全局配置模式
2	Router(config)# router ospf *process-id*	打开 OSPF，进入 OSPF 配置模式，process-id 指的是进程号，指定范围在 1～65 535。process-id 只在路由器内部起作用，不同路由器的 process-id 可以不同
3	Router(config-router)# network *address wildcard-mask area area-id*	命令决定了哪些接口参与 OSPF 区域的路由过程。路由器上任何匹配“network”命令中的网络地址的接口都将启用，可发送和接收 OSPF 数据包
4	Router(config-router)# end	退回到特权模式
5	Router# show ip protocol	显示当前运行的路由协议
6	Router# write	保存配置

注意：“network”命令中的 wildcard-mask 指的是通配符掩码，area area-id 指的是 OSPF 区域。当配置单区域 OSPF 时，“network”命令必须在所有路由器上配置相同的 area-id 值。尽管可使用任何区域 ID，但比较好的做法是在单区域 OSPF 中使用区域 ID 0，如果网络以

后修改为支持多区域 OSPF，此约定会使其变得更加容易。使用命令“no router ospf”可以关闭 OSPF 协议，以下为打开 OSPF 协议的示例：

```
Router (config)# router ospf 10
Router (config-router)# network 192.168.0.0    0.0.0.255 area 0
Router (config-router)# end
```

6.5.3　配置 OSPF 接口参数

OSPF 允许用户更改某些特定的接口参数，用户可以根据实际应用的需要将这些参数任意设置。应该注意的是，一些参数的设置必须保证跟与该接口相邻接的路由器的相应参数一致，这些参数通过 ip ospf hello-interval, ip ospf dead-interval, ip ospf authentication，ip ospf authentication-key 和 ip ospf message-digest-key 五个接口参数进行设置，当使用这些命令时应该注意邻居路由器也有同样的配置。

要配置 OSPF 接口参数，可以在接口配置模式中执行以下命令，如表 6-7 所示。

表 6-7　OSPF 接口参数配置命令

命　令	含　义
Router(config-if)# ip ospf cost *cost-value*	(可选)定义接口费用
Router(config-if)# ip ospf retransmit-interval *seconds*	(可选)设置链路状态重传间隔
Router(config-if)# ip ospf transmit-delay *seconds*	(可选)设置链路状态更新报文传输过程的估计时间
Router(config-if)# ip ospf hello-interval *seconds*	(可选)设置 hello 报文发送间隔，对于整个网络的节点，该值要相同
Router(config-if)# ip ospf dead-interval *seconds*	(可选)设置相邻路由器失效间隔，对于整个网络的节点，该值必须相同
Router(config-if)# ip ospf priority *number*	(可选)优先级，用于选举指派路由器(DR)和备份指派路由器(BDR)
Router(config-if)# ip ospf authentication [message-digest | null]	(可选)设置接口的认证方式
Router(config-if)# ip ospf authentication-key *key*	(可选)配置接口文本认证的密码
Router(config-if)# ip ospf message-digest-key *keyid* md5 key	(可选)配置接口的 MD5 加密认证的密码
Router(config-if)# ip ospf database-filter all out	(可选)阻止接口泛洪链路状态更新报文；缺省情况下，OSPF 将接收的 LSA 信息从属于同一区间的所有接口上泛洪出去，除了接收该 LSA 信息的接口
Router(config-if)#end	退回到特权模式
Router# show ip ospf interface [*interface-id*]	显示当前运行的路由协议
Router# write	(可选)保存配置

6.5.4 验证配置

1. 显示 OSPF 邻居状态

显示 OSPF 邻居状态的命令如下：

```
Red-Giant #show ip ospf neighbor
Neighbor ID Pri State DeadTime Address Interface
----------- --- ------ ------- ---------- ----------
1.1.1.7 1 full/DR 00:00:36 192.168.65.100 Fa0/0
1.1.1.10 1 full/BDR 00:00:36 192.168.65.110 Fa0/1
1.1.1.1 1 2Way/DROTHER 00:00:35 192.168.65.114 Fa1/1
```

从以上命令可以看出当前有三个邻居，Fa0/0 端口的邻居为指定路由器，自身为备份路由器；F0/1 端口的邻居为备份路由器，自身为指定路由器。“FULL”意味着两个邻居均已同步链路状态库，形成邻接邻居。Fa1/1 端口上的邻居既不是指定路由器也不是备份路由器，并且与自身没有邻接关系，只是保持了双向通信状态。

2. 显示 OSPF 接口状态

以下命令可以显示 F0/1 端口属于 OSPF 的区域 0，路由器标识符为 172.16.120.1，网络类型为“BROADCAST”——广播类型。要特别注意 Area、Netwrok Type、Hello、Dead 等参数，如果这些参数与邻居不一致，将不会建立邻居关系。

```
Router # sh ip ospf interface fastEthernet 0/0
FastEthernet 0/0 State: Up
Internet address : 192.168.123.1/24
Area : 0.0.0.0
Router ID : 192.168.124.1
Network Type : Broadcast
Cost : 100
Transmit Delay : 1
State : BDR
Priority : 1
Designated Router(ID) : 100.1.1.1
DR's Interface address : 192.168.123.33
Backup designated router(ID) : 192.168.124.1
BDR's Interface address : 192.168.123.1
Authentication : none
Hello : 10
Dead : 40
Retransmit : 5
Hello Due in : 00:00:00
Neighbor Count is : 1
```

```
Adjacent Neighbor Count is : 1
Adjacent with neighbor : 192.168.123.33
Passive status : Disabled
Database-filter all out : Disabled
```

3. 显示 OSPF 路由进程信息

以下命令可以显示路由标识符，路由器类型、区域的信息、区域汇总等信息。

```
Router #show ip ospf
Router ID : 192.168.124.1
Router Type : Normal Router
Support Tos : Single Tos(Tos0)
Number of external LSA : 0
External LSA Checksum Sum : 0x0
Number of areas in this router : 1
Number of normal area : 1
Number of stub area : 0
Number of nssa area : 0
Minimum LSA Interval : 5
Minimum LSA Arrival : 1
SPF Delay : 5
SPF-holdtime : 10
LsaGroupPacing : 240
RFC1583Compatibility flag : Enabled
Default-information originate : Disabled
Log Neighbor Adjency Changes : Disabled
Auto-Cost Status : Enabled (reference-bandwidth is 100 Mbps)
Redistribute Default Metric : 20
Area : 0(BackBone Area)
Area type : normal
Number of interfaces in this area : 5
Area authentication : none
SPF algorithm executed times : 8
Number of LSA : 3
Checksum Sum : 0x71E4
Number of Area Border Routers : 0
Number of AS Border Routers : 0
Area Range Advertising Status Aggregate
-------------- ----------------- ------------ -------- ---------
```

4. 显示路由协议的相关信息

显示路由协议的相关信息的命令如下：

```
Router#show ip protocols
Routing Protocol is "ospf"
Outgoing update filter list for all protocols is not set
Incoming update filter list for all interfaces is not set
Router ID 192.168.124.1
It is a normal router(*)
Redistributing External Routes from:
Number of areas in this router is 1. 1 normal 0 stub 0 nssa
Routing for Networks:
0.0.0.0 255.255.255.255 area 0
Routing Information Sources:
Gateway Distance Last Update
100.1.1.1 110 00:04:00
Distance: (default is 110)
```

6.5.5 OSPF 配置示例

各路由器使用的接口及其编号如图 6-8 所示，各接口 IP 地址分配如下：

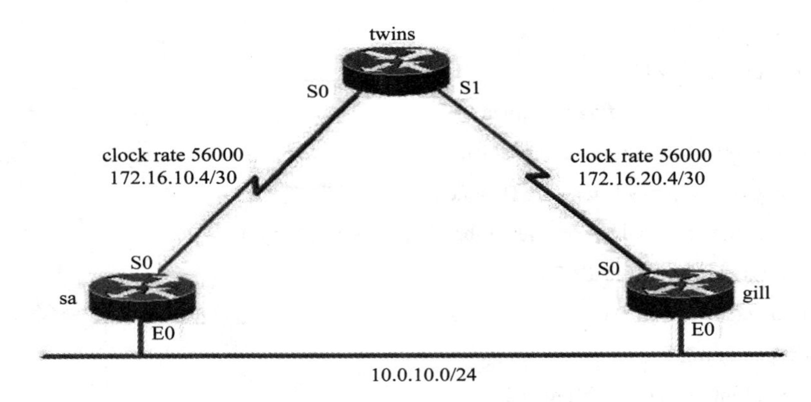

图 6-8　路由器接口及其编号

(1) twins。

S0：172.16.10.5　　S1：172.16.20.5

(2) sa。

S0：172.16.10.6　　E0：10.0.10.1

(3) gill。

S0：172.16.20.6　　E0：10.0.10.2

1. 基本网络配置

基本网络配置命令示例如下：

```
Twins:
Router#config t
Router(config)#hostname twins
twins(config)#int serial 0
twins(config-if)#ip address 172.16.10.5 255.255.255.252
twins(config-if)#clock rate 56000
twins(config-if)#no shutdown
twins(config-if)#exit
twins(config)#int serial 1
twins(config-if)#ip address 172.16.20.5 255.255.255.252
twins(config-if)#clock rate 56000
twins(config-if)#no shutdown
twins(config-if)#exit

sa:
Router#config t
Router(config)#hostname sa
sa(config)#int serial 0
sa(config-if)# ip address 172.16.10.6 255.255.255.252
sa(config-if)#no shutdown
sa(config)#int ethernet 0
sa(config-if)#iip address 10.0.10.1 255.255.255.0
sa(config-if)#no shutdown
sa(config-if)#exit

gill:
Router#config t
Router(config)#hostname gill
gill(config)#int serial 0
gill (config-if)#ip address 172.16.20.6 255.255.255.252
gill (config-if)#no shutdown
gill(config)#int ethernet 0
gill(config-if)#iip address 10.0.10.2 255.255.255.0
gill(config-if)#no shutdow
gill(config-if)#exit
```

2. 配置 OSPF 协议

配置 OSPF 协议的命令示例如下：

```
twins:
```

```
twins(config)#router ospf 10
twins(config-router)#network 172.16.10.5 0.0.0.0 area 0
twins(config-router)#network 172.16.20.5 0.0.0.0 area 0
twins(config-router)#exit

sa:
sa(config)# router ospf 10
sa(config-router)#network 172.16.10.6 0.0.0.0 area 0
sa(config-router)#network 10.0.10.0 0.0.0.255 area 0
sa(config-router)#exit

gill:
gill(config)# router ospf 10
gill(config-router)#network 172.16.20.6 0.0.0.0 area 0
gill(config-router)#network 10.0.10.0 0.0.0.255 area 0
gill(config-router)#exit
```

3. 验证

验证配置的命令示例如下：

```
sa#sh ip route
Codes: C - connected, S - static, I - IGRP, R - RIP, M - mobile, B - BGP
        D - EIGRP, EX - EIGRP external, O - OSPF, IA - OSPF inter area
        N1 - OSPF NSSA external type 1, N2 - OSPF NSSA external type 2
        E1 - OSPF external type 1, E2 - OSPF external type 2, E - EGP
        i - IS-IS, L1 - IS-IS level-1, L2 - IS-IS level-2, * - candidate default
        U - per-user static route, o -ODR

Gateway of last resort is not set

        172.168.0.0/30 is subnetted, 1 subnets
C           192.168.10.4 is directly connected, Ethernet0/0
10.0.0.0/24 is subnetted, 1 subnets
C           10.0.10.0 is directly connected, Ethernet0/1
172.16.0.0/30 is subnetted, 2 subnets
O           172.16.20.4 [110/400] via 172.16.10.5, 00:05:53, Ethernet0/1

sa#sh ip protocols
Routing Protocol is "ospf 10"
  Sending updates every 90 seconds, next due in 10 seconds
  Invalid after 30 seconds, hold down 0, flushed after 60
```

```
    Outgoing update filter list for all interfaces is
  Incoming update filter list for all interfaces is
    Redistributing:        ospf 10
    Routing for Networks:
      172.16.40.4 0.0.0.3 area 0
      10.0.10.0 0.0.0.255 area 0
  Routing Information Sources:
    Gateway             Distance  Last Update
      172.168.10.6            110        00:00:03
    Distance:    (default is 110)
```

6.6　EIGRP 协议及其配置

EIGRP(增强型内部网关路由协议)是一种无类距离矢量路由协议，由 Cisco Systems 于 1992 年发布。EIGRP 是 Cisco 的专有路由协议，是 Cisco 的另一个专有协议 IGRP(内部网关路由协议)的增强版，IGRP 是一种有类距离矢量路由协议，Cisco 现已不再支持该协议。EIGRP 在路由表中使用源代码“D”来代表。

(1) IGRP：内部网关路由协议(Interior Gateway Routing Protocol，IGRP)，是一种在自治系统(Autonomous System，AS)中提供路由选择功能的路由协议。IGRP 是一种距离向量(Distance Vector)内部网关协议(IGP)，和 RIP 协议是一样的原理。在上世纪 80 年代中期，最常用的内部路由协是路由信息协议(RIP)。尽管 RIP 对于实现小型或中型同机种互联网络的路由选择是非常有用的，但是随着网络的不断发展，其受到的限制也越加明显。由于思科路由器的实用性和 IGRP 的强大功能性，使得众多小型互联网络组织采用 IGRP 取代了 RIP。

(2) EIGRP：增强的内部网关路由选择协议(Enhanced Interior Gateway Routing Protocol，EIGRP)是增强版的 IGRP 协议。它同时具备链路状态和距离矢量的优点，所以我们也称之为混合型路由选择协议。EIGRP 与其他路由选择协议之间的主要区别有：收敛宽速(Fast Convergence)、支持变长子网掩模(Subnet Mask)、局部更新和多网络层协议。执行 EIGRP 的路由器存储了所有其相邻路由表，以便于它能快速利用各种选择路径(Alternate Routes)。如果没有合适路径，EIGRP 便查询其邻居以获取所需路径，直至找到合适路径，EIGRP 查询才会终止，否则会一直持续下去。

EIGRP 协议对所有的 EIGRP 路由进行任意掩码长度的路由聚合，从而减少路由信息传输，节省带宽。此外 EIGRP 协议可以通过配置，在任意接口的位边界路由器上支持路由聚合。当路径度量标准改变时，EIGRP 只发送局部更新(Partial Updates)信息。局部更新信息的传输会自动受到限制，从而使得只有那些需要信息的路由器才会得到更新，提升了网络传输的效率。

6.6.1　创建 EIGRP 路由进程

EIGRP 和 OSPF 都使用一个进程 ID 来代表各自在路由器上运行的协议实例。EIGRP

的主要配置步骤如表 6-8 所示。

表 6-8　EIGRP 创建进程步骤

步骤	命　令	含　义
1	Router# configure terminal	进入全局配置模式
2	Router(config)# router eigrp *autonomous-system*	打开 EIGRP，进入 EIGRP 配置模式，该 autonomous-system 参数由网络管理员选择，取值范围在 1～65535 之间。所选的编号为进程 ID 号，该编号很重要，因为此 EIGRP 路由域内的所有路由器都必须使用同一个进程 ID 号(autonomous-system 编号)
3	Router(config-router)# network *address* *[wildcard-mask]*	命令决定了哪些接口参与 EIGRP 区域的路由过程。路由器上任何匹配“network”命令中的网络地址的接口都将启用，可发送和接收 EIGRP 数据包
4	Router(config-router)# end	退回到特权模式
5	Router# show ip protocol	显示当前运行的路由协议
6	Router# write	保存配置

与 RIP 相似的一点是 EIGRP 使用默认的“auto-summary”命令在主网络边界自动总结。路由汇总配置主要配置命令如表 6-9 所示。

表 6-9　EIGRP 路由汇总配置

命　令	作　用
Router(config-router)#no auto-summary	关闭路由自动汇总
Router(config-router)#auto-summary	打开路由自动汇总

不管是否启用了自动总结(auto-summary)，都可以配置 EIGRP 以总结路由。因为 EIGRP 是一种无类路由协议，且在路由更新中包含子网掩码，所以手动总结可以包括超网路由。要在发送 EIGRP 数据包的所有接口上建立 EIGRP 手动总结，请使用下列接口命令：Router(config-if)#ip summary-address eigrp as-number network-address subnet-mask

6.6.2　验证配置

1. show ip eigrp neighbors

“show ip eigrp neighbors”命令用于查看邻居表并检验 EIGRP 是否已与其邻居建立邻接关系。对于每台路由器，应该能看到相邻路由器的 IP 地址以及通向该 EIGRP 邻居的接口。“show ip eigrp neighbor”命令的输出包括：

- H 栏：按照发现顺序列出邻居。
- Address：该邻居的 IP 地址。
- Interface：收到此 Hello 数据包的本地接口。
- Hold：当前的保留时间。每次收到 Hello 数据包时，此值即被重置为最大保留时间，然后倒计时，到“0”为止。如果到达了“0”，则认为该邻居进入“down”。
- Uptime(运行时间)：从该邻居被添加到邻居表以来的时间。

• SRTT(平均回程计时器)和 RTO(重传间隔)：使用 RTP 机制来管理 EIGRP 数据包的发送和接收可靠性。

• Queue Count(队列数)：应该始终为“0”。如果大于“0”，则说明有 EIGRP 数据包等待发送。

• Sequence Number(序列号)：用于跟踪更新、查询和应答数据包。

6.6.3 EIGRP 实例

各路由器使用的接口及其编号如图 6-8 所示，各接口 IP 地址分配如下：

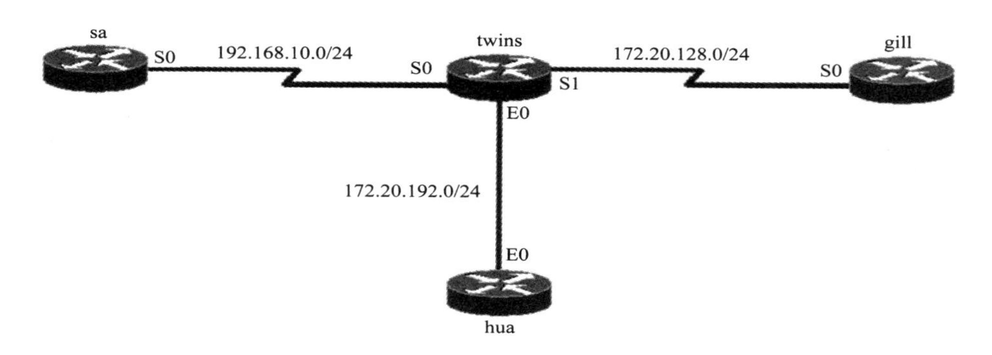

图 6-8　实验的拓扑结构举例

(1) twins。

S0：192.168.10.1　　S1：172.20.128.1　　E0：172.20.192.1

(2) sa。

S0：192.168.10.2

(3) gill。

S0：172.20.128.2

(4) hua。

E0：172.20.192.2

1．基本网络配置

基本网络配置命令示例如下：

```
Twins:
Router#config t
Router(config)#hostname twins
twins(config)#int serial 0
twins(config-if)#ip address 192.168.10.1 255.255.255.0
twins(config-if)#clock rate 56000
twins(config-if)#no shutdown
twins(config-if)#exit
twins(config)#int serial 1
twins(config-if)#ip address 172.20.128.1 255.255.255.0
```

```
twins(config-if)#clock rate 56000
twins(config-if)#no shutdown
twins(config-if)#exit
twins(config)#int ethernet 0
twins(config-if)#ip address 172.20.192.1 255.255.255.250
twins(config-if)#no shutdown
twins(config-if)#exit

sa:
Router#config t
Router(config)#hostname sa
sa(config)#int serial 0
sa(config-if)#ip address 192.168.10.2 255.255.255.0
sa(config-if)#no shutdown
sa(config-if)#exit

gill:
Router#config t
Router(config)#hostname gill
gill(config)#int serial 0
gill (config-if)#ip address 172.20.128.2 255.255.255.0
gill (config-if)#no shutdown
gill(config-if)#exit

hua
Router#config t
Router(config)#hostname hua
hua(config)#int ethernet 0
hua(config-if)#ip address 172.20.192.2 255.255.255.250
hua(config-if)#no shutdown
hua(config-if)#exit
```

2. 配置 EIGRP 协议

配置 EIGRP 协议的命令示例如下：

```
twins:
twins(config)#router eigrp 10
twins(config-router)#network 172.20.0.0
twins(config-router)#network 192.168.10.0
twins(config-router)#exit

sa:
sa(config)# router eigrp 10
```

```
sa(config-router)#network 192.168.10.0
sa(config-router)#exit

gill:
gill(config)# router eigrp 10
gill(config-router)#network 172.20.0.0
gill(config-router)#exit

hua:
hua(config)# router eigrp 10
hua(config-router)#network 172.20.0.0
hua(config-router)#exit
```

3．配置 EIGRP 的汇总

配置 EIGRP 的汇总命令的示例如下：

```
twins:
twins(config)#router eigrp 10
twins(config-router)#no auto-summary
twins(config-router)#exit
twins(config)#interface serial 1
twins(config-if)#ip summary-address eigrp 10 172.20.128.0 255.255.128.0
twins(config-if)#exit

sa:
sa(config)# router eigrp 10
sa(config-router)# no auto-summary
sa(config-router)#exit

gill:
gill(config)# router eigrp 10
gill(config-router)# no auto-summary
gill(config-router)#exit

hua:
hua(config)# router eigrp 10
hua(config-router)# no auto-summary
hua(config-router)#exit
```

4．验证

验证配置的命令的示例如下：

```
sa#sh ip eigrp neighbors
IP-EIGRP neighbors for process 10
H    Address           Interface    Hold    Uptime    SRTT    RTO    Q     Seq
                                            (sec)             (ms)   Cnt   Num
```

```
0     192.168.10.1          Et0                 9    00:10:30    1123     6738    0     2

sa#sh ip route
Codes: C - connected, S - static, I - IGRP, R - RIP, M - mobile, B - BGP
            D - EIGRP, EX - EIGRP external, O - OSPF, IA - OSPF inter area
            N1 - OSPF NSSA external type 1, N2 - OSPF NSSA external type 2
            E1 - OSPF external type 1, E2 - OSPF external type 2, E - EGP
            i - IS-IS, L1 - IS-IS level-1, L2 - IS-IS level-2, * - candidate default
            U - per-user static route, o -ODR

Gateway of last resort is not set

        192.168.10.0/24 is subnetted, 1 subnets
C            192.168.10.0 is directly connected, Ethernet0/0
172.20.0.0/17 is subnetted, 1 subnets
D           172.20.128.0 [90/1200640] via 192.168.10.1, 00:00:46, Ethernet0/0
sa#sh ip protocols
Routing Protocol is "eigrp10"
    Outgoing update filter list for all interfaces is
Incoming update filter list for all interfaces is
Default networks flagged in outgoing updates
Default networks accepter from incoming updates
EIGRP metric weight K1 = 1, K2 = 0, K3 = 3, K4 = 0, K5 = 0
EIGRP maximum hopcount 100
EIGRPmaximum metric variance 1
    Redistributing:        eigrp 10
    Routing for Networks:
        192.168.10.0
    Routing Information Sources:
        192.168.10.2                    90          00:00:00
    Distance:   internal 90 external 170
```

5. 路由协议的应用场合

在不同的应用场合，应根据选择协议的原则，使用不同的路由协议。

适合静态路由应用的场合如下：

- 使用单个网络、单路径的分支机构。
- 使用在 2～10 个小型网络。

适合 RIP 应用的场合如下：

- 使用在 10～50 个小型到中型网络。
- 带有多个网络的大型分支机构。

适合 OSPF 应用的场合如下：

- 路由环境最适合较大型到特大型(50 个网络以上)、多路径、动态 IP 网络。
- 大型企业网络或校园网络。

除了一般遵循上述场合选择合适的路由协议外，具体在使用中，还可以从以下几点出发进行考虑：

(1) 网络的大小和复杂性。

(2) 支持可变长掩码(VLSM)、RIPV2、OSPF 和静态路由支持可变长掩码。

(3) 网络延迟特性。

(4) 路由表项的优先问题。在一个路由器中，可同时配置静态路由和一种或多种动态路由。它们各自维护的路由表都提供给转发程序，但这些路由表的表项间可能会发生冲突。这种冲突可通过配置各路由表的优先级来解决。通常静态路由具有默认的最高优先级，当其他路由表表项与其矛盾时，均按静态路由转发。

(5) 不同厂商的设备互联。

习　题　六

1. 什么是路由选择协议，其作用是什么？
2. 路由表中的路由表项包含什么内容？
3. 路由器的构造和作用，路由器处理数据包的流程是什么？
4. 因特网与互联网有无不同之处？
5. 静态路由与动态路由的区别是什么？
6. RIP 协议的缺点有哪些？

实　验　六

1. 完成路由器的基本配置，包括路由器名称、时间及三种口令设置。将 PC 使用合适的双绞线与路由器的一个以太网口连接，并设置 IP 地址于同一网段，配置完成后，要求能从 PC 上 TELNET 到路由器，并能查看路由器信息。

2. 网络拓扑如图 6-9 所示。

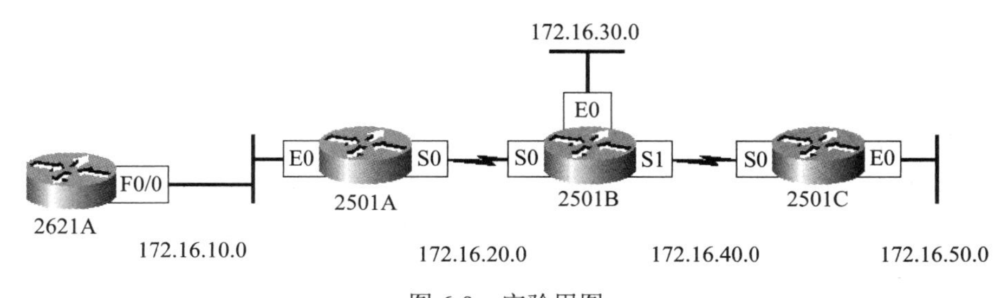

图 6-9　实验用图

要求分别使用静态路由配置与 RIP 协议，使得网络拓扑中任何路由器接口相互间能够 ping 通。

第 7 章　三层交换机配置

三层交换最初的功能仅仅是为了隔离广播域，所以路由协议的支持都比较简单，仅仅支持 RIP、OSPF 等小型网络的动态路由协议，VLAN 之间的路由默认也是互通的，没有什么控制功能。而目前三层交换机的技术已经非常成熟，使用的范围也越来越广，一般多用于园区网、企业网、校园网等大中型网络，充当汇聚层、核心层交换设备，甚至也作为广域网的节点交换机。

7.1　三层交换机交换原理

7.1.1　交换原理

为适应网络应用深化带来的挑战，网络在规模和速度方向都在急剧发展，目前千兆以太网技术已得到普遍应用。在网络结构方面，也从早期共享介质的局域网发展到目前的交换式局域网。

1997 年前后，三层交换技术(也称多层交换技术，或 IP 交换技术)开始出现。它是相对于传统交换概念而提出的。众所周知，传统的交换技术是在 OSI 网络参考模型中的第二层——数据链路层进行操作的，而三层交换技术是在网络模型中的第三层实现数据包的高速转发。三层交换技术的出现，最开始主要是为了解决规模较大的网络中的广播域问题，它通过 VLAN 技术把一个大的交换网络划分为多个较小的广播域，各个 VLAN 之间再采用三层交换技术互通。最初的三层交换机往往是把二层转发和三层交换设计在两个单元中，还没有用一个芯片来完成完整的三层交换功能，这样的交换机设备往往也是机架式的，如 3Com 的 Corebuider9000、Corebuider3500，思科的 5505、6509，朗讯的 Cajun P550 等，一般都有一个专门处理三层数据的单元或者模块。

三层交换机中的所谓“三层”指的是 OSI 七层参考模型的下三层，网络层次结构如图 7-1 所示。三层交换是相对于传统的交换概念而提出的，传统的交换技术是在 OSI 网络参考模型中的第二层(数据链路层)进行操作的，而三层交换技术是在网络模型中的第三层实现了数据包的高速转发。可以简单地认为：三层交换技术就是二层交换技术 + 三层转发技术，三层交换机就是由“二层交换机 + 基于硬件的路由器”组合而成。

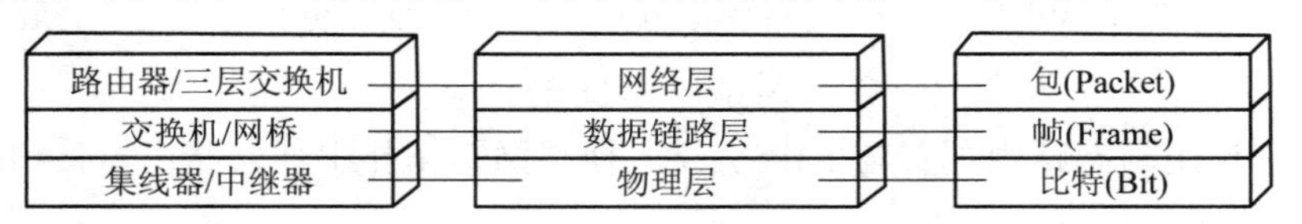

图 7-1　网络层次结构

在了解了三层交换机的概念以后，我们再来看看三层交换是怎样实现的。三层交换的技术细节非常复杂，不过也可以简单地将三层交换机理解为一台路由器和一台二层交换机的组合，如图 7-2 所示：一个具有三层交换功能的设备，是一个带有第三层路由功能的第二层交换机，但它是二者的有机结合，并不是简单地把路由器设备的硬件及软件叠加在局域网交换机上。两台处于不同子网的主机通信，必须要通过路由器进行路由。

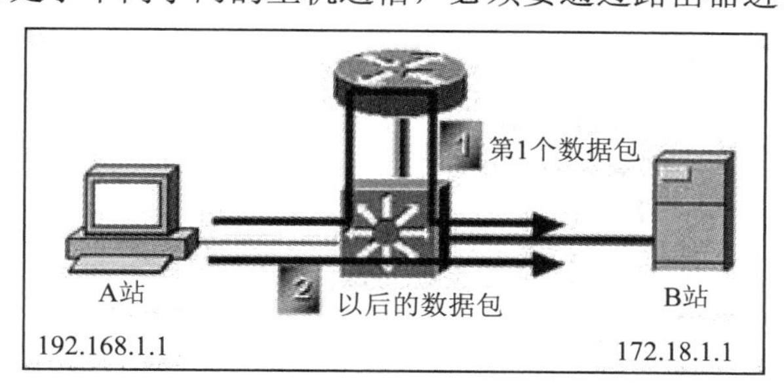

图 7-2　三层交换机结构

在图 7-2 中，A 站向 B 站发送的第一个数据包必须要经过三层交换机中的路由处理器进行路由才能到达 B 站，但是当第一个数据包之后传递的其他数据包发向 B 站时，就不必再经过路由处理器模块处理了，因为三层交换机具有“记忆”路由的功能。

我们首先来分析 A 站与 B 站进行数据收发的过程：发送站点 A 在开始发送时，把自己的 IP 地址与 B 站的 IP 地址比较，判断 B 站的 IP 地址是否与自己在同一子网内，若目的站 B 与发送站 A 在同一子网内，则进行二层的转发(原理请参考二层交换机转发部分)。若 B 站点不在同一子网内，发送站 A 要向自己配置的“缺省网关”发出 ARP(地址解析)报文，而“缺省网关”的 IP 地址其实就是三层交换机的路由模块的 IP 地址。当发送站 A 对“缺省网关”的 IP 地址广播出一个 ARP 请求时，如果三层交换机中的路由模块在以前的通信过程中已经知道 B 站的 MAC 地址，则向发送站 A 回复 B 的 MAC 地址。否则三层交换机路由模块根据路由信息向 B 站广播一个 ARP 请求，B 站得到此 ARP 请求后向三层交换机路由模块回复其 MAC 地址，三层交换机保存此地址并回复给发送站 A，同时将 B 站的 MAC 地址发送到二层交换引擎的 MAC 地址表中。从这以后，当 A 站向 B 站发送的数据包便全部交给二层交换处理，信息得以高速交换。由于仅仅在路由过程中才需要三层处理，绝大部分数据都通过二层交换转发，即通常所说的“一次路由，多次交换”。因此三层交换机的速度很快，接近二层交换机的速度。

那么三层交换机的路由记忆功能又是如何实现的呢？这是由“路由缓存”来实现的。当一个数据包发往三层交换机时，三层交换机首先在它的缓存列表里进行检查，看看路由缓存里有没有记录，如果有记录就直接调取缓存的记录进行路由，而不再经过路由处理器进行处理，这样的数据包的路由速度就大大提高了。如果三层交换机在路由缓存中没有发现记录，再将数据包发往路由处理器进行处理，处理之后再转发数据包。三层交换机的缓存机制与 CPU 的缓存机制是非常相似的。大家都有这样的印象，开机后第一次运行某个大型软件时会非常慢，但是当关闭这个软件之后再次运行这个软件，就会发现运行速度大大加快了，比如本来打开 Word 需要 5~6 秒，关闭后再打开 Word，就会发现只需要 1~2 秒就可以打开了。原因在于 CPU 内部有一级缓存和二级缓存，会暂时储存最近使用的数据，所以再次启动会比第一次启动快得多。

具有“路由器的功能、交换机的性能”的三层交换机虽然同时具有二层交换和三层路由的特性，但是三层交换机与路由器在结构和性能上还是存在很大区别的。在结构上，三层交换机更接近于二层交换机，只是针对三层路由进行了专门设计。之所以称为“三层交换机”而不称为“交换路由器”的原因主要在于三层交换机更侧重于交换性能，而路由器则更侧重路由能力和网间互联，且交换能力比三层交换机要弱很多。

7.1.2　三层交换机与路由器

三层交换机同路由器一样，能工作在网络的第三层，根据 IP 地址和路由表进行数据包的选路和转发。那么，三层交换机能否代替路由器？和路由器又有何区别呢？我们先看看路由技术与交换技术来体会路由器与交换机工作的不同之处。

路由技术其实是由两项最基本的活动组成，即决定最优路径和传输数据包。其中，数据包的传输相对较为简单和直接，而路由的确定则更加复杂一些。路由算法是在路由表中写入各种不同的信息，路由器会根据数据包所要到达的目的地，选择最佳路径，把数据包发送到可以到达该目的地的下一台路由器处。当下一台路由器接收到该数据包时，也会查看其目标地址，并使用合适的路径继续传送给后面的路由器。依次类推，直到数据包到达最终目的地。路由器内部有一个路由表，标明了如果要去某个地方，下一步应该往哪走。路由器从某个端口收到一个数据包，它首先把链路层的包头去掉(拆包)，读取目的 IP 地址，然后查找路由表，若能确定下一步往哪送，就加上链路层的包头(打包)，把该数据包转发出去；如果不能确定下一步的地址，则向源地址返回一个信息，并把这个数据包丢掉。

三层交换是相对于传统交换概念而提出的，首先让我们来回顾一下传统的二层交换技术。二层交换技术是在 OSI 网络标准模型中的数据链路层进行操作的，二层交换机可以识别数据包中的 MAC 地址信息，根据 MAC 地址进行转发，并将这些 MAC 地址与对应的端口记录在自己内部的一个地址表中。其工作流程如下：

(1) 当交换机从某个端口收到一个数据包时，它先读取包头中的源 MAC 地址，这样它就知道源 MAC 地址的机器是连在哪个端口上的。

(2) 再去读取包头中的目的 MAC 地址，并在地址表中查找相应的端口。

(3) 如表中有与这目的 MAC 地址对应的端口，就把数据包直接复制到这端口上。

(4) 如表中找不到相应的端口则把数据包广播到所有端口上，当目的机器对源机器回应时，交换机又可以学习目的 MAC 地址与哪个端口对应，在下次传送数据时就不再需要对所有端口进行广播了。随着不断地循环这个过程，它对于全网的 MAC 地址信息都可以学习到，二层交换机就是这样建立和维护它自己的地址表的。

三层交换是交换和路由的有机结合，并不是简单地把路由器设备的硬件及软件简单地叠加在局域网交换机上。从硬件上看，第二层交换机的接口模块都是通过高速背板/总线(速率可高达几十 Gb/s)交换数据的，在第三层交换机中，与路由器有关的第三层路由硬件模块也插接在高速背板/总线上，这种方式使得路由模块可以与需要路由的其他模块间高速的交换数据，从而突破了传统的外接路由器接口速率的限制。在软件方面，三层交换机将传统的基于软件的路由器软件进行了界定，其做法是：对于数据包的转发，如 IP/IPX 包的转发等规律的过程是通过硬件芯片得以高速实现的。对于第三层路由软件，如路由信息的更新、路由表维护、路由计算、路由的确定等功能，是用优化、高效的软件来实现的。

很多人搞不清三层交换机和路由器之间的区别，最根本的原因就是三层交换机也具有传统路由器的“路由”功能。但是，三层交换机并不等于路由器，同时也不可能取代路由器。路由和交换之间的主要区别就是交换发生在数据链路层，而路由发生在网络层。这一区别决定了路由和交换在传送数据的过程中需要使用不同的控制信息，所以两者实现各自功能的方式是不同的。具体而言，有下面几点区别：

1. 主要功能不同

虽然三层交换机与路由器都具有路由功能，但我们不能因此而把它们等同起来，就如现在有许多路由器不仅具有路由功能，还提供了硬件防火墙、IDS 等功能，但不能把它与防火墙、IDS 产品等同起来一样。因为路由器的主要功能还是路由，其他功能只不过是其附加功能，其目的是使设备适用面更广、使其更加实用。三层交换机也一样，它仍是交换机产品，只不过它是具备了一些基本路由功能的交换机，它的主要功能仍是数据交换。也就是说它同时具备了数据交换和路由选择两种功能，但其主要功能还是数据交换，而路由器仅具有路由转发这一种主要功能。

2. 主要适用的环境不一样

三层交换机的路由功能通常比较简单，因为它所面对的主要是简单的局域网或者园区网，网络拓扑结构及路由路径远没有广域网、路由器那么复杂。它用在局域网中的主要用途还是提供快速数据交换功能，满足局域网数据交换频繁的应用特点。路由器则不同，它的设计初衷就是为了满足不同类型的网络连接，虽然也适用于局域网之间的连接，但它的路由功能更多地体现在不同类型网络之间的互联上，如局域网与广域网之间的连接、不同协议的网络之间的连接等，所以路由器主要是用于不同类型的网络之间。它最主要的功能就是路由转发，解决好各种复杂路由路径网络的连接就是它的最终目的，所以路由器的路由功能通常非常强大，不仅适用于同种协议的局域网间，更适用于不同协议的局域网与广域网间。它的优势在于选择最佳路由、负荷分担、链路备份及和其他网络进行路由信息的交换等路由器所具有功能。为了与各种类型的网络连接，路由器的接口类型非常丰富，而三层交换机则一般仅具有同类型的局域网接口，非常简单。

3. 性能体现不一样

从技术上讲，路由器和三层交换机在数据包交换操作上存在着明显区别。路由器一般由基于微处理器的软件路由引擎执行数据包交换，而三层交换机通过硬件执行数据包交换。三层交换机在对第一个数据流进行路由后，它将会产生一个 MAC 地址与 IP 地址的映射表，当同样的数据流再次通过时，将根据此表直接从二层通过而不是再次路由，从而消除了路由器进行路由选择而造成网络的延迟，提高了数据包转发的效率。同时，三层交换机的路由查找是针对数据流的，它利用缓存技术，很容易利用 ASIC 技术来实现，因此，可以大大节约成本，并实现快速转发。而路由器的转发采用最长匹配的方式，实现复杂，通常使用软件来实现，转发效率较低。

正因如此，在整体性能上，三层交换机的性能要远优于路由器，非常适用于数据交换频繁的局域网中；而路由器虽然路由功能非常强大，但它的数据包转发效率远低于三层交换机，更适合于数据交换不是很频繁的不同类型网络间的互联，例如局域网与互联网的互联。如果把路由器，特别是高档路由器用于局域网中，则在相当大程度上是一种浪费(就其强大的路由

功能而言)，而且还不能很好地满足局域网通信性能需求，影响子网间的正常通信。

综上所述，三层交换机与路由器之间还是存在着非常大的本质区别的。从实际应用中看来，无论从哪方面来说，在局域网中进行多子网连接，最好还选用三层交换机，特别是在不同子网数据交换频繁的环境中，一方面可以确保子网间的通信性能需求，另一方面省去了另外购买交换机的投资。当然，如果子网间的通信不是很频繁，采用路由器也无可厚非，也可达到子网安全隔离相互通信的目的。具体应用还需要根据实际需求来决定。

7.1.3　三层交换的特点

从前文中我们可以看到，二层交换机主要用在小型局域网中，其机器数量在二、三十台以下的网络，广播包影响不大。二层交换机的快速交换功能、多个接入端口和低廉的价格为小型网络用户提供了很完善的解决方案。在这种小型网络中根本没必要引入路由功能从而增加管理的难度和费用，所以没有必要使用路由器，当然也没有必要使用三层交换机。

三层交换机是为 IP 设计的，接口类型简单，拥有很强二层包处理能力，适用于大型局域网，以减小广播风暴的危害。由于我们可能根据业务的需求把大型局域网按功能或地域等因素划分成一个一个的小局域网，也就是一个一个的小网段，这样必然导致不同网段之间存在互访的问题。单纯使用二层交换机没办法实现网间的互访，而单纯使用路由器，则由于端口数量有限，路由速度较慢，而限制了网络的规模和访问速度。在这种环境下，由二层交换技术和路由技术有机结合而成的三层交换机就最为适合。

三层交换机的最重要目的是加快大型局域网内部的数据交换，糅合进去的路由功能也是为这目的服务的，所以它的路由功能没有同一档次的专业路由器强。在网络流量很大的情况下，如果三层交换机既做网内的交换，又充当网间的路由设备，必然会大大加重了它的负担，影响响应速度。因此在网络流量很大，但又要求响应速度很高的情况下我们可以考虑由三层交换机做网内的交换，而路由器专门负责网间的路由工作，这样可以充分发挥不同设备的优势，形成一个很好的配合。当然，如果受到投资预算的限制，由三层交换机兼做网间互联，也是个不错的选择。 综上，三层交换机具有以下一些特点：

(1) 有机的硬件结合使得数据交换加速。

(2) 高效、优化的路由软件使得路由过程效率提高。

(3) 除了必要的路由决定过程外，大部分数据转发过程由第二层交换处理。

(4) 多个子网互联时只是与第三层交换模块的逻辑连接，不像传统的外接路由器那样需增加端口，保护了用户的投资。

7.1.4　高层交换机及其发展

高层交换机可以被认为是工作在网络层以上的“交换机”。电信行业长期追寻的“以内容识别网络”这一目标，其实质在于有效地加强网络的管理和监控，其技术手段就是在传输层到应用层的第四至七层中进行的网络流量的分析和监控管理。如果一台交换机能够逐层解开通过的每一个数据包的每层封装，并识别其中最深层的信息，那么它就具备了内容识别功能。显然，要解决区分应用、动态分配资源和用户计费等人们希望的高层应用问题，用网络识别设备分发业务流量，是高层交换机一个很有发展潜力的重要途径。最初出现在市场上的这类网管系统，是一些用软件来实现的内容识别设备，虽然这些设备没有达到人们的预期效果，但却为今天采用硬件技术支持的高层应用交换机提供了坚实的技术基础，虽然这项技术正处于发展中，但它真正解决了四～七层交换机在性能方面的技术困难。

OSI 模型的第四层是传输层，传输层负责端到端的通信，即在网络源和目标系统之间协调通信。在 IP 协议栈中是 TC 和 UDP 所在的协议层。在第四层中，TCP 和 UDP 标题包含端口号(port-number)，端口号可以唯一区分每个数据包包含哪些应用协议(如 HTTP、FTP、SMTP 等)。端点系统利用这种信息来区分包中的数据，尤其是端口号使一个接收端计算机系统能够确定它所收到的 IP 包类型，并把它交给合适的高层软件。端口号和设备 IP 地址的组合通常称作“插口”(socket)。每台第四层交换机都保存一个与被选择的服务器相配的源 IP 地址以及源 TCP 端口相关联的连接表。然后第四层交换机向这台服务器转发连接请求。所有后续数据包在客户机与服务器之间重新映射和转发，直到交换机发现会话为止。在使用第四层交换的情况下，接入可以与真正的服务器连接在一起来满足用户制定的规则，例如使每台服务器上有相等数量的接入或根据不同服务器的容量来分配传输流。

TCP/UDP 端口号提供的附加信息可以为网络交换机所利用，这是第四层交换(或高层交换)的基础。具有第四层功能的交换机能够起到与服务器相连接的“虚拟 IP”(VIP)前端的作用。每台服务器和支持单一或通用应用的服务器组都配置一个 VIP 地址。这个 VIP 地址被发送出去并在域名系统上注册。在发出一个服务请求时，第四层交换机通过判定 TCP 开始，来识别一次会话的开始。然后它利用复杂的算法来确定处理这个请求的最佳服务器。一旦做出这种决定，交换机就将会话与一个具体的 IP 地址联系在一起，并用该服务器真正的 IP 地址来代替服务器上的 VIP 地址。

目前，用软件来实现内容识别网络的设备有三种类型，即构筑在 PC 平台上的设备、加装通用 CPU 的第三层交换机，以及基于网络处理器的系统。如果只是完成简单的流量交换功能，这些产品的性能还是能够为用户所接受。但这些简单的网络管理功能，无论如何也不能让网管通过调整网络，得到有利润价值的应用管理。问题的关键在于完成这些功能所需的信息是深埋在数据包的内部，而这些信息只有在网络会话建立时才出现一次，这就要求基于软件的内容识别设备，能够窥视到每个会话的每个数据包的内部，结果就造成了严重的延迟和性能恶化。所以，仅依靠通用 CPU 或者网络处理器实现的、基于软件的内容识别设备，而不能以任何接近实时的方式调动运算能力来完成交换任务这一问题很快成为一个技术瓶颈。

高层交换机的发展是由专用的硬件新技术代替目前的高层软件交换技术，或是软硬件技术相结合的新技术。也就是说，在未来的高层交换机上，将会集中体现 ISO 的七层框架，将传统的网络分立设备统一起来，这不仅可以极大地提高网络系统的数据分发、传输和交换的能力与速率，还能够降低设备成本，简化网络管理、优化组网过程，使高层交换机在管理与控制功能方面直接在第七层应用层上发挥重要作用。

7.2　三层交换机的配置

7.2.1　三层交换机的基本配置

前文中我们已经了解了二层交换机的一些基本配置，三层交换机在基本配置命令上和

二层交换机相差不多。除了与二层交换机在硬件上的部分不同外，在命令配置上三层交换也增加了一些接口 IP 配置，路由配置等方面的命令。

交换机命令行管理界面分成若干不同的模式，用户当前所处的命令模式决定了其可以使用的命令。在命令提示符下输入问号“?”可以列出每个命令模式可以使用的命令。

当用户和交换机管理界面建立一个新的会话连接时，用户首先处于用户模式(User EXEC 模式)，可以使用用户模式的命令，但只可以使用少量命令，并且命令的功能也受到一些限制，例如像“show”命令等。而且用户模式的命令的操作结果不会被保存。要使用所有的命令，必须进入特权模式(Privileged EXEC 模式)。通常，在进入特权模式时必须输入特权模式的口令。在特权模式下，用户可以使用所有的特权命令，并且能够由此进入全局配置模式。使用配置模式(全局配置模式、接口配置模式等)的命令，会对当前运行的配置产生影响，如果用户保存了配置信息，这些命令将被保存下来，并在系统重新启动时再次执行。

用户要进入各种配置模式，首先必须进入全局配置模式。从全局配置模式出发，可以进入接口配置模式等各种配置子模式。表 7-1 列出了命令的模式、如何访问每个模式、模式的提示符、如何离开模式。这里假定交换机的名字为缺省的“switch”。

表 7-1　三层交换机的命令模式

命令模式	访问方法	提示符	离开或访问下一模式	关于该模式
User EXEC (用户模式)	访问交换机时，首先进入该模式	Switch>	离开： exit； 进入特权模式： enable	该模式用来进行基本测试、显示系统信息
Privileged EXEC (特权模式)	在用户模式下，使用“enable”命令进入该模式。	Switch#	返回到用户模式： disable； 进入全局配置模式： configure	该模式用来验证设置命令的结果。该模式有口令保护
Global configuration (全局配置模式)	在特权模式下，使用“configure”命令进入该模式	Switch(config)#	返回特权模式： exit 或 end 或按下组合键【Ctrl + C】 进入接口配置模式：interface 进入 VLAN 配置模式： vlan *vlan_id*	使用该模式的命令来配置影响整个交换机的全局参数
Interface configuration (接口配置模式)	在全局配置模式下，使用“interface”命令进入该模式	Switch(config-if)#	返回特权模式： end 或按下组合键【Ctrl + C】； 返回到全局配置模式： exit； 在“interface”命令中必须指明要进入哪一个接口配置子模式	使用该模式配置交换机的各种接口
Config-vlan (VLAN 配置模式)	在全局配置模式下，使用“vlan vlan_id”命令进入该模式	Switch(config-vlan)#	返回到特权模式： end； 或按下组合键【Ctrl + C】； 返回到全局配置模式： exit	使用该模式配置 VLAN 参数

7.2.2　三层交换机的端口配置

三层交换机是在二层交换机的基础上实现了三层路由功能，在局域网环境中转发性能远远高于路由器，而且三层交换机同时具备二层功能，能够和二层的交换机进行很好的数据收发。三层交换机的以太网口要比一般路由器多很多，更加适合多个局域网之间的互联。

默认情况下，三层交换机的所有端口在都属于二层端口，不具备路由功能。因此不能给物理端口直接配置 IP 地址，如果某端口需要设置为三层接口，可以开启此端口的三层路由功能。但三层交换机整机默认开启了路由的能力，我们可以利用“ip routing/no ip routing”命令进行控制和切换。以下是三层交换机端口方面的配置示例：

1．实验设备

实验所使用的设备如下：

S3560-24 一台、直连网线、PC。

2．实验拓扑

三层交换机接口基本配置拓扑图如图 7-3 所示。

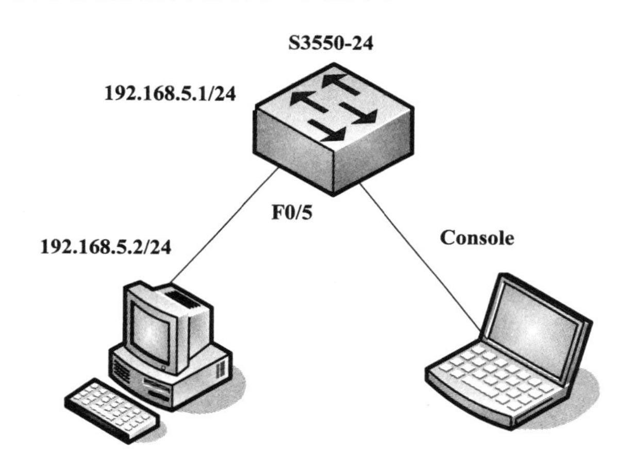

图 7-3　三层交换机接口基本配置拓扑图

3．配置步骤

1) 开启三层交换机的路由功能

开启三层交换机的路由功能的命令如下：

```
Switch> enable
Switch# configure terminal
Switch(config)# hostname S3550-24
S3550-24(config)# ip routing
```

2) 配置三层交换机端口的路由功能

配置三层交换机端口的路由功能的命令如下：

```
S3550-24(config)# interface fastethernet 0/5      ！进入到 0 号模块下的第 5 端口
S3550-24(config-if)# no switchport                 ！打开三层接口
```

```
S3550-24(config-if)# ip address 192.168.5.1 255.255.255.0    ! 配置接口 IP 地址
S3550-24(config-if)# no shutdown
S3550-24(config-if)# end
```

3) 验证、测试配置

验证、测试配置的命令如下：

```
S3550# show ip interface
S3550# show ip interface f0/5                    ! 查看接口状态信息
```

4) 主机测试

将连接网线的 PCIP 地址设置为 192.168.5.2/24，在 PC 上 ping 192.168.5.1。

7.3　利用三层交换机实现 VLAN 通信

在交换网络中，通过 VLAN 对一个物理网络进行了逻辑划分，不同的 VLAN 之间的主机是无法直接访问的，必须通过三层的路由设备进行连接。日常工作中，一般利用路由器或三层交换机来实现不同的 VLAN 之间的相互访问。

7.3.1　VLAN 互通原理

VLAN 分段隔离了 VLAN 间的通信，用支持 VLAN 的路由器或三层设备可以建立 VLAN 间的通信。但使用路由器来互联一个大的企业、园区网中的不同 VLAN 显然是不切实际的，其效率十分低下。因为传统的路由器是基于微处理器转发报文，靠软件处理，不适应数据流量庞大的企业、园区局域网。三层交换机通过 ASIC 硬件来进行报文转发，效率高，其接口基本都是以太网接口，适合企业、园区网中的多 VLAN 模式，三层交换机还可以工作在二层模式，对某些不需路由的报文直接交换，而这些是路由器所不具备的。

下面我们来看一下三层设备上 VLAN 互通的过程，如图 7-4 所示。

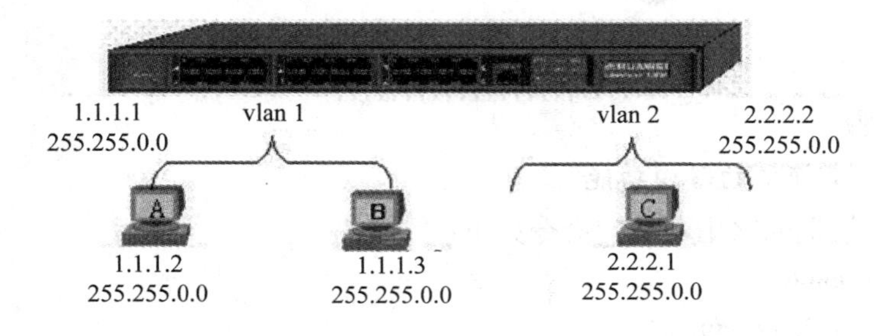

图 7-4　三层交换机 VLAN 互通示意图

假设在某三层交换机上划分了两个 VLAN，在 VLAN1，VLAN2 上配置了路由接口用来实现 VLAN1 和 VLAN 2 之间的互通。

1．A 和 B 之间的互通过程(以 A 向 B 发起 ping 请求为例)

(1) A 检查报文的目的 IP 地址，发现和自己在同一个网段。

(2) A→B：ARP 请求报文，该报文在 VLAN1 内广播。

(3) B→A：ARP 回应报文。

(4) A→B：icmp　request。

(5) B→A：icmp　reply。

2．A 和 C 之间的互通过程(以 A 向 C 发起 ping 请求为例)

(1) A 检查报文的目的 IP 地址，发现和自己不在同一个网段。

(2) A→switch(vlan1)：ARP 请求报文，该报文在 VLAN1 内广播。

(3) 网关→A：ARP 回应报文。

(4) A→switch：icmp request(目的 MAC 是 vlan 1 的 MAC，源 MAC 是 A 的 MAC，目的 IP 是 C，源 IP 是 A);

(5) switch 收到报文后判断出是三层的报文，检查报文的目的 IP 地址，发现是在自己的直连网段。

(6) switch(vlan2)→C：ARP 请求报文，该报文在 VLAN2 内广播。

(7) C→switch(vlan2)：ARP 回应报文。

(8) switch(intvlan2)→C：icmp request (目的 MAC 是 C 的 MAC，源 MAC 是 int vlan 2 的 MAC，目的 IP 是 C，源 IP 是 A，同步骤 4)报文的 MAC 头进行了重新的封装，而 IP 层以上的字段基本上不变。

(9) C→A：icmp　reply，这以后的处理与前面 icmp request 的过程基本相同。

以上的各步处理中，如果 ARP 表中已经有了相应的表项，则不会给对方发 ARP 请求报文。上述过程我们看到，三层交换机划分了 2 个 VLAN，A 和 B 之间的通信是在一个 VLAN 内完成，对与交换机而言是二层数据流，A 和 C 之间的通信需要跨越 VLAN，是三层的数据流。具体到微观的角度，一个报文从端口进入后，三层交换设备是怎么来区分二层包文，还是三层报文的呢？从 A 到 B 的报文由于在同一个 VLAN 内部，报文的目的 MAC 地址将是主机 B 的 MAC 地址，而从 A 到 C 的报文，要跨越 VLAN，报文的目的 MAC 地址是设备虚接口 VLAN1 上的 MAC 地址。因此交换机区分二、三层报文的标准就是看报文的目的 MAC 地址是否等于交换机虚接口上的 MAC 地址。

综上所述，三层交换机实现 VLAN 互访的原理基本可以进行如下总结：通过对交换机中的 VLAN 配置虚接口 IP 地址 SVI，利用三层交换机的路由功能，识别数据包的 IP 地址，查找路由表进行选路转发，从而实现不同网段之间的互相访问。

7.3.2　三层交换机实现 VLAN 互通示例

1．实验名称

VLAN/802.1Q-VLAN 间通信。

2．实验目的

通过三层交换机实现 VLAN 间互相通信。

3．实现功能

使同一 VLAN 里的计算机能跨交换机进行相互通信，而在不同 VLAN 间的计算机也能通过三层交换机相互通信。

4．实验设备

S2950 一台，S3560-24 一台，直连网线若干，实验拓扑图如图 7-5 所示。

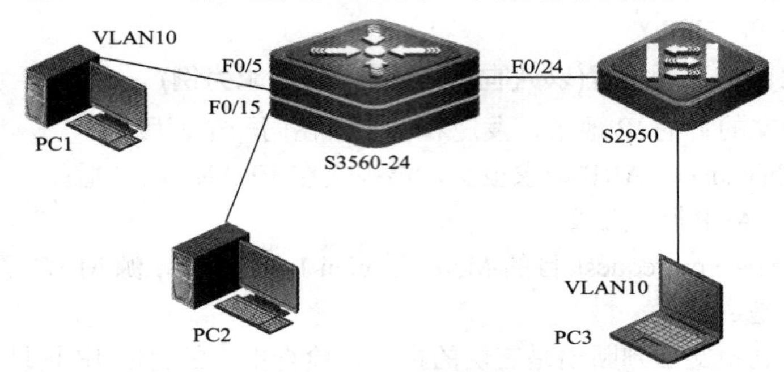

图 7-5　三层交换机 VLAN 互通示例拓扑图

5．实验步骤

(1) 在三层交换机 3560 上创建 VLAN 10，并将 0/5 端口划分到 VLAN10 中。

```
SwitchA(config)# vlan 10
SwitchA(config-vlan)#name sales
SwitchA(config-vlan)#exit
SwitchA(config)#interface fastethernet 0/5
SwitchA(config-if)#switchport access vlan 10
SwitchA(config-if)#exit
SwitchA(config)#vlan 20
SwitchA(config-vlan)#name technical
SwitchA(config-vlan)#exit
SwitchA(config)#interface fastethernet 0/15
SwitchA(config-if)#switchport access vlan 20
```

(2) 把三层交换机 3550 与 S2950 相连的端口 0/24 定义为 **Trunk** 模式。

```
SwitchA(config)#interface fastethernet 0/24
SwitchA(config-if)#switchport mode Trunk
```

(3) 在 S2950 上创建 VLAN 10，并将 0/5 口划分到 VLAN10 中。并把与 3560 相连的端口 0/24 定义为 **Trunk** 模式。

```
SwitchB(config)# vlan 10
SwitchB(config-vlan)#name sales
SwitchB(config-vlan)#exit
SwitchB(config)#interface fastethernet 0/5
SwitchB(config-if)#switchport access vlan 10
SwitchB(config)#exit
SwitchB(config)#interface fastethernet 0/24
SwitchB(config-if)#switchport mode Trunk
```

(4) 验证 PC1 与 PC3 能互相通信，但 PC2 与 PC3 不能互相通信。若设 PC1 的 IP 地址为 192.168.10.10，PC3 的 IP 地址为 192.168.10.30，PC2 的 IP 地址为 192.168.20.20，则验证方法如下：

- 在 PC1 的 cmd 模式下 ping 192.168.10.30，查看结果。
- 在 PC2 的 cmd 模式下 ping 192.168.20.30，查看结果。

(5) 设置三层交换机 VLAN 间互通。

```
SwitchA(config)#interface vlan 10
SwitchA(config-if)#ip address 192.168.10.254 255.255.255.0        ! 配置虚接口地址
SwitchA(config-if)#no shutdown
SwitchA(config-if)#exit
SwitchA(config)#interface vlan 20
SwitchA(config-if)#iip address 192.168.20.254 255.255.255.0
SwitchA(config-if)#no shutdown
SwitchA#show ip interface                                        ! 查看 IP 接口状态
```

(6) 将 PC1 与 PC3 的默认网关设置为 192.168.10.254，将 PC2 的默认网关设置为 192.168.20.254。采用第 4 步的测试方法，验证不同 VLAN 之间的主机通信情况。

注：两台交换机之间相连的端口应该设置为 tag vlan 模式，另外不要忘记设置主机的网关地址为相应的三层交换上的 SVI 虚接口 IP 地址。

7.4　三层交换机的路由配置

三层交换机能配置 IP 地址以及路由协议，且配置 IP 及路由协议的接口(interface)为以下三种三层接口之一：

(1) 路由口(routed port)：一个物理端口，它把一个二层接口通过“no switchport”命令设为三层端口。

(2) 虚拟交换接口(SVI)：一个通过全局配置命令“interface vlan vlan_id”创建的关联 VLAN 的网络接口。

(3) 三层模式下的聚合链路(L3 Aggregate Link)：一个逻辑接口，它把一个二层 Aggregate Link 通过“no switchport”命令设为三层端口。

7.4.1　静态路由配置

典型的路由选择方式有两种：静态路由和动态路由。

表 7-2 所示的是在三层交换机上配置静态路由的命令和方法。

用户可以通过 disable 或 enable 参数来决定指定的路由是否生效。使用 disable 参数可以使指定路由处于暂时不生效的状态。使用 enable 参数可以使指定路由重新生效。 静态路由会一直被保存直到用户将其删除。用户可以通过设置动态路由的管理距离来使其优先于静态路由。每个动态路由协议都有一个缺省的管理距离值。如果需要动态路由优先于静态路由，那么可以将静态路由的管理距离设置为大于动态路由的管理距离(也可以修改动态路由的管理距离)，可设定的范围为 1～255。

表 7-3 所示为路由的缺省管理距离值。

表 7-2　静态路由配置的命令和方法

步骤	命　令	含　义
1	configure teminal	进入全局配置模式
2	ip route *prefix mask* *{address|interface[address]}* *[distance]* [enable|disable]	建立一条静态路由
3	end	返回到特权模式
4	show ip route	显示当前的路由表配置察看设置的正确性
5	copy running-config startup-config	保存配置

表 7-3　路由类型与管理距离值

路由类型	缺省的管理距离值
直连路由	0
静态路由	1
OSPF 路由	110
RIP 路由	120
未知路由	255

当一个网络接口为不可用时，所有关联到这个网络接口的路由表项都会被自动设为不可用，但不会被删除。当网络接口重新可用时，相关的路由也会被重新启用。在添加静态路由时用户可以指定路由关联的网络接口和下一跳地址，用户也可以只设定下一跳地址，自动获得相关联的网络接口。

在添加静态路由时必须符合以下条件才能成功加入：

(1) 目的地址必须是合法地址。

(2) 子网掩码必须连续。

(3) IP 地址和子网掩码必须符合规则：IP == IP & MASK。

(4) 路由的下一跳不能为网络接口配置的 IP。

以下情况可导致添加的路由不可用：

(1) 如果用户只设置了下一跳地址，且根据下一跳关联不到合适的网络接口。

(2) 关联的网络接口实际状态为不可用。

在下一跳不同的情况下，可以存在多条 IP 地址和子网掩码相同的静态路由作为冗余。

实际工作中，我们往往使用较多的是动态路由。动态路由是网络中的路由器之间相互通信，传递路由信息，利用收到的路由信息更新路由器表的过程。它能实时地适应网络结构的变化。如果路由更新信息表明发生了网络变化，路由选择软件就会重新计算路由，并发出新的路由更新信息。这些信息通过各个网络，引起各路由器重新启动其路由算法，并更新各自的路由表以动态地反映网络拓扑变化。下文中的 RIP 以及 OSPF 都属于域间的动态路由协议。

7.4.2　RIP 协议配置

RIP(Routing Information Protocol)是一种内部网关协议，它适应于小型网络。它是距离矢量协议中最简单的一种，运行 RIP 协议的设备使用 UDP 报文去交换路由信息。

在三层交换机上配置 RIP 必须在三层模式下才进行配置，RIP 的运行会将本地所有的网络路由进行通告。使用 RIP 时，交换机每 30 秒(缺省值)发送路由信息的更新报文(即“通告”)。如果交换机 A 在 180 秒(缺省值)或用户设定的时间内没有收到交换机 B 的更新报文，则该交换机 A 会将由交换机 B 提供的路由置为不可用。如果再经过 120 秒(缺省值)或用户设定的时间后仍然没有更新报文，则该交换机 A 会删除所有由交换机 B 提供的路由。

在特权模式下，用户可以按照表 7-4 所示的命令启用 RIP 并进行配置。

表 7-4　RIP 协议配置命令

步 骤	命　　令	含　　义
1	configure teminal	进入全局配置模式
2	ip routing	启用路由功能(如果为关闭的话)
3	router rip	打开 RIP，进入配置模式
4	network *network-number*	设置 RIP 路由的网络范围，RIP 发送和接收路由更新只在网络范围内的接口进行。对于用户设定的任意网络范围，都将自动进行有类地址的转化，其中 0.0.0.0 表示包含全部网络范围，即包含全部网络接口
5	default-metric *number*(1～15)	(可选)设置默认跳数，缺省的情况下为 1
6	neighbor *ip-address*	(可选)定义一个与自己交换路由信息的邻居，这允许 RIP 和非广播网络中的路由器交换路由信息
7	offset-list *access-list-name* {in | out} *offset* [*interface-id*]	(可选)用户可以通过 acl 列表或者接口来限制偏移表的跳数
8	timers basic *update invalid holddown*	(可选)调整路由协议的计时器 update：发送更新报文的时间间隔，缺省为 30 秒。有效范围为 0～2 147 483 647 秒。 invalid：宣布路由无效的时间间隔，缺省为 180 秒。有效范围为 1～2 147 483 647 秒。 holddown：在一条 RIP 路由表被删除之前应该保持的时间，缺省的时间为 120 秒。有效范围为 0～2 147 483 647 秒
9	version {1|2}	(可选)配置交换机只接收和发送 RIP1 和 RIP2 或者接收 RIP1 和 RIP2 发送 RIP1。缺省情况下为第三种。同样也可以通过接口配置命令“ip rip {send|receive} version {1|2|1 2}”来控制网络接口的接收和发送版本
10	no validate-update-source	(可选)禁止源地址验证。缺省情况下，交换机会对源地址进行验证并且将源地址无效的更新报文丢弃。在通常情况下，不建议关闭该选项。如果需要接收一台不在网络中的设备发送的更新报文，则可以使用该命令
11	default-information originate [route-map *route-map-name*]	(可选)允许 RIP 对存在缺省路由进行分发，包括用户静态设置的或者通过路由协议动态学习到的
12	end	返回到特权模式
13	show ip protocols rip [routing-network| redistribute-info | | routing-information- source] show ip rip [interface | neighbor | offset-list]	查看设置
14	copy running-config startup-config	保存配置

如果要让 RIP 正常运行，至少要配置一个网络范围或者邻接网关的接口地址。

例如，要让 SVI1 参与 RIP 路由，其配置如下：

```
Start(config)#interface vlan 1
Start(config-if)#ip address 192.168.65.1 255.255.255.0
Start(config-if)#exit
Start(config)# router rip
Start(config-router)# network 192.168.65.0
Start(config-router)# end
Start(config)# copy running-config startup-config
```

如果要使 RIP 对存在缺省路由进行分发，可以按如下配置：

```
Switch# configure terminal
Switch(config)#ip route 0.0.0.0 0.0.0.0 202.101.5.1
Switch(config)#router rip
Switch(config-router)# default-information originate
Switch(config-router)# end
Switch# copy running-config startup-config
```

由于 RIP 有两个版本，而运行 RIP 的每台三层设备所支持的版本也不尽相同。所以当多台运行 RIP 的三层设备在同一网络内工作时，必须保证其相互的兼容和一致。

在缺省情况下，每个接口发送 RIPv1 的报文，接收 RIPv1 和 RIPv2 的报文。用户可以使用“version {1|2}”的 RIP 配置命令来指定所有接口统一接收和发送 RIPv1 或者 RIPv2 的报文，也可以使用“no version”命令恢复接口的缺省状态。

如果三层交换机运行在 RIPv2 的方案下，可以以广播或组播两种方式发送路由信息。对于每个接口可以设置在发送 RIPv2 的更新报文时是发送限定子网广播(255.255.255.255)还是组播(224.0.0.9)，缺省的情况下 RIPv2 广播处于关闭状态。

在特权模式下，用户可以根据表 7-5 所示的命令进行 RIPv2 广播的设定。

表 7-5　RIPv2 广播配置命令

步 骤	命　　令	含　　义
1	configure teminal	进入全局配置模式
2	interface *interface-id*	进入网络接口的配置模式，并指定要进行配置的网络接口
3	ip rip v2-broadcast	发送 v2 的广播
4	end	返回到特权模式
5	show ip rip interface *interface-id*	查看设置
6	copy running-config startup-config	保存配置

用户可以通过接口配置命令“no ip rip v2-broadcast”关闭接口的 RIPv2 广播。

RIPv2 支持报文的验证，这是一种安全措施，当使用验证时，交换机不会和网络中一些未被授权的交换机进行路由信息的交换。验证功能是在每个网络接口上进行设置，每个网络接口可以设置各自关联的密钥链。如果没有设置有效的密钥链或者相关联的密钥链中没有有效的密钥，则无法打开验证功能。每个接口可以有两种模式进行验证：明码和 MD5，缺省的情况下接口处于非验证模式。按照表 7-6 所示的命令可以在网络接口上进行 RIP 验证的配置。

表 7-6　RIP 验证功能配置命令

步 骤	命　　令	含　　义
1	configure teminal	进入全局配置模式
2	interface *interface-id*	进入网络接口的配置模式，并指定要进行配置的网络接口
3	ip rip authentication key *key-chain*	启用 RIP 验证
4	ip rip authentication mode{text|md5}	配置网络接口使用 text 方式还是 MD5 方式进行验证
5	end	返回到特权模式
6	show ip rip interface *interface-id*	查看设置
7	copy running-config startup-config	保存配置

如果要恢复接口缺省的非验证状态，可以使用接口配置命令：

```
no ip rip authentication mode
```

如果要关闭验证，则使用接口配置命令：

```
no ip rip authentication key
```

表 7-7 显示是 RIP 各种配置信息和生成信息的监控命令。

表 7-7　RIP 的监控命令

命　　令	含　　义
show ip rip	RIP 协议的一般信息
show ip rip interface [*interface-id*]	显示参与 RIP 路由的接口的信息
show ip rip neighbor	显示为 RIP 协议配置的 neighbor
show ip rip offset-list	显示为 RIP 协议配置的 offset-list
show ip protocols rip distribute-list	显示为 RIP 协议配置的过滤列表
show ip protocols rip redistribute-info	显示 RIP 协议的重分发配置信息
show ip protocols rip routing-information-Sources	显示 RIP 协议的路由信息源
show ip protocols rip routing-network	显示 RIP 协议的网络范围

7.4.3　OSPF 协议配置

OSPF 是由 IETF 的 IGP 工作组为 IP 网络开发的路由协议。OSPF 作为一种内部网关协议(Interior Gateway Protocol，IGP)，用于在同一个自治域(AS)中的路由器之间发布路由信息。它是一种链路状态协议，区别于距离矢量协议(RIP)，OSPF 具有支持大型网络、路由收敛快、占用网络资源少等优点，在目前应用的路由协议中占有相当重要的地位。

与 RIP 不同，OSPF 将一个自治域再划分为区，相应地即有两种类型的路由选择方式：当源和目的地在同一区时，采用区内路由选择；当源和目的地在不同区时，则采用区间路

由选择。这就大大减少了网络开销，并增加了网络的稳定性。当一个区内的路由器出了故障时并不影响自治域内其他区路由器的正常工作，这也给网络的管理、维护带来方便。

要打开交换机的 OSPF 过程，在特权模式下，按照表 7-8 所示的步骤进行。

表 7-8　OSPF 配置的步骤

步骤	命　令	含　义
1	configure teminal	进入全局配置模式
2	ip routing	启用路由功能(如果为关闭的话)
3	router ospf	打开 OSPF，进入 OSPF 配置模式
4	router-id *router-id*	设置该路由器的 ID，注意当路由器 ID 改变后，协议内部将进行大量处理，从而对路由表项产生很大影响。所以不主张在协议运行过程中改变路由器 ID，而允许用户在 OSPF 刚启动的时候设置。即如果想改变路由器 ID 只能在没有任何 LSA 生成的时候
5	network *address* *wildcard-mask* area *area-id*	定义属于一个区间的地址范围；*address*：输入 IP 地址； *wildcard-mask*：定义了属于一个区间的地址范围，可以使用此命令将多个接口同时设置到一个区间中； *area-id*：数字或者 IP 地址
6	end	返回到特权模式
7	show ip protocol	显示当前运行的路由协议
8	copy running-config startup-config	保存配置

用户可以使用“no router ospf”命令关闭 OSPF 协议。

以下为打开 OSPF 协议的示例：

Start(config)# **router ospf**

Start(config-router)# **router-id** 202.101.11.1

Start(config-router)# **network** 192.168.0.0 255.255.255.0 **area** 10

在以上命令中我们看到有“area”，什么是 area 呢？area 的意义请参考第 6 章。

网络拓扑是由一系列交换机、路由器及其连接它们的网络构成。OSPF 构成的网络的一个很重要的概念就是分等级的路由区间(area)。设计一个 OSPF 网络首先是确定如何划分主干区间以及各个区间应包含的交换机接口，而后再配置每个交换机的具体参数、区间参数等。

习　题　七

1. 三层交换机与路由器的区别是什么？
2. 三层交换机实现 VLAN 互通的原理及过程是什么？

实　验　七

参考本章 7.3.2 小节的配置及组网需求，完成整个实验，实现各 VLAN 之间的互通并进行验证。

第 8 章　路由器的安全配置

交换机和路由器是计算机网络最常用的网络设备，其安全性将直接影响到整个网络的可用性和稳定性，对于网络安全起着至关重要的作用。尤其是网络路由器，作为局域网中唯一暴露在 Internet 中的设备，更是经常受到恶意攻击。路由器和交换机一旦被攻破，网络的安全和正常运行也就无从谈起了。

IOS (Internet Operation System Software，网际操作系统)是 Cisco 公司跨越主要路由和交换产品的软件平台，类似于计算机的操作系统，难免会存在系统漏洞，而针对网络设备的攻击利用的就是 IOS 自身的漏洞。因此，必须启用基于 IOS 的基本安全配置，如设置密码、关闭多余服务、启用加密传输等。

8.1　终端访问安全配置

在 4.1 节我们已经介绍了终端访问安全配置的相关知识，Cisco 路由器和交换机都是采用相同的 IOS，而终端访问安全配置功能是由 IOS 提供的，所以管理员也可以将这些安全防御措施应用于路由器配置中。Cisco 路由器支持的终端访问安全配置功能类型与 Cisco 交换机完全相同，这里就不再介绍。

8.2　网络服务管理

Cisco 路由器支持第二、三、四和七层上的大多数网络服务。其中部分服务属于应用层协议，用于允许用户和主机进程连接到路由器。其他服务则是用于支持传统或特定配置的自动进程和设置，具有潜在的安全风险，如表 8-1 所示。

表 8-1　易受攻击的路由器网络服务

功　能	描　述	默认状态	备　注
Cisco 发现协议(CDP)	运行在 Cisco 设备之间的第二层专有协议	启用	CDP 很少用到，将其禁用
TCP 小型服务器	标准 TCP 网络服务：echo、chargen 等	>= 11.3：禁用 11.2：启用	这是一项较旧的功能，将其明确禁用
UDP 小型服务器	标准 UDP 网络服务：echo、discard 等	>= 11.3：禁用 11.2：启用	这是一项较旧的功能，将其明确禁用
Finger	UNIX 用户查找服务，允许远程列出用户列表	启用	未授权用户不需要知道此信息；将其禁用

续表

功　能	描　述	默认状态	备　注
HTTP 服务器	某些 Cisco IOS 设备允许通过 Web 进行配置	依设备而定	若未使用，则明确禁用此功能；否则需限制访问权
BOOTP 服务器	允许其他路由器从此设备启动的一项服务	启用	此功能很少用，而且可能带来安全隐患，将其禁用
IP 源路由	一项 IP 功能，允许数据包指明自己的路由	启用	此功能很少用，而且容易被攻击者利用，将其禁用
代理 ARP	路由器会作为第二层地址解析的代理	启用	除非路由器用作 LAN 网桥，否则禁用此服务
IP 定向广播	数据包可以识别广播的目标 LAN	>= 11.3：启用	定向广播可能被用于攻击，将其禁用
简单网络管理协议	路由器支持 SNMP 远程查询和配置	启用	若未使用，则明确禁用此功能；否则需限制访问权
域名服务	路由器可以执行 DNS 域名解析	启用(广播)	明确设置 DNS 服务器地址，或者禁用 DNS

路由器本身就是一台特殊的计算机，有自己的硬件和软件系统，并且随着网络通信技术的飞速发展，路由器不仅可以提供网络路由选择功能，而且还集成了越来越多的辅助功能，如 DNS、DHCP 等。同时随着运行的网络服务和支持的路由协议越多，其安全性越来越低，因此应禁止路由器上的非必要服务和路由协议。

1．禁用 CDP 服务

CDP(Cisco Discovery Protocol，Cisco 查找协议)协议存在于 Cisco IOS 11.0 以后的版本中，而且都是默认启动的。在 OSI J 层(链路层)协议的基础上可发现对端路由器的设备平台、操作系统版本、端口、IP 地址等重要信息。管理员可以使用如下命令关闭该服务：

```
Router(Config)#no cdp run
Router(Config-if)#no cdp enable
```

2．禁用 TCP、UDP Small 服务

Cisco 路由器提供一些基于 TCP 和 UDP 协议的小服务，如 echo、chargen 和 discard 等。这些小服务很少被使用，而且容易被攻击者利用来越过包过滤机制。管理员可以使用如下命令关闭这些服务：

```
Router(Config)# no service tcp-small-servers
Router(Config)# no service udp-samll-servers
```

3．禁用 Finger、NTP 服务

Finger 服务可能被攻击者利用查找用户和口令攻击。NTP 不是十分危险的，但是如果没有一个很好的认证，则会影响路由器正确时间，导致日志和其他任务出错。管理员可以使用如下命令关闭这些服务：

```
Router(Config)# no ip finger
```

```
Router(Config)# no service finger
Router(Config)# no ntp
```

4. 禁用 IP 源路由

IP 协议允许一台主机指定数据包通过一个网络的路由，而不是允许网络组件确定最佳的路径。这个功能的合法的应用是用于诊断连接故障。但是，这种用途很少应用。这项功能最常用的用途是出于侦察目的一个网络进行镜像，或者用于攻击者在一个专用网络中寻找一个后门。除非指定这项功能只能用于诊断故障，否则应该关闭这个功能。管理员可以使用如下命令关闭这些服务：

```
Router(Config)#no ip source-route
```

5. 禁用 IP 直接广播

拒绝服务攻击使用假冒的源地址向一个网络广播地址发送一个“ICMP echo”请求时，会要求所有的主机对这个广播请求做出回应，这种情况会降低网络性能。管理员可以使用如下命令关闭这些服务：

```
Router(Config)#no ip directed-broadcast
```

6. 禁用 BooTP 服务

BooTP 是一个 UDP 服务，可以用来给一台无盘工作站指定地址信息，目前 BooTP 在网络环境中使用得很少，由于没有认证机制，任何人都能对 BooTP 服务的路由器提出请求，容易遭遇 DoS 攻击。还会被黑客利用分配的一个 IP 地址作为局部路由器通过“中间人”(man-in-middle)方式进行攻击。管理员可以使用如下命令关闭这些服务：

```
Router(Config)# no ip bootp server
```

7. 禁用 IP Source Routing

通过源路由，攻击者能够在 IP 包头中指定数据包实际要经过的路径。因此禁用源路由，可以防止路由信息泄露。管理员可以使用如下命令关闭这些服务：

```
Router(Config)# no ip source-route
```

8. 禁用 IP Directed Broadcast

不同于本地广播，直连广播是能够被路由的，某些 DoS 攻击通过在网络中泛洪直连广播来攻击网络。管理员可以使用如下命令关闭这些服务：

```
Router(Config)# no ip directed-broadcast
```

9. 禁用 ARP-Proxy

通常情况下应该禁止默认启用 ARP-Proxy，因为它容易引起路由表的混乱。管理员可以使用如下命令关闭这些服务：

```
Router(Config)#no ip proxy-arp
```

10. 禁用 SNMP 协议

SNMP 可以用来远程监控和管理 Cisco 设备。然而，SNMP 存在很多安全问题，特别是在 SNMP v1 和 v2 中，如果必须使用，应该使用 SNMP 第 3 版。要关闭 SNMP 服务可以使用如下命令：

```
Router(Config)#no snmp-server
```

11．禁止 HTTP 服务

较新的 Cisco IOS 版本支持使用 HTTP 协议的基于 Web 远程管理功能。因为在大多数 Cisco 路由器的 IOS 版本中，web 访问功能还没有完善，它们可以被利用来监控、配置和攻击一个路由器。如果不需要基于 web 的远程管理的话，管理员可以使用如下命令一样禁用它：

```
Router(Config)# no ip http server
```

12．禁用域名服务

缺省情况下，Cisco 路由器 DNS 服务会向 255.255.255.255 广播地址发送名字查询。应该避免使用这个广播地址，因为攻击者可能会借机伪装成一个 DNS 服务器。要关闭 DNS 服务可以使用如下命令：

```
Router(Config)#no ip domain-lookup
```

8.3 路由协议安全

路由协议通过在网络中传播路由信息来更新路由，但默认路由信息传递过程中都是明文，可能遭遇到报文的伪造、报文的篡改等威胁。为了安全的原因，需要在路由器上启用身份验证的功能，只有经过身份验证的路由器才能互相通告路由信息。Cisco 设备的路由协议 RIP、OSPF 和 EIGRP 都具有 MD5 认证功能。默认情况下该功能不会启用，建议启用该项功能。

8.3.1 启用 RIP v2 身份验证

由于 RIP 没有邻居的概念，所以自己并不知道发出去的路由更新是不是有路由器会收到，同样也不知道会被什么样的路由器收到，因为 RIP 的路由更新是明文的，网络中无论谁收到，都可以读取里面的信息，这就难免会有不怀好意者窃听 RIP 的路由信息。为了防止路由信息被非法窃取，RIP v2 可以相互认证，只有能够通过认证的路由器，才能够获得路由更新。RIP v2 可以支持明文与 MD5 认证。纯文本身份验证传送的身份验证口令为纯文本，它会被网络探测器确定，所以不安全，不建议使用。而 RIP v1 是不支持认证的。

在路由器之间，当一方开启认证之后，另一方也同样需要开启认证，并且密码一致，才能读取路由信息。认证是基于接口配置的，密码使用 key chain 来定义，key chain 中可以定义多个密码，每个密码都有一个序号，RIP v2 在认证时，只要双方最前面的一组密码相同，认证即可通过，双方密码序号不一定需要相同，key chain 名字也不需要相同，但在某些低版本 IOS 中，会要求双方的密码序号必须相同，才能认证成功，所以建议大家配置认证时，双方都配置相同的序号和密码。配置验证的相关命令和步骤如下：

(1) 在路由器模式下配置一个密钥链(key-chain)，一个密钥链可以包含多个密钥：

```
router(config)# key chain key-chain-name
```

其中，key-chain-name 为密钥链名称。

(2) 定义密钥编号：

```
router(config-keychain)# key key-number
```

其中，key-number：密钥编号。

(3) 定义密钥：

```
Router(config-keychain-key)# key-string    string
```

其中，string 为密钥字符串。执行验证的双方密钥字符串必须一致。

(4) 在需要执行路由信息验证更新的接口上应用密钥链：

```
router(config-if)#ip rip authentication key-chain key-chain-name
```

其中，key-chain-name 为使用的密钥链名称。

以上配置是明文验证需要配置的内容，即默认验证方法。如果需要密文验证，则要附加下面的命令，声明验证模式：

```
router(config-if)#ip rip authentication mode md5
```

下面给出一个路由器 R1 Serial0/0 接口和 R2 Serial0/1 接口采用基于 MD5 的身份认证具体配置实例：

(1) Router1 配置：

```
key chain routing-security
 key 1
 key-string A1B2C3
 !
 interface Serial0/0
  ip address 202.100.212.5 255.255.255.252
  ip rip authentication mode md5
  ip rip authentication key-chain routing-security
 !
 router rip
  version 2
  network 202.100.212.0
  network 192.168.1.0
```

Router2 配置：

```
key chain routing-security
 key 1
 key-string A1B2C3
 !
 interface Serial0/1
  ip address 202.100.212.6 255.255.255.252
  ip rip authentication mode md5
  ip rip authentication key-chain routing-security
 !
 router rip
  version 2
```

```
network 202.100.212.0
network 192.168.3.0
```

(2) 验证 MD5 身份验证：

使用“debug ip rip”命令可以观察验证是否成功的信息。如果口令不匹配，路由器会不停地报告口令不匹配的错误信息。如果验证成功，会显示如下信息：

```
R2#debug ip rip
RIP protocol debugging is on
*Mar  3 20:48:37.046: RIP: received packet with MD5 authentication
*Mar  3 20:48:37.046: RIP: received v2 update from 141.108.0.10 on Serial0
*Mar  3 20:48:37.050:   70.0.0.0/8 via 0.0.0.0 in 1 hops
```

8.3.2 启用 OSPF 身份验证

为了安全起见，我们可以在相同 OSPF 区域的路由器上启用身份验证功能。只有经过身份验证的同一区域的路由器才能互相通告路由信息。在默认情况下，OSPF 不使用区域验证。通过两种方法可启用身份验证功能：纯文本身份验证和消息摘要(MD5)身份验证。纯文本身份验证传送的身份验证口令为纯文本，它会被网络探测器确定，所以不安全，不建议使用。消息摘要身份验证在传输身份验证口令前要对口令进行加密，所以一般建议使用此种方法进行身份验证。使用身份验证时，区域内所有的路由器接口必须使用相同的身份验证方法。启用身份验证必须在路由器接口配置模式下，为区域的每个路由器接口配置口令。下面给出一个 Router1 和 Router2 间 Ospf 启用 MD5 验证的具体配置实例：

(1) Router1 配置：

```
Router1# config t
Enter configuration commands, one per line. End with CNTL/Z.
Router1(config)# router ospf 1
Router1(config-router)# network 14.1.0.0 0.0.255.255 area 0
! 启用 MD5 认证。
Router1(config-router)# area 0 authentication message-digest
Router1(config-router)# exit
Router1(config)# int eth0/1
! 启用 MD5 密钥 Key 为 ospfkey。
Router1(config-if)# ip ospf message-digest-key 1 md5 ospfkey
Router1(config-if)# end
Router1#
```

(2) Router2 配置：

```
Router2# config t
Enter configuration commands, one per line. End with CNTL/Z.
Router2(config)# router ospf 1
Router2(config-router)# area 0 authentication message-digest
Router2(config-router)# network 14.1.0.0 0.0.255.255 area 0
```

```
Router2(config-router)# network 14.2.6.0 0.0.0.255 area 0
Router2(config-router)# exit
Router2(config)# int eth0
Router2(config-if)# ip ospf message-digest-key 1 md5 ospfkey
Router2(config-if)# end
Router2#
```

(3) 验证 MD5 身份验证：

使用“show ip ospf interface”命令可以查看为接口配置的身份验证类型，如下列输出所示。这里，已配置了 Serial 0 接口以使用密钥 ID“1”进行 MD5 身份验证。

```
R1# show ip ospf interface serial0
Serial0 is up, line protocol is up
Internet Address 192.16.64.1/24, Area 0
Process ID 10, Router ID   172.16.10.36 , Network Type POINT_TO_POINT, Cost: 64
Transmit Delay is 1 sec, State POINT_TO_POINT,
Timer intervals configured, Hello 10, Dead 40, Wait 40, Retransmit 5
Hello due in 00:00:05
Index 2/2, flood queue length 0
Next 0x0(0)/0x0(0)
Last flood scan length is 1, maximum is 1
Last flood scan time is 0 msec, maximum is 4 msec
Neighbor Count is 1, Adjacent neighbor count is 1
Adjacent with neighbor 70.70.70.70
Suppress hello for 0 neighbor(s)
Message digest authentication enabled
Youngest key id is 1
```

8.3.3　启用 EIGRP 身份验证

在默认情况下，EIGRP 不对分组进行身份验证，为了防止接受未经批准的信源发送的虚假路由信息，我们可以配置 EIGRP MD5 身份验证。EIGRP 消息认证的配置包含两个步骤：密钥链和密钥的创建。

使用该密钥链和密钥的 EIGRP 认证配置步骤如下：

1．密钥链和密钥的创建

例如在命名为 Dallas 路由器上配置 EIGRP 消息认证。首先在 Dallas 上创建密钥链，路由认证依靠密钥链上的一个密钥起作用。

(1) 进入全局配置模式。

```
Dallas#configure terminal
```

(2) 创建密钥链。此示例中使用 MYCHAIN。

```
Dallas(config)#key chain MYCHAIN
```

(3) 指定密钥编号。此示例中使用 1。注意，建议密钥编号在配置涉及的所有路由器上相同。

```
Dallas(config-keychain)#key 1
```

(4) 指定密钥的密钥字符串。此示例中使用 securetraffic。

```
Dallas(config-keychain-key)#key-string securetraffic
```

(5) 结束配置。

```
Dallas(config-keychain-key)#end
```

2．使用该密钥链和密钥的 EIGRP 认证配置

在路由器 Dallas 上一旦创建密钥链和密钥，必须配置 EIGRP 以使用密钥进行消息认证。此配置在配置 EIGRP 所在的接口上完成。例如：

(1) 进入全局配置模式。

```
Dallas#configure terminal
```

(2) 从全局配置模式指定您要配置 EIGRP 消息认证所在的接口。在本示例中，第一个接口是 Serial 0/0/1。

```
Dallas(config)#interface serial 0/0/1
```

(3) 启用 EIGRP 消息认证。此处使用的 10 是网络的自治系统编号。MD5 表示 MD5 散列要用于认证。

```
Dallas(config-subif)#ip authentication mode eigrp 10 md5
```

(4) 指定应该用于认证的密钥链。10 是自治系统编号。MYCHAIN 是在创建密钥链部分创建的密钥链。

```
Dallas(config-subif)#ip authentication key-chain eigrp 10 MYCHAIN
Dallas(config-subif)#end
```

同样的，需要在与 Dallas 相邻的其他路由器完成相同的配置。

```
FortWorth#configure terminal
FortWorth(config)#key chain MYCHAIN
FortWorth(config-keychain)#key 1
FortWort(config-keychain-key)#key-string securetraffic
FortWort(config-keychain-key)#end
FortWorth#
Fort Worth#configure terminal
FortWorth(config)#interface serial 0/0/1
FortWorth(config-subif)#ip authentication mode eigrp 10 md5
FortWorth(config-subif)#ip authentication key-chain eigrp 10 MYCHAIN
FortWorth(config-subif)#end
FortWorth#
```

3．验证 MD5 身份验证

EIGRP 消息认证在所有的路由器上配置之后，它们开始再次交换 EIGRP 消息。这时可以通过发出一个“debug eigrp packets”命令进行验证，显示来自 Dallas 和 FortWorth 路由

器的时间输出。

```
FortWorth#debug eigrp packets
00:47:04: EIGRP: received packet with MD5 authentication, key id = 1
00:47:04: EIGRP: Received HELLO on Serial0/0.1 nbr 192.169.1.1
```

8.4　使用网络加密

VPN (Virtual Private Network，虚拟专用网)是目前常用的远程访问技术之一，安全性高，机制灵活。VPN 的安全性，可通过隧道技术、加密和认证技术得到解决。目前，大多数交换机、路由器以及防火墙等都已经集成 VPN 功能，支持的安全功能也越来越多，用户无需增加额外的投资即可享受安全可靠的远程连接。在 Cisco 部分路由器也集成了 VPN 功能，下面简单介绍如何使用 Cisco 路由器配置站点到站点的 IPsec VPN。

8.4.1　IPsec 协议简介

IPsec 协议不是一个单独的协议，它给出了应用于 IP 层上网络数据安全的一整套体系结构，包括网络认证协议 AH(Authentication Header，认证头)、ESP(Encapsulating Security Payload，封装安全载荷)、IKE(Internet Key Exchange，因特网密钥交换)和用于网络认证及加密的一些算法等。其中，AH 协议和 ESP 协议用于提供安全服务，IKE 协议用于密钥交换。

AH 协议提供数据源认证、数据完整性校验和防报文重放功能，它能保护通信免受篡改，但不能防止窃听，适合用于传输非机密数据。AH 的工作原理是在每一个数据包上添加一个身份验证报文头，此报文头插在标准 IP 包头后面，对数据提供完整性保护。可选择的认证算法有 MD5、SHA-1 等。MD5 算法的计算速度比 SHA-1 算法快，而 SHA-1 算法的安全强度比 MD5 算法高。ESP 协议提供加密、数据源认证、数据完整性校验和防报文重放功能。ESP 的工作原理是在每一个数据包的标准 IP 包头后面添加一个 ESP 报文头，并在数据包后面追加一个 ESP 尾。与 AH 协议不同的是，ESP 将需要保护的用户数据进行加密后再封装到 IP 包中，以保证数据的机密性。常见的加密算法有 DES、3DES、AES 等。同时，作为可选项，用户可以选择 MD5、SHA-1 算法保证报文的完整性和真实性。这三个加密算法的安全性由高到低依次是：AES、3DES、DES，安全性高的加密算法实现机制复杂，运算速度慢。对于普通的安全要求，DES 算法就可以满足需要。

IPsec 提供了两种安全机制：认证和加密。认证机制使 IP 通信的数据接收方能够确认数据发送方的真实身份以及数据在传输过程中是否遭篡改。加密机制通过对数据进行加密运算来保证数据的机密性，以防数据在传输过程中被窃听。在实际进行 IP 通信时，可以根据实际安全需求同时使用这两种协议或选择使用其中的一种。AH 和 ESP 都可以提供认证服务，不过，AH 提供的认证服务要强于 ESP。同时使用 AH 和 ESP 时，设备支持的 AH 和 ESP 联合使用的方式是：先对报文进行 ESP 封装，再对报文进行 AH 封装，封装之后的报文从内到外依次是原始 IP 报文、ESP 头、AH 头和外部 IP 头。

8.4.2 IPsec site-to-site VPN 配置

IPsec site-to-site VPN 拓扑图如图 8-1 所示。

图 8-1　IPsec site-to-site VPN 拓扑

下面给出一个 RouterA 和 Router2 间建立 IPsec site-to-site VPN 具体配置实例：

路由器 A 的配置：

1．配置 IKE

```
routerA(config)# crypto isakmp enable                 ！启用 IKE(默认是启动的)
routerA (config)# crypto isakmp policy 100            ！建立 IKE 策略，优先级为 100
routerA (config-isakmp)# authentication pre-share     ！使用预共享的密码进行身份验证
routerA (config-isakmp)# encryption des               ！可选，使用 des 加密方式
routerA (config-isakmp)# group 1          ！可选，指定密钥位数，group 2 安全性更高，但更耗 cpu
routerA (config-isakmp)# hash md5         ！可选，指定 hash 算法为 MD5(其他方式：sha，rsa)
routerA (config-isakmp)# lifetime 86400   ！可选，指定 SA 有效期时间。默认 86400 秒，两端要一致
```

以上配置可通过“show crypto isakmp policy”显示，VPN 两端路由器的上述配置要完全一样。

2．配置 Keys

```
routerA (config)# crypto isakmp key Cisco1122 address 10.0.0.2
！设置要使用的预共享密钥和指定 vpn 另一端路由器的 IP 地址
```

3．配置 IPSEC

```
routerA (config)# crypto ipsec transform-set abc esp-des esp-md5-hmac
！配置 IPSec 交换集，abc 这个名字可以随便取，两端的名字也可不一样，但其他参数要一致
routerA (config)# crypto ipsec security-association lifetime 86400
！可选，ipsec 安全关联存活期，也可不配置，在下面的 map 里指定即可
routerA (config)# access-list 110 permit tcp 172.16.1.0 0.0.0.255 172.16.2.0 0.0.0.255
routerA (config)# access-list 110 permit tcp 172.16.2.0 0.0.0.255 172.16.1.0 0.0.0.255
！定义加密访问列表，对 172.16.2.1.0/24 和 192268.1'00.0l24.子网之间的 IP 通信进行保护
```

4．配置 IPSEC 加密映射

```
routerA (config)# crypto map mymap 100 ipsec-isakmp   ！创建加密图
routerA (config-crypto-map)# match address 110        ！用 ACL 来定义加密的通信
routerA (config-crypto-map)# set peer 10.0.0.2        ！标识对方路由器 IP 地址
routerA (config-crypto-map)# set transform-set abc    ！指定加密图使用的 IPSEC 交换集
routerA (config-crypto-map)# set security-association lifetime 86400    ！可选
routerA (config-crypto-map)# set pfs group 1          ！可选，配置密钥完美向前保护
```

5. 应用加密图到接口

```
routerA (config)# interface ethernet0/1
routerA (config-if)# crypto map mymap
```

路由器 B 的配置：(路由器 B 的配置与 A 基本一致，只需对相应配置做更改即可)

```
routerB(config)# crypto isakmp key Cisco1122 address 10.0.0.1
routerB(config-crypto-map)# set peer 10.0.0.1
```

8.5　其他的安全配置

8.5.1　禁用 AUX 端口

如果不使用 AUX 端口，则禁止这个端口。默认是未被启用，使用如下命令即可将其禁用：

```
Router(Config)#line aux 0
Router(Config-line)#transport input none
Router(Config-line)#no exec
```

8.5.2　禁止从网络启动和自动从网络下载初始配置文件

Cisco 路由器能够从本地存储器或者从网络上载入 startup configuration。从网络上载入不太安全，最好在一个完全可信任的网络上进行载入(例如独立启动的实验网络)。下面命令表明了如何禁止：

```
Router(Config)# no boot network
Router(Config)# no servic config
```

8.5.3　禁止未使用或空闲的端口

如果端口不使用，为了安全则应禁止这个端口，使用如下命令即可将其禁用：

```
Router(Config)# interface eth0/3
Router(Config-if)# shutdown
! 对 interface eth0/3 端口进行 shutdown
```

习　题　八

1. 为什么要禁止路由器上的非必要服务和路由协议？
2. 请举例说明如何保证路由协议安全？

实　验　八

实验的拓扑结构如图 8-2 所示。要求分别使用 OSPF 与 RIP 协议，使得网络拓扑中任

何路由器接口相互能够 ping 通，并需要保证路由协议安全。各接口 IP 地址分配如下：twins 为 S0：192.168.10.1，S1：172.20.128.1，E0：172.20.192.1；sa 为 S0:192.168.10.2；gill 为 S0：172.20.128.2；hua 为 E0：172.20.192.2。

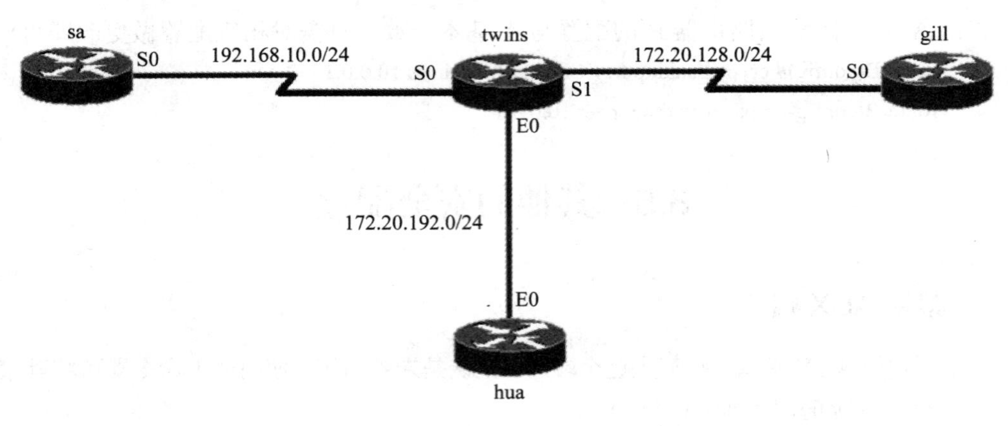

图 8-2　实验用图

第 9 章　访问控制列表

随着网络规模和网络中流量的不断扩大，网络管理员面临一个问题：如何在保证合法访问的同时，拒绝非法访问。这就需要对路由器转发的数据包作出区分，哪些是合法的流量，哪些是非法的流量，通过这种区分对数据包进行过滤并达到有效控制的目的。这种包过滤技术是在路由器上实现防火墙的一种主要方式，而实现包过滤技术最核心内容就是使用访问控制列表。

访问控制列表(Access control list，ACL)是 Cisco IOS 提供的一种访问控制技术，被广泛应用于路由器和交换机。Cisco 交换机与路由器都采用相同的 Cisco IOS 操作系统，因此，应用于交换机的许多功能和配置命令(如访问列表等)，也同样适用于路由器。借助 ACL，可以有效地控制用户对网络和 Internet 的访问，从而最大限度地保障网络安全。交换机的访问控制列表与路由器的访问控制列表原理以及配置思路一样，只是在配置命令和安全控制的程度上有所区别，也不是所有的交换机都支持，支持的程度也有所差别。在本章节中，我们将以路由器和二层交换机为配置实例。

9.1　访问控制列表概念

ACL 使用包过滤技术，在网络设备上读取包头中的信息，例如源地址、目的地址、 源端口、目的端口等，根据预先设定好的规则对数据包进行过滤，从而达到访问控制的目的。不过，由于 ACL 是使用包过滤技术来实现的，过滤的依据仅仅只是第二、三层和第四层包头中的部分信息。这种技术具有一些固有的局限性，如无法识别具体的人，无法识别应用内部的权限级别等。因此，要达到“端到端”的权限控制目的，需要和系统级及应用级的访问权限控制结合使用。

ACL 是一系列 IOS 命令，根据数据包报头中找到的信息来控制路由器或交换机应该转发还是应该丢弃数据包。ACL 是 Cisco IOS 软件中最常用的功能之一，默认情况下，路由器或交换机并未配置 ACL；因此，不会默认过滤流量。在配置后，ACL 将执行以下任务：

(1) 限制网络流量以提高网络性能。例如，如果公司政策不允许在网络中传输视频流量，那么就应该配置和应用 ACL 以阻止视频流量。这可以显著降低网络负载并提高网络性能。

(2) 提供流量控制。ACL 可以限制路由更新的传输。如果网络状况不需要更新，便可从中节约带宽。

(3) 提供基本的网络访问安全性。ACL 可以允许一台主机访问部分网络，同时阻止其他主机访问同一区域。例如，“人力资源”网站仅限授权用户进行访问。

(4) 根据流量类型过滤流量。例如，ACL 可以允许电子邮件流量，但阻止所有 TELNET

流量。

(5) 屏蔽主机以允许或拒绝对网络服务的访问。ACL 可以允许或拒绝用户访问特定文件类型，例如 FTP 或 HTTP。

ACL 根据以太网报文的某些字段来标识以太网报文，这些字段包括：

(1) 二层字段(Layer 2 fields，只有交换机支持)：

- 48 位的源 MAC 地址(必须声明所有 48 位)。
- 48 位的目的 MAC 地址(必须声明所有 48 位)。

(2) 三层字段(Layer 3 fields)：

- 源 IP 地址字段(可以声明全部 32 位源 IP 地址值，或声明你所定义的子网来定义)。
- 目的 IP 地址字段(可以声明全部 32 位源 IP 地址值，或声明你所定义的子网来定义)。

(3) 四层字段(Layer 4 fields)：

- 可以声明一个 TCP 的源端口、目的端口或者都声明。
- 可以声明一个 UDP 的源端口、目的端口或者都声明。

ACL 由一系列的表项组成，我们称之为访问控制列表表项(Access Control Entry，ACE)。每个访问控制列表表项都声明了选中该表项的匹配条件及行为。每个 ACE 都指定"permit"(允许)或"deny"(拒绝)，以及应用条件，数据包会逐个条目顺序匹配 ACE。检测访问列表的表项是按自上而下的顺序进行的，并且从第一个表项开始。这意味着必须特别谨慎地考虑访问列表中语句的顺序。当一个报文在一个接口上被接收到时，交换机将报文中的相关字段与应用于该接口上的 ACL 进行比较，验证该报文是否满足该 ACL 所有 ACE 的转发条件。交换机对该 ACL 的所有 ACE 进行逐条比较，当第一个匹配的条件找到时(该报文与某一条 ACE 的匹配条件完全匹配)，再决定对该报文是接收(accepts)还是拒绝(deny)。因为交换机在找到第一个匹配条件时就停止比较，因此接入控制列表的匹配条件的顺序是至关重要的，在进行 ACL 的配置时应给予关注，否则配置可能不一定能够到达目的。如果所有条件都不匹配，则交换机拒绝该报文。如果没有任何对此报文的限制条件，则交换机转发该报文，否则就丢弃。

通过接口的数据流是双向的，因此配置 ACL 还需要定义要检查的是流入还是流出的报文，ACL 对路由器或交换机自身产生的数据包不起作用。入站和出站 ACL 如图 9-1 所示。

图 9-1　入站和出站 ACL

(1) 入站 ACL：传入数据包经过处理之后才会被路由到出站接口。入站 ACL 非常高效，如果数据包被丢弃，则节省了执行路由查找的开销。 当测试表明应允许该数据包后，路由器才会处理路由工作。当与入站接口连接的网络是需要检测的数据包的唯一来源时，最适合使用入站 ACL 过滤数据包。

(2) 出站 ACL：传入数据包路由到出站接口后，由出站 ACL 进行处理。在来自多个入站接口的数据包通过同一出站接口之前，对数据包应用相同过滤器时，最适合使用出站 ACL。

由于 ACL 涉及的配置命令很灵活，功能也很强大，所以我们需要通过不断的学习和实践才能够真正的实现 ACL 的配置。通常配置 ACL 的时候有以下经验性的原则：

1) 最小特权原则

只给受控对象完成任务所必需的最小的权限。也就是说被控制的总规则是各个规则的交集，只满足部分条件的是不容许通过规则的。

2) 最靠近受控对象原则

所有访问权限控制检查规则是采用自上而下在 ACL 中一条一条检测的，只要发现符合条件的就按照规则动作处理而不继续检测下一条的 ACL 语句，否则逐条检查到最后一条。如果仍然不匹配，就按照默认的规则 deny any any 进行拒绝处理。

3) 默认拒绝原则

在路由器或交换机中，如果在逐条检查列表项的时候，直到最后一条仍然不匹配，就按照默认的规则 deny any any 进行拒绝处理。

4) 添加表项

新增加的表项被追加到访问列表末尾，这就意味着不能改变已有的访问列表的功能。如果要改变，就必须创建个新的访问列表，删除已经存在的访问列表，并且将新的访问列表应用于接口上。

5) ACL 放置位置

应当将扩展访问列表尽量放在靠近过滤源的位置上，这样，创建的过滤器就不会反过来影响其他接口的数据流。而标准访问列表应当尽量靠近目的地的位置。由于标准访问列表只使用源地址，因此将阻止报文流向其他接口。

9.2　IP 访问控制列表

Cisco 支持两种类型的 IP 访问列表，即标准 IP 访问列表、扩展 IP 访问列表，应用于路由器的 IP 访问列表命令，也同样适用于交换机。

1) 标准 IP 访问列表

标准 IP 访问列表只允许过滤源地址，且功能十分有限。当我们要想阻止来自某一网络的所有通信流量，或者允许来自某一特定网络的所有通信流量，或者想要拒绝某一协议簇的所有通信流量时，可以使用标准 IP 访问控制列表来实现这一目标。标准访问控制列表检查路由器的数据包的源地址，从而允许或拒绝基于网络、子网或主机的 IP 地址的所有通信流量通过三层设备的出口。

2) 扩展 IP 访问控制列表

扩展 IP 访问列表允许过滤源地址、目的地址和上层应用数据，因此，可以适应各种复杂的网络应用。扩展 IP 访问控制列表不但检查数据包的源地址，也检查数据包的目的

地址，还检查数据包的特定协议类型、端口号等。扩展 IP 访问控制列表更具有灵活性和可扩充性，即可以对同一地址允许使用某些协议的通信流量通过，而拒绝使用其他协议的流量通过。

9.2.1　标准编号 ACL

如果我们只关心过滤源主机或源网络，就可以采用标准 IP 访问控制列表，减少匹配的内容，这是最简单的一种访问控制。当我们使用这种访问控制列表的时候，需要注意将所创建的 ACL 尽量靠近源主机或源网络一方的设备端口上，可以减少无用的网络流量占用带宽资源。要在 Cisco 路由器上配置采用数字编号的标准 ACL，您必须先创建标准 ACL，然后在接口上激活 ACL。我们首先可以按照表 9-1 所示的步骤在路由器中来创建一条标准编号 ACL。

表 9-1　标准 IP ACL 的配置步骤

步 骤	命　　令	含　　义
1	Router# **configure terminal**	进入全局配置模式
2	Router(config)# **access-list access-list-number { deny | permit } remark source [source- wildcard] [log]**	用数字来定义一条标准 IP ACL。access-list-number：ACL 的编号。这是一个十进制数，值在 1～99 或 1300～1999 之间(适用于标准 ACL)。 deny|permit：匹配条件时拒绝访问或允许访问。 remark：在 IP 访问列表中添加备注，增强列表的可读性。 Source：发送数据包的源网络号或源主机号。 source-wildcard：(可选)源的通配符掩码。 Log：(可选)对匹配条目的数据包生成信息性日志消息，该消息将随后发送到控制台
3	Router(config-std-nacl)# **end**	回到特权模式
4	Router # **show access-lists [name]**	验证配置
5	Router # **copy running-config startup-config**	保存配置(可选)

例如，要创建一个编号为 10 的 ACL 并使之允许 192.168.10.0 /24 网络，应该输入：

```
R1(config)# access-list 10 permit 192.168.10.0
```

使用“no access-list access-list-number”全局配置命令，可以删除全部访问列表，需要注意的是不能从指定的访问列表中删除某个 ACE。例如，要创建一个编号为 10 的 ACL 应该输入：

```
R1(config)# no access-list 10
```

通常，当管理员创建 ACL 时，他完全了解 ACL 中每条语句的作用。但是，随着时间的推移，记忆会逐渐模糊。remark 关键字用于记录信息，使访问列表更易于理解。每条注释限制在 100 个字符以内。

在创建了一条 ACL 之后，你必须将其应用到所要过滤的接口上，它才能生效，还需要使用“ip access-group”命令将其关联到接口：

```
Router(config-if)#ip access-group {access-list-number | access-list-name} {in | out}
```

在特权模式，通过表 9-2 所示的步骤将 IP ACL 应用到指定接口上：

表 9-2　标准 IP ACL 的应用到指定接口的步骤

步 骤	命　　令	含　　义
1	Router# configure terminal	进入全局配置模式
2	Router(config)#interface interface-id	指定一个接口并进入接口配置模式
3	Router(config-if)#ip access-group {access-list-number | access-list-name} {in | out}	将指定的 ACL 应用于该接口上，使其对输入该接口的数据流进行接入控制
4	Router(config-if)# end	回到特权模式
5	Router # copy running-config startup-config	保存配置(可选)

下面的例子显示如何将 access-list deny_unknow_device 应用于接口 2 上：

```
Switch(config)# interface GigabitEthernet 1/2
Switch (config-if)# IP access-group deny_unknow_device in
```

要从接口上删除 ACL，首先在接口上输入“no ip access-group”命令，然后输入全局命令“no access-list”删除整个 ACL。

9.2.2　标准命名 ACL

命名 ACL 让人更容易理解其作用，例如用于拒绝 FTP 的 ACL 可以命名为 NO_FTP。当使用名称而不是编号来标识 ACL 时，配置模式和命令语法略有不同。命名 IP 访问列表有两个主要优点：一是可以解决 ACL 号码不足的问题；二是可以自由地删除 ACL 中的一条语句，而不必删除整个 ACL。而其主要的不足之处在于无法实现在任意位置加入新的 ACL 条目。

Cisco 指定名称来标识 ACL 的要求如下：

(1) 名称可以包含字母数字字符。

(2) 建议名称采用大写字母。

(3) 名称不能含有空格或标点符号。

(4) 可以在命名 ACL 中添加或删除条目。

我们可以按照表 9-3 所示的步骤在路由器中来创建一条标准命名 ACL，应用于路由器的访问列表命令，也同样适用于交换机。

表 9-3　标准 IP ACL 的配置步骤

步 骤	命　　令	含　　义
1	Router# configure terminal	进入全局配置模式
2	Router(config)# ip access-list standard　{ name}	用数字或名字来定义一条标准 IP ACL，并进入 access-list 配置模式

续表

<table>
<tr><th>步骤</th><th>命　　令</th><th>含　　义</th></tr>
<tr><td rowspan="2">3</td><td>Router(config-std-nacl)# deny {source source-wildcard | hos tsource|any}　[time-range time-range-name]</td><td rowspan="2">在 access-list 配置模式，申明一个或多个的允许通过(permit)或丢弃(deny)的条件以用于交换机决定报文是转发或还是丢弃。其他说明如前叙述 time-range- name(可选)指明关联的 time-range 的名称</td></tr>
<tr><td>Router(config-std-nacl)#permit {source source-wildcard | hos tsource|any}　[time-range time-range-name]</td></tr>
<tr><td>4</td><td>Router(config-std-nacl)# end</td><td>回到特权模式</td></tr>
<tr><td>5</td><td>Router # show access-lists [name]</td><td>验证配置</td></tr>
<tr><td>6</td><td>Router # copy running-config startup-config</td><td>保存配置(可选)</td></tr>
</table>

例如，创建一条 IP Standard Access-list，该 ACL 名字叫 deny-network，有两条 ACL 表项，第一条表项拒绝来自 192.168.1.0 网段的任一主机，第二条表项允许其他任意主机。

```
Router(config)# ip access-list standard deny-network
Router(config-std-nacl)# permit host 192.168.12.10
Router(config-std-nacl)# deny      192.168.12.0     0.0.0.255
Router(config-std-nacl)# end
Router # show access-list
```

在创建了 ACL 之后，必须将其应用到所要过滤的接口上，可以按照表 9-2 所示的步骤操作。

与编号 ACL 相比，命名 ACL 的一大优点在于编辑更简单。从 Cisco IOS 软件第 12.3 版开始，命名 IP ACL 允许用户删除指定 ACL 中的具体条目。可以使用序列号将语句插入命名 ACL 中的任何位置，下面举例说明：

```
Router # show access-list deny-network
        Standard IP access list deny-network
        10   permit 192.168.12.10
        20   deny     192.168.12.0   wildcard   bits   0.0.0.255
Router #conf t
Router(config)# ip access-list standard deny-network
Router(config-std-nacl)# 15 permit host 192.168.11.10
Router(config-std-nacl)#end
Router # show access-list deny-network
        Standard IP access list deny-network
        10   permit 192.168.12.10
        15   permit 192.168.11.10
        20   deny     192.168.12.0   wildcard   bits   0.0.0.255
```

在第一条“show”命令的输出中，可以看到名为 deny-network 的 ACL 包含 2 个带编号的行，它们指明了服务器的访问规则。要在列表中授权另一台工作站进行访问，仅需要插入一个编号行。在本示例中，我们添加了 IP 地址为 192.168.11.10 的工作站。最后的“show”命令输出确认新添加的工作站现在能够进行访问。同理，也允许删除指定 ACL 中的具体条目。

9.2.3　扩展编号 ACL

扩展 ACL 比标准 ACL 更加常用，因为它们可以提供更大程度的控制。和标准 ACL 一样，扩展 ACL 也会检查源地址，但是它们还会检查目的地址、协议和端口号(或服务)。配置扩展 ACL 的操作步骤与配置标准 ACL 的步骤相同：首先创建扩展 ACL，然后在接口上激活它。不过，用于支持扩展 ACL 所提供的附加功能的命令语法和参数较为复杂。标准 IP ACL 的配置步骤如表 9-4 所示。

表 9-4　标准 IP ACL 的配置步骤

步 骤	命　令	含　义
1	Router# **configure terminal**	进入全局配置模式
2	Router **(config)# access-list access-list-number { permit | deny } protocol source [source-wildcard] [operator operand] [port or port name] destination [destination- wildcard] [operator operand] [port or port name] [established]**	用数字来定义一条扩展 IP ACL。access-list-number：ACL 的编号。这是一个十进制数，扩展 ACL 的数字编号在 100～199 和 2000～2699 两个区间内，总共可能产生 799 个扩展编号 ACL。 deny|permit：匹配条件时拒绝访问或允许访问。 Protocol：Internet 协议的名称或编号。常见的关键字包括 icmp、ip、tcp 或 udp。要匹配所有 Internet 协议(包括 ICMP、TCP 和 UDP)，使用 ip 关键字。 Source：发送数据包的源网络号或源主机号。 source-wildcard：(可选)源的通配符掩码。 Destination：数据包发往的网络号或主机号。 destination-wildcard：(可选)目的的通配符掩码。 operator：(可选)对比源或目的端口。可用的操作符包括 it(小于)、gt (大于)、eq (等于)、neq (不等于)和 range (范围)。 Port：(可选) TCP 或 UDP 端口的十进制编号或名称。 established：(可选)仅用于 TCP 协议，指示已建立的连接
3	Router(config-std-nacl)# **end**	回到特权模式
4	Router # **show access-lists [name]**	验证配置
5	Router # **copy running-config startup-config**	保存配置(可选)

例如，要创建一个编号为 110 的 ACL 并使之允许 192.168.20.0 /24 网络的 FTP 服务，应该输入：

```
R1(config)# access-list 110 permit tcp 192.168.20.0 0.0.0.255 any eq 21
```

在创建了 ACL 之后，你必须将其应用到所要过滤的接口上，可以按照表 9-2 所示的步骤操作。

9.2.4　扩展命名 ACL

我们可以按照表 9-5 所示的步骤在路由器中来创建一条扩展命名 ACL，应用于路由器的访问列表命令，也同样适用于交换机。

表 9-5　标准 IP ACL 的配置步骤

步 骤	命　令	含　义
1	Router# **configure terminal**	进入全局配置模式
2	Router(config)# **ip access-list extended { name}**	用数字或名字来定义一条扩展 IP ACL，并进入 access-list 配置模式
3	Router(config-ext-nacl)# **{deny | permit} *protocol* { *source source-wildcard* | host source | any} [*operator port*] {*destination destination- wildcard* | host destination | any } [*operator port*] [time-range *time-range-name*]**	在 access-list 配置模式，申明一个或多个的允许通过(permit)或丢弃(deny)的条件以用于交换机决定报文是转发或还是丢弃。其他说明如前叙述。protocol 可以为：ip、tcp、udp、igmp、icmp 等协议。可以定义 TCP 或 UDP 的目的或源端口：操作符(opeator)只能为 eq。如果操作符在 source source-wildcard 之后，则报文的源端口匹配指定值时条件生效。如果操作符在 destination destination-wildcard 之后，则报文的目的端口匹配指定值时条件生效。Port 为十进制值，它代表 TCP 或 UDP 的端口号。值范围为 0～65535。time-range-name(可选)指明关联的 time-range 的名称
4	Router(config-ext-nacl)# **end**	回到特权模式
5	Router # **show access-lists [name]**	验证配置
6	Router # **copy running-config startup-config**	保存配置(可选)

例如：如何创建一条扩展 IP ACL，该 ACL 有一条 ACL 表项，用于允许指定网络(192.168.x..x)的所有主机以 HTTP 访问服务器 172.16.0.3，但拒绝其他所有主机使用网络。

```
Router(config)# ip access-list extended allow-http
Router(config-ext-nacl)# permit tcp 192.168.0.0 0.0.255.255 host 172.16.0.3 eq http
Router(config-ext-nacl)# end
Router # show access-list
```

9.2.5　限制远程登录的范围

缺省情况下，从任何地方都可以登录网络设备。为了增加网络设备的安全性，需要对远程登录的范围进行限制。通常使用标准访问控制列表(access-list)限制登录主机的源地址，只有具有符合条件的主机能够登录到该网络设备上。配置分为两步：

(1) 定义访问控制列表。

(2) 应用访问控制列表。

前面已经介绍了如何建立标准访问控制列表，管理员可以使用如下命令将访问控制列表应用在相应的 VTY 中限制远程登录的范围：

```
Router(config-line)#access-class access-list-number {in | out}
```

例如：设置只有 IP 地址在 10.1.1.0~255 范围的主机才能远程登录该路由器。

```
Router(config)# access-list 10 permit 10.1.1.0 0.0.0.255
Router(config)#line vty 0 4
Router(config-line)# access-class 10 in
```

9.3　MAC 扩展访问控制列表

交换机除了像路由器一样支持 IP 访问列表，还支持 Ethernet (MAC)访问列表。我们可以在交换机配置 IP 访问列表过滤 IP 通信，还可以配置 Ethernet 访问列表过滤非 IP 通信。如果我们除了基于 IP ACL 外，还需要基于二层的 MAC 地址的以太网类型进行过滤，就可以采用 MAC 扩展访问控制列表，这也是一种比较复杂的访问控制。配置 MAC 扩展 ACL 的过程，与配置 IP 扩展 ACL 的配置过程是类似的。我们只需要按照 IP ACL 方法，将“ip access-list”换成“mac access-list”命令来创建 MAC 扩展 ACL，可以按照如表 9-6 所示的步骤创建一条 MAC 扩展 ACL。

表 9-6　MAC 扩展 ACL 的配置步骤

步 骤	命　　令	含　　义
1	switch# **configure terminal**	进入全局配置模式
2	switchr(config)# **MAC access-list extended { name}**	以名字定义一条 MAC extended acl，并进入 access-list 配置模式
3	**switch(config-ext-nacl)# {deny | permit} {any | host source MAC address} {any | host destination MAC address} [aarp |appletalk |decnet-iv | diagnostic | etype-6000|etype-8042 | lat | lavc-sca | mop-console |mop-dump | mumps | netbios|vines-echo | xns-idp]**	在 access-list 配置模式，声明对任意源 MAC 地址或指定的源 MAC 地址、对任意目的 MAC 地址或指定的目的 MAC 地址的报文设置允许其通过或拒绝的条件。(可选项)你可以输入如下以太网协议类型：**aarp | appletalk |decnet-iv |diagnostic | etype-6000 | etype-8042 | lat | lavc-sca |mop-console | mop-dump | mumps | netbios|vines-echo | xns-idp**
4	switch(config-ext-nacl)# **end**	回到特权模式
5	switch # **show access-lists [name]**	验证配置
6	switch # **copy running-config startup-config**	保存配置(可选)

例如：如何创建及显示一条 MAC 扩展 ACL，以名字 macext 来命名，该 MAC 扩展 ACL 拒绝所有符合指定源 MAC 地址的 aarp 报文：

```
Switch(config)# mac access-list extended macext
Switch(config-ext-macl)# deny host 00f0.0800.0001   any   aarp
Switch(config-ext-macl)# permit   any   any
Switch(config-ext-macl)#   end
Switch # show access-lists   macext
Extended MAC access list macext         ! 显示结果
    deny host 00d0.f800.0000 any aarp
    permit any any
```

在创建了一条 ACL 之后，你必须将其应用到所要过滤的接口上，它才能生效，还需要使用“MAC access-group”命令将其应用到指定接口上。首先在全局模式下使用“interface”命令选定接口，其次在接口下使用如下命令应用 ACL，使之生效：

```
mac access-group {name} {in | out}
```

将指定名为 name 的 ACL 应用于该接口上，使其对输入该接口的数据流进行接入控制，只有 SVI 接口才能应用 out 参数。

例如，将 access-list accept_00d0f8xxxxxx_only 应用于 Gigabit 接口 2 上：

```
Switch(config)# interface GigabitEthernet 0/2
Switch (config-if)# mac access-group accept_00d0f8xxxxxx_only   in
```

9.4　基于时间的访问控制列表

有时候我们需要按照时间的方法控制用户访问的行为，比如，要求上班期间只能访问公司的 OA 系统，不能连接外网，其他时间可以访问外网，此时就需要在 IP ACL 或 MAC 扩展 ACL 的表项中加入时间的访问控制。为了达到这个要求，我们必须首先配置一个 time-range，然后在 IP ACL 和 MAC 扩展 ACL 建立的表项中加入 time-range，如前面的命令表中所示的 time-range。其中 time-range 的实现依赖于系统时钟，如果你要使用这个功能，必须保证系统有一个可靠的时钟。

我们可以按照表 9-7 所示的步骤来设置一个 time-range。

表 9-7　time-range 的配置步骤

步骤	命　令	含　义
1	Switch# **configure terminal**	进入全局配置模式
2	Switch(config)#**time-range** *name*	进入 time-range 配置模式。name 名字的长度为 1~32 个字符，不能包含空格
3	Switch(config-time-range)# **absolute {start time date [end time date] | end time date }**	设置绝对时间区间(可选)，对于一个 time-range，可以设置一个绝对的运行时间区间，并且只能设置一个区间。基于 time-range 的应用将仅在这个时间区间内有效

续表

步 骤	命　　令	含　　义
3	Switch(config-time-range)# **periodic** *day-of-the-week hh:mm* **to** [*day-of-the-week*] *hh:mm*　或者 Switch(config-time-range)# **periodic** {**weekdays** | **weekend** | **daily**} *hh:mm* **to** *hh:mm*	设置周期(相对)时间(可选))，对于一个 time-range，可以设置一个或多个周期性运行的时间段。如果已经为这个 time-range 设置了一个运行时间区间，则将在时间区间内周期性的生效。 day-of-the-week：一个星期内的一天或几天，Monday，Tuesday，Wednesday，Thursday，Friday，Saturday，Sunday。 Weekdays：一周中的工作日，即星期一到星期五。 Weekend：周末，星期六和星期日。 Daily：一周中的每一天，星期一到星期日
4	Switch(config-time-range)# **end**	回到特权模式
5	Switch # **show time-range**	验证配置
6	Switch # **copy running-config startup-config**	保存配置(可选)

例如，如何创建 ACL 在每周工作时间段内禁止 HTTP 的数据流：

Switch(config)# time-range no-http

Switch(config-time-range)# periodic weekdays **8:20 to 17:30**！ 定义 time-range

Switch(config-time-range)# **exit**

Switch(config)# ip access-list extended limit_udp

Switch(config-ext-nacl)# **deny tcp any any eq www time-range no-http** !应用 time-range

Switch(config-ext-nacl)# **permit any any**

Switch(config-ext-nacl)# **exit**

Switch(config)# **interface fastethernet0/1**　　！选择 ACL 的应用接口

Switch(config-if)# **ip access-group no-http in**　　！在该接口 in 方向应用 ACL

Switch(config-if)# **end**

Switch# **show time-range**　　！验证 time-range 配置

time-range name: no-http

　　periodic Weekdays 8:30 to 17:30

9.5　显示 ACL 配置

当完成 ACL 配置后，可以使用“Cisco IOS show”命令检验配置。表 9-8 所示的命令可以用来显示 ACL 配置：

表 9-8　显示 ACL 配置的命令

命　　令	说　　明
show access-lists [name]	显示所有 ACL 配置或指定名字的 ACL
show IP access-lists [name]	显示 IP ACL
show MAC access-lists [name]	显示 MAC ACL
show MAC access-group [interface interface-id]	显示指定接口上的 MAC ACL 配置
Show IP access-group [interface interface-id]	显示指定接口上的 IP ACL 配置
show running-config	显示所有配置

习　题　九

1. 什么是访问控制列表，如果要实现基于时间的 MAC 扩展访问控制，如何进行建立访问控制，建立访问控制列表后，让其生效，需要如何操作?

2. 在交换机中，可以将访问控制列表应用到交换机的物理端口、VLAN SVI 接口的哪些方向？

实　验　九

学院出口路由器 R2 与学校路由器 R3 之间通过串口连接，如图 9-2 所示。学校服务器上有各种服务，比如 WWW、FTP、TELNET 等。现为了网络安全，请配置实现仅允许学院 PC 机访问学校服务器上的 WWW 服务，其他一概拒绝，包括 ICMP 协议(即不允许从 PC 机 ping 服务器)。

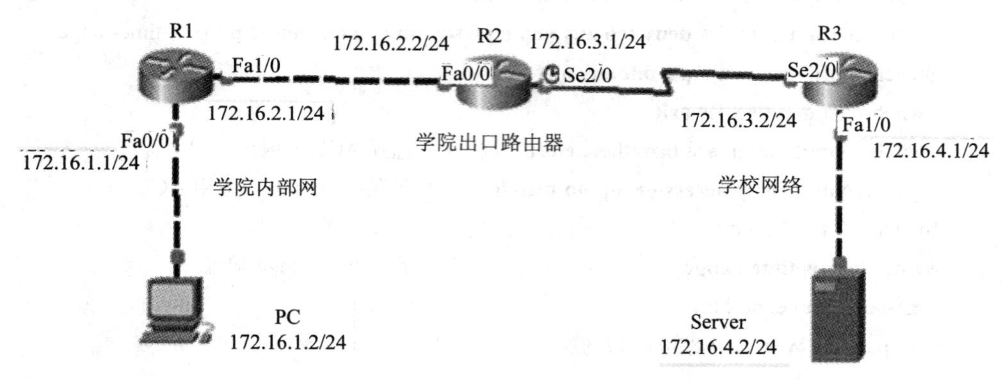

图 9-2　实验用图

第 10 章　网络地址转换

网络地址转换(Network Address Translation，NAT)属接入广域网技术，是一种将私有(保留)地址转化为合法 IP 地址的转换技术，它被广泛应用于各种类型 Internet 接入方式和各种类型的网络中。借助于 NAT，私有(保留)地址的“内部”网络通过路由器发送数据包时，私有地址被转换成合法的 IP 地址，从而只需使用少量 IP 地址(甚至是 1 个)，即可实现私有地址网络内所有计算机与 Internet 的通信，从而完美地解决 IP 地址不足的问题，而且隐藏网络内部结构，从而有效地避免来自网络外部的攻击，提高了网络的安全性。

10.1　网络地址转换(NAT)概述

10.1.1　私有地址和公有地址

私有地址(Private Address)属于非注册地址，专门为组织机构内部使用。公有地址(Public Address)由 Inter NIC(Internet Network Information Center，因特网信息中心)负责分配给进行过注册并向 Inter NIC 提出申请的组织机构，通过它可以直接访问因特网。由于公有 IPv4 地址不足以为每台设备分配一个唯一地址来进行 Internet 连接，因此通常使用 RFC1918 中定义的私有 IPv4 地址来实施网络。RFC1918 留出了 3 块 IP 地址空间(1 个 A 类地址段，16 个 B 类地址段，256 个 C 类地址段)作为私有的内部使用的地址，在这个范围内的 IP 地址不能被路由到 Internet 骨干网上，Internet 路由器将丢弃该私有地址。RFC1918 中所包含的地址范围为 A 类 10.0.0.0～10.255.255.255；B 类 172.16.0.0～172.31.255.255；C 类 192.168.0.0～192.168.255.255。

这些私有地址可在企业或站点内使用，允许设备进行本地通信。但是，由于这些地址没有标识任何一个公司或企业，因此私有 IPv4 地址不能通过 Internet 路由。使用私有地址将网络连至 Internet，需要将私有地址转换为公有地址。这个转换过程称为网络地址转换，通常使用路由器来执行 NAT 转换。

10.1.2　相关术语

NAT 将网络划分为内部网络(inside)和外部网络(outside)两部分。inside 表示内部网络，这些网络的地址需要被转换。

在内部网络中，每台主机都分配一个内部 IP 地址，但与外部网络通信时，又表现为另

外一个地址。每台主机的前一个地址又称为内部本地地址，后一个地址又称为外部全局地址。outside 是指内部网络需要连接的网络，一般指互联网，也可以是另外一个机构的网络。外部的地址也可以被转换，外部主机也同时具有内部地址和外部地址。

局域网主机利用 NAT 访问网络时，是将局域网内部的本地地址转换为全局地址后再转发数据包的，这里面有几个常用的术语需要掌握：

(1) 内部本地地址(Inside Local Address)：是指分配给内部网络主机的 IP 地址，该地址可能是非法的未向相关机构注册的 IP 地址，也可能是合法的私有网络地址。

(2) 内部全局地址(Inside Global Address)：是指合法的全局可路由地址，在外部网络代表着一个或多个内部本地地址。

(3) 外部本地地址(Outside Local Address)：是指外部网络的主机在内部网络中表现的 IP 地址，该地址是内部可路由地址，一般不是注册的全局唯一地址。

(4) 外部全局地址(Outside Global Address)：是指外部网络分配给外部主机的 IP 地址，该地址为全局可路由地址。

上面四个术语描述的 IP 地址，可以这样理解：内部本地地址和外部全局地址，是通信中真正的源/目的地址。内部全局地址和外部本地地址是在 NAT 过程中的一个中间量。内部全局是内部本地网在全局平面(外部网络)的表现，也就是说内部全局地址在外部网络中代表了内部本地网。外部本地地址是外部网络在本地平面(内部网络)的表现，代表了外部网络，如图 10-1 所示。

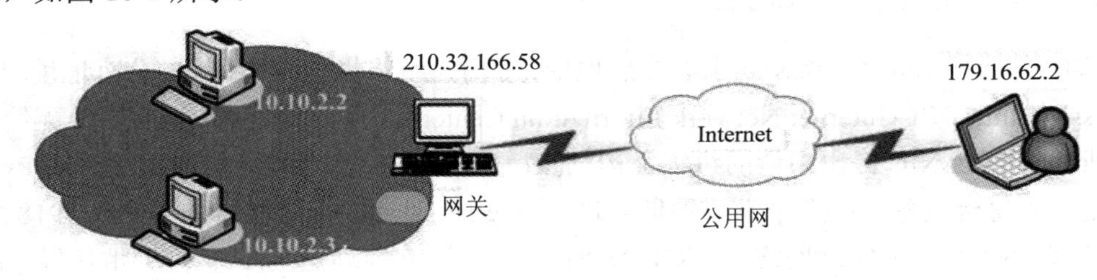

图 10-1　NAT 示意图

正如上面所提到的，内部本地地址是指在内部网络中分配给局域网中工作站的私有 IP 地址，这个地址只能在内部网络中使用而不能被路由。在图 10-1 中，内部本地地址是下面的地址：10.0.0.0~10.255.255.255，172.16.0.0~172.16.255.255。而外部全局地址是指合法的 IP 地址，它是由 NIC(网络信息中心)或者 ISP(网络服务提供商)分配的地址，对外代表一个或多个内部局部地址，是全球统一的可寻址的地址，如图 10-1 所示的 210.32.166.58。

另外，还有 NAT 与 PAT 两个术语。PAT 是指网络端口地址转换。传统的 NAT 一般是指一对一的地址映射，一个本地 IP 地址对应一个全局 IP 地址，在内部网络主机较多且全局地址匮乏的情况下，不能同时满足所有的内部网络主机与外部网络通信的需要。使用 PAT，可以将多个内部本地地址映射到一个内部全局地址，路由器用“内部全局地址 + TCP/UDP 端口号”来对应“一个内部主机地址 + TCP/UDP 端口号”。当进行 PAT 转换时，路由器需要维护足够的信息(比如 IP 地址、TCP/UDP 端口号)才能将全局地址转换为内部本地地址。

10.1.3　NAT 工作原理

简单说来，我们可以这样理解 NAT 设备的工作原理：

(1) 内部本地发向外部全局的数据，数据包的源地址是内部本地地址，目的地址是外部本地地址，经路由器的 inside 接口后，源地址被替换为内部全局，而目的地址被替换为外部全局，也就是说实现了从本地平面向全局平面的迁移。在这里如果转换前后的目标地址相同(外部本地和外部全局)，就可以认为是普通的由内到外的 NAT；如果转换前后的目标地址不同(外部本地和外部全局)，就可以将这种方式用来处理路由器两边网络存在地址重叠的情况。

(2) 从外部全局发向内部本地的数据，数据报的源地址是外部全局，目的地址是内部全局，在经过路由器的 outside 接口后，源地址被替换为外部本地地址，而目的地址被替换为内部本地地址，也就是说实现了从全局平面向本地平面的迁移。在这里，如果转换前后的目标地址相同(内部全局和内部本地相同)，就可以认为是普通的由外向内的 NAT；如果转换前后的目标地址不同，就可以将这种方式用来处理路由器两边网络存在地址重叠的情况。

我们可以参看图 10-2 来了解 NAT 的工作过程。

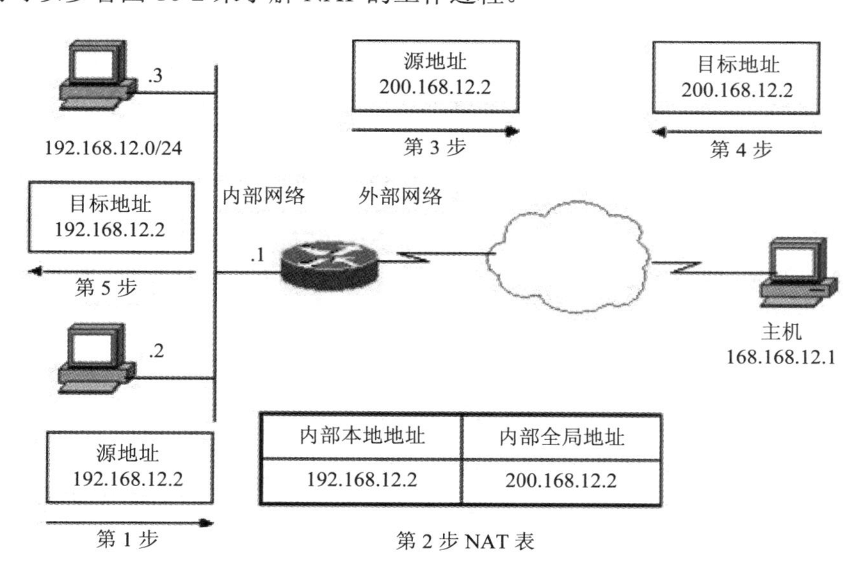

图 10-2　NAT 工作过程

10.1.4　NAT 应用

NAT 有三种类型：静态 NAT(Static NAT)、动态地址 NAT(Pooled NAT)、网络地址端口转换 PAT(Port-Level NAT)。

其中静态 NAT 是设置起来最为简单和最容易实现的一种，内部网络中的每个主机都被永久映射成外部网络中的某个合法的地址。而动态地址 NAT 则是在外部网络中定义了一系列的合法地址，采用动态分配的方法映射到内部网络。PAT 则是把内部地址映射到外部网络的一个 IP 地址的不同端口上。根据不同的需要，三种 NAT 方案各有利弊。

动态地址 NAT 只能转换 IP 地址，它为每一个内部的 IP 地址分配一个临时的外部 IP 地址，主要应用于拨号，对于频繁的远程连接也可以采用动态 NAT。当远程用户连接上之后，动态地址 NAT 就会分配给它一个 IP 地址，用户断开时，这个 IP 地址就会被释放而留待以后使用。

PAT 是人们比较熟悉的一种转换方式。PAT 普遍应用于接入设备中，它可以将中小型的网络隐藏在一个合法的 IP 地址后面。PAT 与动态地址 NAT 不同，它将内部连接映射到外部网络中的一个单独的 IP 地址上，同时在该地址上加上一个由 NAT 设备选定的 TCP 端口号。在 Internet 中使用 PAT 时，所有不同的信息流看起来好像来源于同一个 IP 地址。这个优点在小型办公室内非常实用，通过从 ISP 处申请的一个 IP 地址，将多个连接通过 NAPT 接入 Internet。实际上，许多 SOHO 远程访问设备支持基于 PPP 的动态 IP 地址。这样，ISP 甚至不需要支持 PAT，就可以做到多个内部 IP 地址共用一个外部 IP 地址上的 Internet，虽然这样会导致信道的一定拥塞，但考虑到其节省的 ISP 上网费用和易管理的特点，用 PAT 还是很值得的。

那么，我们什么时候需要使用 NAT 技术呢？一般有以下几种情况：

(1) 主机没有全局唯一的可路由 IP 地址，却需要与互联网连接的情况。NAT 使得用非注册 IP 地址构建的私有网络可以与互联网连通，这也是 NAT 最重要的用处之一。NAT 在连接内部网络和外部网络的边界路由器上进行配置，当内部网络主机访问外部网络时，将内部网络地址转换为全局唯一的可路由 IP 地址。

(2) 当必须变更内部网络的 IP 地址时，为了避免花费大量工作在 IP 地址的重新分配上，你可以选择使用 NAT，这样内部网络地址分配可以保持不变。

(3) 需要做 TCP 流量的负载均衡，又不想购买昂贵的专业设备的时候，我们可以将单个全局 IP 地址对应到多个内部 IP 地址，这样 NAT 就可以通过轮询方式实现 TCP 流量的负载均衡。

应用 NAT 可以解决诸如上述的问题。

10.1.5　NAT 优缺点

使用地址转换技术主要有以下几个优点：

(1) 地址转换可以使内部网络用户方便地访问 Internet。

(2) 地址转换可以使内部局域网的许多主机共享一个 IP 地址上网，大大节约了合法的 IP 地址。

(3) 地址转换可以屏蔽内部网络的用户，提高内部网络的安全性。

(4) 地址转换同样可以提供给外部网络 WWW、FTP、TELNET 等服务。

(5) 地址转换技术可以使得内部局域网的 IP 地址分配变得容易维护，不会因为合法地址缺乏而难以合理分配内部局域网的 IP 地址，并且在外部有变化的时候也不需要改动内部局域网内部的配置。

地址转换技术主要有以下几个缺点：

(1) 地址转换在报文内容中含有有用的地址信息的情况下需要做特殊处理，这种情况的代表协议是 FTP。

(2) 地址转换不能处理 IP 报头加密的情况。

(3) 地址转换由于隐藏了内部主机地址，有时候会使网络调试变得复杂。

10.2　静态 NAT

静态 NAT 为内部地址与外部地址的一对一映射。静态 NAT 允许外部设备发起与内部设备的连接。例如，可以将一个内部全局地址映射到 Web 服务器的特定内部本地地址。配置静态 NAT 转换很简单。首先需要定义要转换的地址，然后在适当的接口上配置 NAT。从指定的 IP 地址到达内部接口的数据包需经过转换。外部接口收到的以指定 IP 地址为目的地的数据包也需经过转换。表 10-1 所示的是各步骤使用的命令。

表 10-1　静态 NAT 的配置步骤

步 骤	命　令	含　义
1	Router# configure terminal	进入全局配置模式
2	Router(config)#ip nat inside source static *local-ip global-ip*	建立内部本地地址与内部全局地址之间的静态转换，local-ip 指内部本地地址，global-ip 指外部全局地址。输入全局命令“no ip nat inside source static”可删除静态源地址转换
3	Router(config)#interface *interface-number*	指定内部接口
4	Router(config-if)#ip nat inside	将该接口标记为与内部连接
5	Router(config-if)# exit	退出接口配置模式
6	Router(config)#interface *interface-number*	指定外部接口
7	Router(config-if)#ip nat outside	将该接口标记为与外部连接

下例显示如何配置静态 NAT：

```
Router (config)# ip nat inside source static 192.168.1.7 200.8.7.3
! 建立内部本地地址与内部全局地址之间的静态转换。
Router(config)# interface serial 0/0/0
Router(config-if)#ip nat inside                    ! 定义内部网络接口
Router(config)# interface serial 0/1/0
Router(config-if)#ip nat outside                   ! 定义外部网络接口
```

10.3　动态 NAT

动态的 NAT 转换主要用于用户远程连接较频繁的企业或局域网，用户接入网络后数据需要出局域网的时候，NAT 设备会为该用户从“地址池”中分配一个可用的临时的 IP 地址代替本地地址进行通信。当用户退出时，该 IP 地址被回收至地址池以供其他用户使用。由于在网络中全部用户同时进行外网访问的概率很小，因此，具有 m 数量公网 IP 地址的地

址池能供多于 m 数目的局域网主机进行 NAT 使用，而使用户无法察觉，增强了地址的使用率。静态 NAT 建立了内部地址与特定公有地址之间的永久性映射，而动态 NAT 则是将私有 IP 地址映射到公有地址，这些公有 IP 地址源自 NAT 池。动态 NAT 的配置与静态 NAT 不同，但也有一些相似点。与静态 NAT 相似，在配置动态 NAT 时也需要将各接口标识为内部或外部接口。不过，动态 NAT 不是创建到单一 IP 地址的静态映射，而是使用内部全局地址池。表 10-2 所示的是动态 NAT 配置步骤。

表 10-2 动态 NAT 的配置步骤

步骤	命　令	含　义
1	Router# configure terminal	进入全局配置模式
2	Router(config)#ip nat pool name start-ip end-ip {netmask netmask|prefix-length prefix-length}	根据需要定义待分配的全局地址池。输入全局命令“no ip nat pool name”以删除全局地址池
3	Router(config)#access-list access-list-number permit source [source-wildcard]	定义一个标准访问列表，以允许待转换的地址通过。输入全局命令“no access-list access-list-number”可删除访问列表
4	Router(config)#ip nat inside source list access-list-number pool name	建立动态源地址转换，指定上一步骤中定义的访问列表。输入全局命令“no ip nat inside source”可删除动态源地址转换
5	Router(config)#interface *interface-number*	指定内部接口
6	Router(config-if)#ip nat inside	将该接口标记为与内部连接
7	Router(config-if)# exit	退出接口配置模式
8	Router(config)#interface *interface-number*	指定外部接口
9	Router(config-if)#ip nat outside	将该接口标记为与外部连接

使用动态 NAT 的配置如下所示：

```
Router(config)# ip nat pool abc 200.8.7.3 200.8.7.10 netmask 255.255.255.0
!定义内部全局地址池
Router(config)# access-list 10 permit 192.168.1.0 0.0.0.255
!定义访问控制列表，内部本地地址范围
Router(config)#ip nat inside source list 10 pool abc
! 建立映射关系
Router(config)# interface serial 0/0/0
Router(config-if)#ip nat inside                          !定义内部网络接口
Router(config)# interface serial 0/1/0
Router(config-if)#ip nat outside                         !定义外部网络接口
```

以上例子展示了将 192.168.1.0/24 内部主机动态转换到全局地址 200.8.7.0/24 网段的 8 个 IP 地址上，而内部网络的其他网段(非 192.168.1 网段)的主机不允许做 NAT，这是在实际工作中经常会遇到的用户需求。

10.4 PAT 技术

上文中讲的 NAT 一般是指一对一的地址映射，而不能同时满足所有的内部网络主机与外部网络通信的需要，PAT 技术可以将多个内部本地地址映射到一个内部全局地址，通过端口号进行内部主机的区分。

PAT 分为静态 PAT 和动态 PAT，静态 PAT 一般应用在将内部网指定主机的指定端口映射到全局地址的指定端口的情况下。而前一小节提及的静态 NAT，是将内部主机映射成全局地址，静态的 PAT 将维护局域网地址和外部全局地址间的永久的一对一“IP 地址 + 端口”映射关系，这也是“静态”一词的根源。

静态 PAT 可以用于构建虚拟服务器，虚拟服务器是指在 NAT 内部网架设服务器，然后通过路由器的静态 PAT 映射到外部网，这样，用户通过访问路由器上的全局地址就可以被转换到内部网相应的服务器上。静态 PAT 配置命令如表 10-3 所示。

表 10-3　静态 PAT 的配置步骤

步 骤	命　令	含　义
1	Router# configure terminal	进入全局配置模式
2	Router(config) ip nat inside source static {UDP | TCP} local-address port global-address port	建立静态的映射关系，{UDP | TCP}指的是 NAT 时选择过滤哪一种协议，而“local-address”和“global-address port”指的映射的和被映射的地址
3	Router(config)#interface *interface-number*	指定内部接口
4	Router(config-if)#ip nat inside	将该接口标记为与内部连接
5	Router(config-if)# exit	退出接口配置模式
6	Router(config)#interface *interface-number*	指定外部接口
7	Router(config-if)#ip nat outside	将该接口标记为与外部连接

下面的例子是将一台内网的 Web 服务器 192.168.12.3 映射到全局 ip 200.198.12.1 的 80 端口，配置命令参考如下：

Router(config)#**ip nat inside source static** tcp 192.168.12.3 80　200.198.12.1 80

再如以下示例：

Router(config)#**ip nat inside source static** tcp 192.168.1.7 1024　200.8.7.3 1024

Router(config)#**ip nat inside source static** udp 192.168.1.7 1024　200.8.7.3 1024

第一个是将局域网主机 192.168.1.7 TCP 协议 1024 端口的业务映射到外部 IP 200.8.7.3 的 1024 端口，第二个是将局域网主机 192.168.1.7 UDP 协议 1024 端口的业务映射到外部 IP 200.8.7.3 的 1024 端口。通过上述的配置，我们可以访问 IP 地址 200.8.7.3 1024 端口获取隐藏在其背后的局域网主机服务。

动态的 PAT 只提供访问外网服务，不提供信息服务的主机，采用的是临时的一对一“IP 地址＋端口”映射关系。配置步骤如表 10-4 所示。

表 10-4　动态 PAT 的配置步骤

步骤	命　令	含　义
1	Router# **configure terminal**	进入全局配置模式
2	**Router(config)#ip nat pool name start-ip end-ip {netmask netmask|prefix-length prefix-length}**	根据需要定义待分配的全局地址池。输入全局命令“no ip nat pool name”以删除全局地址池
3	**Router(config)#access-list access-list-number permit source [source-wildcard]**	定义一个标准访问列表，以允许待转换的地址通过。输入全局命令“no access-list access-list- number”可删除访问列表
4	**Router(config)#ip nat inside source list access-list-number pool name overload**	建立过载转换，指定上一步骤中定义的访问列表
5	**Router(config)#interface** *interface-number*	指定内部接口
6	**Router(config-if)#ip nat inside**	将该接口标记为与内部连接
7	**Router(config-if)# exit**	退出接口配置模式
8	**Router(config)#interface** *interface-number*	指定外部接口
9	**Router(config-if)#ip nat outside**	将该接口标记为与外部连接

下面的例子是通过配置将内网 192.168.1.0 主机通过地址 200.8.7.3 进行转换，以达到访问外网的目的，内部网络的所有主机共享一个外部地址 200.8.7.3，各个主机之间则通过端口号进行区分。

Router(config)# **ip nat pool** abc 200.8.7.3 200.8.7.3 **netmask** 255.255.255.0(这里假设外部全局地址池只有一个 IP 地址 200.8.7.3)

！定义内部全局地址池

Router(config)#**access-list** 10 **permit** 192.168.1.0 0.0.0.255 (这里假设内部地址段是 192.168.1.0)

！定义内部访问控制列表

Router(config)# **ip nat inside source list** 10 **pool** abc **overload**

！建立静态的映射关系

! overload 指的是在过载情况下启用端口复用地址转换

Router(config)# **interface** *serial 0/0/0*

Router(config-if)#**ip nat inside**

！定义某接口连接的内部网络

Router(config)# **interface** *serial 0/1/0*

Router(config-if)#**ip nat outside**

！定义接口连接外部网络

习　题　十

1. NAT 存在的背景是什么？

2. 在内部本地地址、内部全局地址、外部本地地址、外部全局地址中，哪些是“公网”地址，哪些是“私网”地址？

3. 静态 NAT 有什么缺点？

4. NAT 中源地址转换与目的地址转换指的是什么？

5. PAT 中，回程数据包是如何区分不同局域网主机的？

实　验　十

某小型单位使用二层交换机构建局域网接入终端 PC，并划分了 2 个 VLAN，不同 VLAN 间的 PC 允许通信；同时使用一台低端路由器与 ISP 专线连接，供员工使用 Internet；ISP 给单位分配了专用地址 210.41.22.1/30。另外，该单位局域网内部有一台 OA 服务器，员工下班后，仍需要使用 OA。请按照需求完成拓扑设置并完成配置以满足客户要求。

第11章　综合实例

11.1 案例背景

为了加快某集团的信息化建设，新的集团企业网将建设一个以集团办公自动化、电子商务、业务综合管理、多媒体视频会议、远程通信、信息发布及查询为核心，实现内、外沟通的现代化计算机网络系统。该网络系统是日后支持办公自动化、供应链管理以及各应用系统进行的基础设施，为了确保这些关键应用系统的正常运行、安全和发展，系统必须具备如下的特性：

(1) 采用先进的网络通信技术完成集团企业网的建设，实现各分公司的信息化。

(2) 在整个企业集团内实现所有部门的办公自动化，提高工作效率和管理服务水平。

(3) 在整个企业集团内部实现资源共享，产品信息共享、实时新闻发布。

(4) 在整个企业集团内实现财务电算化。

(5) 在整个企业集团内实现集中式的供应链管理系统和客户服务关系管理系统。

案例拓扑结构如图11-1所示。

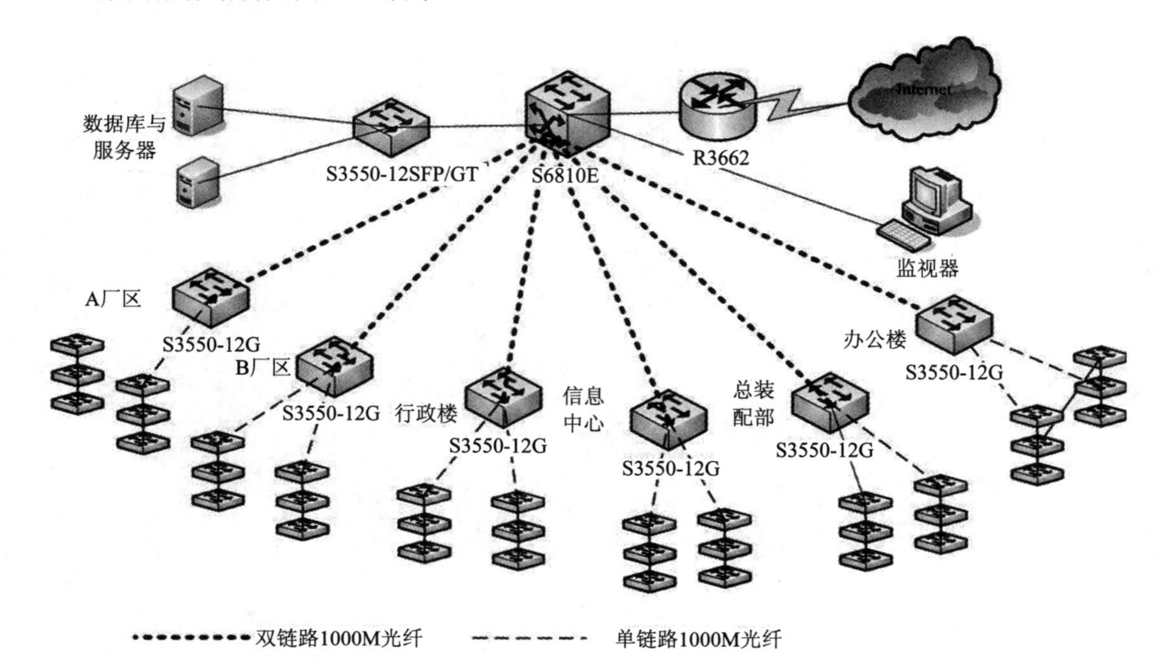

图11-1　大型单核心网络拓扑图

11.2 技术需求分析

需求 1：采用先进的网络通信技术完成集团企业网的建设，实现各分公司的信息化。

分析 1：全网采用光纤连接，并使用合理的三级设计结构，各分公司独立成区域，防止个别区域发生问题影响整个网络的稳定运行。

需求 2：在整个企业集团内实现所有部门的办公自动化，提高工作效率和管理服务水平；

分析 2：既要实现部门内部的办公自动化，又要提高工作效率，建议整个网络用 VLAN 隔离，需要各个部门通信的使用 VLAN 间路由解决。

需求 3：在整个企业集团内部实现资源共享，产品信息共享、实时新闻发布。

需求 4：在整个企业集团内实现财务电算化。

需求 5：在整个企业集团内实现集中式的供应链管理系统和客户服务关系管理系统。

分析：由于要实现企业集团公司与各分公司的信息化，考虑到分公司较多，所分配的网段较多，建议采用动态路由协议，降低网管的维护成本。

11.3 实验拓扑及地址规划

实验拓扑及地址规划如图 11-2 所示。

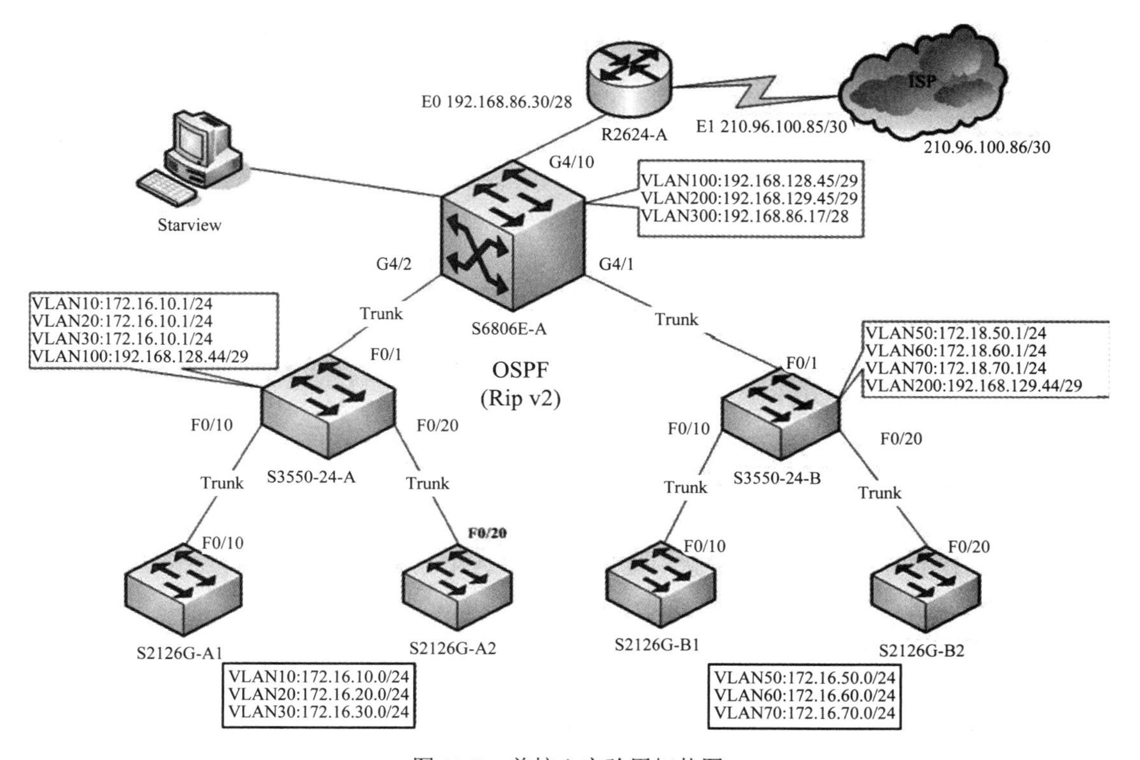

图 11-2 单核心实验用拓扑图

11.4 实验设备说明

出口设备：R2624 路由器 1 台(本实验可用 R2811 模拟)。核心设备：S68 系列(或 S65/S35 系列设备，本实验可用 S35 模拟核心设备)1 台，配置千兆光纤接口 2 块。汇聚设备：S3550-24 2 台，每台配置 1 块千兆光纤接口(本实验可用以太网口代替光纤接口)。接入设备：2126G(本实验可用 S2960 模拟)二层交换机 4 台。实验 PC：8 台。终端用户的默认网关指向各自对应的 VLAN 接口的 IP 地址，设备管理地址为 192.168.0.0/24 网段，其中 S68 为 192.168.0.254/24。

11.5 实验步骤与配置参考

实验步骤如下：(以下配置默认在全局配置模式下进行)

1. 网络设备的基本配置

(1) 2126G 基本配置：

- 设置交换机主机名字。
- 创建 VLAN。
- 将实验用 PC 与交换机的接口划分到各 VLAN 中。
- 将出口 F0/10 设置为 Trunk 模式。
- 设置默认 VLAN1 的虚接口 IP 地址作为设备管理地址(192.168.0.x/24 网关 192.168.0.254)，具体配置命令如下：

```
interface vlan 1
ip add 192.168.0.x 255.255.255.0
no shut
Exit
! 设置管理 IP 地址网关
ip default-gateway 192.168.0.254
End
```

(2) S3550-24 基本配置：

- 设置交换机主机名字。
- 创建 VLAN。
- 设置接口 F0/1、F0/10、F0/20 为 Trunk 模式。
- 为创建的各 VLAN 设置虚接口地址，为 VLAN 1 设置管理 IP：192.168.0.x/24，设置网关为 192.168.0.254，设置命令参见上文。

(3) S6806E 基本配置：

- 设置交换机主机名字。
- 设置 G4/1、G4/2 为 Trunk 模式(没有 G 口采用 F 口代替)。
- 创建 VLAN100、200、300，将 G4/10 划分到 VLAN 300。

- 为 VLAN1、100、200、300 分配虚接口 IP 地址。

(4) R2624-A 基本配置：

- 设置路由器主机名字。
- 设置 E0 口 IP 地址为：192.168.86.30 255.255.255.240，指定该接口为内网接口。
- 设置 E1 口 IP 地址为：210.96.100.85 255.255.255.252，指定该接口为外网接口。

2. OSPF 路由选择协议配置及测试

(1) S3550-24-A OSPF 路由协议配置：

```
router ospf
area 0.0.0.0
！指定参与交换 OSPF 更新的网络以及这些网络所属的区域(如下是一个网段，请参照拓扑图逐个申明)
network 172.16.10.0 255.255.255.0 area 0.0.0.0
………………………………
network 192.168.128.40 255.255.255.248 area 0.0.0.0
end
```

(2) S3550-24-B OSPF 路由协议配置：

配置方法与 S3550-24-A 相似。

```
……………………………..
network 192.168.129.40 255.255.255.248 area 0.0.0.0
end
```

(3) S6806E OSPF 路由协议配置：

```
router ospf
area 0.0.0.0
network 192.168.86.17 255.255.255.240 area 0.0.0.0
network 192.168.128.40 255.255.255.248 area 0.0.0.0
network 192.168.129.40 255.255.255.248 area 0.0.0.0
end
```

(4) R2624-A OSPF 路由协议配置：

```
router ospf 1
network 210.96.100.84 0.0.0.3 area 0.0.0.0
network 192.168.86.30 0.0.0.15 area 0.0.0.0
！不管路由器是否存在缺省路由，总是向其他路由器公告缺省路由
default-information originate always
end
```

3. OSPF 验证

在各设备上使用“show ip route”命令查看路由表，使用“show ip ospf neighbor”命令查看邻居路由器。

在 S2126G-A1 的 VLAN10 内的用户，其主机 IP 地址为 172.16.10.195/24，网关为

172.16.10.1。

```
Ping 172.16.10.1          ！检查到网关的连通性
Ping 172.16.20.1          ！测试到 S3550-24-A VLAN20 svi 口的连通性
Ping 172.16.30.1          ！测试到 S3550-24-A VLAN30 svi 口的连通性
Ping 192.168.128.44 ！测试到 S3550-24-A VLAN100 svi 口的连通性
Ping 192.168.128.45 ！测试到 S6806E VLAN100 svi 口的连通性
Ping 192.168.129.45 ！测试到 S6806E VLAN200 svi 口的连通性
Ping 192.168.86.17  ！测试到 S6806E VLAN300 svi 口的连通性
Ping 192.168.86.30  ！测试到 S2624-A F0 口的连通性
Ping 172.18.50.1          ！测试到 S3550-24-B VLAN50 svi 口的连通性
Ping 172.18.60.1          ！测试到 S3550-24-B VLAN60 svi 口的连通性
Ping 172.18.70.1          ！测试到 S3550-24-B VLAN70 svi 口的连通性
Ping 192.168.129.44 ！测试到 S3550-24-B VLAN200 svi 口的连通性
Ping 210.96.100.85  ！测试到 S2624-A F1 口的连通性
```

4．VLAN 间通信测试

由于不同 VLAN 间用户通信测试方法相同，在这里我们只举例测试 VLAN50 里用户 172.18.50.195 与 VLAN10 里用户 172.16.10.179 通行的连通性，其中主机指向各自的网关。

```
Ping 172.18.50.1      ！测试与网关的连通性
Ping 192.168.86.30    ！测试到网络的连通性
Ping 172.16.10.179    ！测试 VLAN50 里的用户到 VLAN10 中用户 172.16.10.179 的连通性
```

5．NAT 功能配置及测试

在 R2624-A 上配置 NAT 功能：

```
access-list 10 permit any
exit
ip nat inside source list 10 interface fastethernet 1 overload
interface fastethernet 0
ip nat inside
exit
interface fastethernet 1
ip nat outside
exit
```

6．测试 NAT 功能

如图 11-2 所示，在 R2624-A F1 口对端放置 PC 模拟 ISP。通过内部主机 172.18.50.195 ping 此主机 210.96.100.86，在测试路由器上开启调试 NAT，通过查看相关的调试信息测试 NAT 功能。

```
debug ip nat、debug ip nat detailed
！在路由上开启 NAT 调试功能
```